本丛书出版得到以下研究机构经费资助：

嘉应学院客家研究院

梅州市客家研究院

广东省客家文化研究基地—嘉应学院客家研究院

广东省非物质文化遗产研究基地—嘉应学院客家研究院

理论粤军 · 广东地方特色文化研究基地—客家文化研究基地

广东省粤台客家文化传承与发展协同创新中心—嘉应学院客家研究院

广东省普通高校人文社会科学省市共建重点研究基地—嘉应学院客家研究院

客家学研究丛书

梅江流域生态环境
现状调查及治理对策研究

钟福生
李坤新
刘德良
编　著

暨南大学出版社
JINAN UNIVERSITY PRESS

中国·广州

图书在版编目（CIP）数据

梅江流域生态环境现状调查及治理对策研究/钟福生，李坤新，刘德良编著．—广州：暨南大学出版社，2015.6

（客家学研究丛书）

ISBN 978 - 7 - 5668 - 1277 - 3

Ⅰ.①梅…　Ⅱ.①钟…　②李…　③刘…　Ⅲ.①河流—流域—区域生态环境—研究—广东省　Ⅳ.①X321.265

中国版本图书馆 CIP 数据核字（2014）第 274331 号

....

地　址： 中国广州暨南大学
电　话： 总编室（8620）85221601
营销部（8620）85225284　85228291　85228292（邮购）
传　真：（8620）85221583（办公室）　85223774（营销部）
邮　编： 510630
网　址： http：//www.jnupress.com　http：//press.jnu.edu.cn
排　版： 广州市天河星辰文化发展部照排中心
印　刷： 佛山市浩文彩色印刷有限公司
开　本： 787mm×960mm　1/16
印　张： 16
字　数： 282 千
版　次： 2015 年 6 月第 1 版
印　次： 2015 年 6 月第 1 次
定　价： 39.00 元

总　序

客家文化以其语言、民俗、音乐、建筑等方面的独特性，尤其是客家人在海内外社会经济发展中的突出贡献，引起了历史学、人类学、民俗学和语言学等诸多学科领域内学者的关注。而随着西方人文学科理论和研究方法在20世纪初传入我国，客家历史与文化研究也逐渐进入科学规范的研究行列，并相继出现了一批具有开创性的研究成果。1933年，罗香林《客家研究导论》的出版，标志着客家研究进入了现代学术研究的范畴。20世纪80年代以来，著作、论文等研究成果的推陈出新，也在呼吁学界能够设立专门的学科并规范客家研究的科学范式。

作为国内较早成立的专门从事客家研究的机构，嘉应学院客家研究院用二十五载的岁月，换来了客家研究成果在数量上空前的增长，率先成为客家学研究的重要阵地，也引起了国内外学术界的高度关注。但若从质的维度来看，当前的客家研究还面临一系列有待思考及解决的问题：客家学研究的主题有哪些？哪些有意义，哪些纯粹是臆测？这些主题产生的背景是什么？它们是如何通过社会与历史的双重作用，而产生某些政治、经济乃至文化权力的诉求与争议的？当代客家研究如何紧密结合地方社会发展的需要，又如何与国内外其他学科对话与交流？诸如此类的疑惑，需要从理论探索、田野实践和学科交叉等层面努力，以理论对话和案例实证作为手段，真正实现跨区域和多学科的协同创新。

一、触前沿：客家学研究的理论探索

当前的客家学研究主要分布在人文社会科学的诸多学科范围之内，所以开展卓有成效的客家研究自然需要敢于接触不同学科领域的学术理论。比如，社会学科先后出现过福柯的权力理论、布尔迪厄的实践理论、吉登斯的结构化理论、鲍曼的风险社会理论、哈贝马斯的沟通行动理论、卢曼的系统理论、科尔曼的理性选择理论和亚历山大的文化社会学理论。[①] 社会科学研究经常需要涉及的热点议题，在客家研究中同样不可回避，比如社会资本、新阶层、互联网、公共领域、情感与身体、时间与空间、社会转型和世界主义。[②] 再比如，社会学关于移民研究的推拉理论、人类学对族群研究的认同与边界理论以及社会转型与文化变迁的机制，都可以具体应用到客家研究上，并形成理论对话而提升客家研究的高度。在研究方法上，人文社会科学提倡的建模、机制与话语分析、文化与理论自觉等前沿手段，[③] 都可以遵循“拿来主义”的原则为客家研究所用。

可以说，客家研究要上升为独具特色的独立学科，首先要解决的便是理论对话和科学研究的范式问题。客家学作为一门融会了众多社会人文学科的综合性学科，既不是客家史，也不是客家地区政治、经济、文化等内容的汇编或整合，而是一门以民族学基础理论为基础，又比民族学具有更多独特特征、丰富内容的学科。[④] 不可否认的是，客家研究具有自身独特的学术传统，但要形成自身的理论构架和研究方法，若离开历史学、文献学、考古学、人类学、语言学、社会学、民俗学等诸多学科理论的支撑，显然就是痴人说梦。要在这方面取得成绩，则非要长期冷静、刻苦、踏实、认真潜心研究不可。如若神不守舍、心动意摇，就会跑调走板、贻笑大方。在不少人汲汲于功名、切切于利益、念念于职位的当今，专注于客家研究的我们似乎有些另类。不过，不管是学者应有的社会良知与独立人格，还是人文学科秉持的历史责任与独立思考的精神，都激励我们坚持实事求是的原则，在触碰前沿理论上不断探索，以积累学科发展所需的坚实理论。

要做到这一点，就得潜下心来大量阅读国内外学术名著，了解前沿理论的学术进路和迁移运用，使客家研究能够进入国际学术研究对话的行列。

---

① Pierre Demeulenaere, *Analytical Sociology and Social Mechanisms* [M], Cambridge: Cambridge University Press, 2011.

② Jonathan H. Turner (ed.), *Handbook of Sociological Theory* [M], Kluwer Academic Publishers, 2011.

③ James Jaccard and Jacob Jacoby, *Theory Construction and Model-Building Skills*, New York: Guilford Press, 2010.

④ 吴泽. 建立客家学刍议 [A]. 吴泽主编. 客家学研究（第二辑）[M]. 上海：上海人民出版社，1990.

二、接地气：客家研究的田野工作

学科发展需要理论的建设与支撑，更离不开学科研究对象的深入和扩展，而进入客家人生活的区域开展田野工作，借助从书斋到田野再回到书斋的螺旋式上升的研究路径，客家研究才能做到“既仰望星空又能接地气”，才能厚积薄发。

人类学推崇的田野工作要求研究者通过田野方法收集经验材料的主体，客观描述所发现的任何事情并分析发现结果。[①] 田野工作的目标要界定并收集到自己足以真正控制严格的经验材料，所以需要充分发挥参与观察、深度访谈和问卷调查的手段。从学科建设和学科发展的角度，客家族群的分布和文化多元特征，决定了客家研究对田野调查的依赖性。这就要求研究者深入客家乡村聚落，采用参与观察、个别访谈、开座谈会、问卷调查等方法调查客家民俗节庆、方言、歌谣等，收集有关客家地区民间历史与文化丰富性及多样性的资料。

而在客家文献资料采集方面，田野工作的精神同样适用。一方面，文献资料可以增加研究者对客家文化的理解，而且还可以对研究者的学术敏感和问题意识产生积极影响；另一方面，田野工作既增加了文献资料的来源，又能提供给研究者重要的历史感和文化体验，也使得文献的解读可以更加符合地方社会的历史与现实。譬如，到图书馆、档案馆等公藏机构及民间广泛收集对客家文化、客家音乐、客家方言等有所记载的正史、地方志、文集、族谱及已有的研究成果等。田野调查需要入村进户，因此从具有深厚文化传统的客家古村落入手，无疑可以取得事半功倍的效果。

在客家地区开展田野调查，需要点面结合才能形成质量上乘的多点民族志。20 世纪 90 年代，法国人类学家劳格文与广东嘉应大学（2000 年改名为嘉应学院）、韶关大学（2000 年改名为韶关学院）、福建省社会科学院、赣南师范学院、赣州市博物馆等单位合作，开展“客家传统社会”的系列研究。他在长达十多年的时间里，辗转于粤东、闽西、赣南、粤北等地，深入乡镇村落，从事客家文化的田野调查。到 2006 年，这些田野调查的成果汇集出版了总计 30 余册的“客家传统社会”丛书，不仅集中地描述客家地区传统民俗与经济，还具体地描述了传统宗族社会的形成、发展和具体运作及其社会影响。

---

① ［挪］托马斯·许兰德·埃里克森．什么是人类学［M］．周云水、吴攀龙、陈靖云译．北京：北京大学出版社，2013. 65 ~67。

2013年以来，嘉应学院客家研究院选择了多个历史悠久、文化底蕴深厚的古村落，以研究项目的形式开展田野作业，要求研究人员采用参与观察、深度访谈、文献追踪等方法，对村落居民的源流、宗族、民间信仰、习俗等民间社会与文化的形成与变迁进行深入的分析和研究，形成对乡村聚落历史文化发展与变迁的总体认识。在对客家地区文化进行个案分析与研究的基础上，再进行跨区域、跨族群的文化比较研究，揭示客家文化的区域特征，进而梳理客家社会变迁和文化发展过程。

闽粤赣是客家聚居的核心区域，很多风俗习惯都能够找到相似的元素。就每年的元宵习俗而言，江西赣州宁都有添丁炮、石城有灯彩，而到了广东的兴宁和和平县，这一习俗则演变为“响丁”，花灯也成了寄托客家民众淳朴愿望的符号。所以，要弄清楚相似的客家习俗背后有何不同的行动逻辑，就必须用跨区域的视角来分析。这一源自田野的事例足以表明田野调查对客家学研究的重要性。

无论是主张客家学学科建设应包括客家历史学、客家方言学、客家家族文化、客家文艺、客家风俗礼仪文化、客家食疗文化、客家宗教文化、华侨文化等，① 还是认为客家学的学科体系要由客家学导论、客家民系学、客家历史学、客家方言学、客家文化人类学、客家民俗学、客家民间文学、客家学研究发展史等八个科目为基础来构建，② 客家研究都无法回避研究对象的固有特征——客家人的迁徙流动而导致的文化离散性，所以在田野调查时更强调追踪研究和村落回访③。只有夯实田野工作的存量，文献资料的采集才可能溢出其增量的效益。

三、求创新：客家研究的学科交叉

学问的创新本不是一件易事，需要独上高楼，不怕衣带渐宽，耐得孤独寂寞，一往无前地上下求索。客家研究更是如此，研究者需要甘居边缘、乐于淡泊、自守宁静的治学态度——默默地做自己感兴趣的学问，与两三同好商量旧学、切磋疑义、增益新知。

客家研究要创新，就需要综合历史学、人类学、语言学、音乐学、社

---

① 张应斌. 21世纪的客家研究——关于客家学的理论建构［J］. 嘉应大学学报，1996（4）.

② 凌双匡. 建立客家学的构想［J］. 客家大观园，1994（创刊号）.

③ ［美］科塔克. 文化人类学——欣赏文化差异［M］. 周云水译. 北京：中国人民大学出版社，2012. 457～459.

会学等学科理论和方法，对客家民俗、客家方言、客家音乐等进行综合分析和研究，以学科交叉合作的研究方式，形成对客家族群全面的、客观的总体认识。

客家族群作为中华民族共同体的一个重要支系，在其形成和发展过程中融合多个山区民族的文化，形成独具特色的文化体系。建立客家学学科，科学地揭示客家族群的个性和特殊性，可以加深和丰富对中华民族的认识。用客家人独特的历史、民俗、方言、音乐等本土素材，形成客家学体系并进一步建构客家学学科，将有助于促进中国人文社会科学本土化的发展，从而为中国人文社会科学的发展和繁荣作出应有的贡献。客家人遍布海内外80多个国家和地区，客家华侨华人1 000余万，每年召开一次世界性的客属恳亲大会，在全世界华人中具有重要影响。粤东梅州是全国四大侨乡之一，历史遗存颇多，文化积淀深厚，华侨成为影响客家社会历史和文化发展的重要因素。建立客家学学科，将进一步拓宽华侨华人研究领域，有助于华侨华人与侨乡研究的深入发展。

在当前客家学研究成果积淀日益丰厚、客家研究日益受到社会各界重视的情况下，总结以往研究成果，形成客家学学科理论和方法，构建客家学学科体系，成为目前客家学界非常紧迫而又十分重要的任务。

嘉应学院客家研究院敢啃硬骨头，在总结以往研究成果的基础上，完成目前学科建设条件已初步具备的客家文化学、客家语言文字学、客家音乐学等的论证和编纂，初步建构客家学体系的分支学科。具体而言，客家文化学探讨客家文化的历史、现状和未来并揭示其发生、发展规律，分析客家族群的物质文化、制度文化和精神文化的产生、发展过程及其特征。客家语言文字学探讨客家方言的语音、词汇、语法、文字等的特征，展示客家语言文字的具体内容及其社会意义。客家音乐学探讨客家山歌、汉剧、舞蹈等的发生、发展及其特征，揭示客家音乐的具体内容和社会意义。

客家族群汉民族的一个支系，研究时既要注意到汉文化、中华文化的普遍性，又要注意到客家文化的独特性，体现客家文化多元一体的属性。客家学研究的对象，决定客家学是一门融合历史学、民俗学、方言学、音乐学、社会学等众多社会人文学科的综合性学科。如何形成跨学科的客家学研究理论与方法，是客家研究必须突破的重要问题。唯有明确客家学研究的基本概念、理论和方法，通过广泛的田野调查和深入的个案研究，广泛收集关于客家文化、客家方言、客家音乐等各种资料，从多角度进行学科交叉合作的分析和研究，才能实现创新和发展。

嘉应学院地处海内外最大的客家人聚居地，具有开展客家学研究得天独厚的地缘优势。1989 年，嘉应学院的前身嘉应大学率先在全国建立了专门性的校级客家研究机构——客家研究所。2006 年 4 月，以客家研究所为基础，组建了嘉应学院客家研究院、梅州市客家研究院。因研究成果突出、社会影响大，2006 年 11 月，客家研究院被广东省社会科学界联合会评为“广东省客家文化研究基地”；2007 年 6 月，被广东省教育厅评为“广东省普通高校人文社会科学省市共建重点研究基地”。之后其又被广东省委宣传部、广东省社会科学院评为“广东地方特色文化研究基地——客家文化研究基地”，被广东省文化厅评为“广东省非物质文化遗产研究基地”，被广东省教育厅评为“广东省粤台客家文化传承与发展协同创新中心”；还经国家民政部门批准，在国家一级学会“中国人类学民族学研究会”下成立了“客家学专业委员会”。

2009 年 8 月，在昆明召开的第 16 届国际人类学大会上，客家研究院成功组织“解读客家历史与文化：文化人类学的视野”专题研讨会，初步奠定了客家研究国际化的基础。2012 年 12 月，客家研究院召开了“客家文化多样性与客家学理论体系建构国际学术研究会”，基本确立了客家学学科建设的基本途径和主要方法。另外，1990 年以来，嘉应学院客家研究院坚持每年出版两期《客家研究辑刊》（现已出版 45 期），不仅刊载具有理论对话和新视角的论文，也为未经雕琢的田野报告提供发表和交流的平台。自 1994 年以来，客家研究院承担国家社会科学基金项目 2 项，广东省哲学社会科学规划项目等 20 余项，出版《客家源流探奥》①等著作 50 余部，其中邱国锋等的著作《兴宁市总体发展战略规划研究》② 获广东省哲学社会科学优秀成果一等奖，肖文评的专著《白堠乡的故事——地域史脉络下的乡村建构》③ 获广东省哲学社会科学优秀成果二等奖，房学嘉的专著《粤东客家生态与民俗研究》④ 获广东省哲学社会科学优秀成果三等奖。深厚的研究成果积淀，为客家学学科建设奠定了坚实的理论基础。经过几代人的不懈努力，嘉应学院的客家研究已经具备了在国际学术圈交流的能

① 房学嘉．客家源流探奥［M］．广州：广东高等教育出版社，1994.

② 邱国锋．兴宁市总体发展战略规划研究［M］．广州：广东教育出版社，2010.

③ 肖文评．白堠乡的故事——地域史脉络下的乡村建构［M］．北京：生活·读书·新知三联书店，2011.

④ 房学嘉．粤东客家生态与民俗研究［M］．广州：华南理工大学出版社，2009.

力，这离不开多学科理论对话的实践和田野调查经验的积累。

客家学研究丛书的出版，既是客家研究在前述立足田野与理论对话“俯仰之间”兼顾理论与实践的继续前行，也是嘉应学院客家学研究朝着国际化目标迈出的坚实步伐。“星星之火，可以燎原”，这套丛书包括学术研究专著、田调报告、教材、译著、资料整理等，体现了客家学学科建设的不同学术旨趣和理论关怀。古人云，“不积跬步，无以至千里；不积小流，无以成江海”，我们愿意从点滴做起。希望丛书的出版，能引起国内外客家学界对客家学学科体系建设的关注，促进客家学研究的科学化发展。

嘉应学院校长兼客家研究院院长　邱国锋教授、博士

于 2014 年 8 月 30 日

前 言

梅江，为韩江上游名称，源起广东省陆丰市、紫金县交界的乌突山七星峒，沿莲花山西北侧，自西南向东北穿流至五华县河口，汇入五华河，流经梅州城区时将城区分为南、北两区，至大埔县三河坝止，全长 307 千米，流域面积 14 061 平方千米，是养育客家人的“母亲河”。

梅江流域的生态破坏与水污染状况已越来越成为制约区域经济社会可持续发展的主要因素之一，梅州市委、市政府对此高度重视，要求流域内各级政府都要把梅江流域水环境综合治理提上议事日程，强化措施，加快流域水污染和生态环境破坏综合整治进程。在“十一五”规划中要求结合经济结构战略性调整，实行污染全过程控制，加大技术改造力度，关停落后企业和淘汰落后生产工艺设备，推进清洁生产，实施全面达标工程；结合农业产业结构调整，大力发展生态农业、有机农业和节水农业，积极发展机能食品、绿色食品和无公害食品，对公路、铁路等基础设施建设带来的水土流失、生态破坏，抓紧治理和绿化，建设沿线绿色通道。

生态环境是生物群落及非生物自然因素组成的各种生态系统所构成的整体，主要或完全由自然因素形成，它是影响和制约一个区域经济可持续发展的重要因素之一。为了深入摸清梅江流域生态环境现状、变化趋势及其与环境变化的关系，作者紧密围绕党和国家生态文明建设、建设美丽中国、建成小康社会的精神，紧紧围绕梅州“绿色崛起、科学发展”的战略要求，全力加快绿色经济崛起，以建设富庶美丽幸福新梅州的精神，开展该项研究，并于 2009 年申报获得广东省普通高校人文社会科学省市共建重点研究基地招标课题（编号：09KYKT01）、梅州市科技计划重点项目（编号：2009A23）资助，于 2009 年 3 月至 2012 年 8 月通过查阅大量的文献资料，回顾前人研究梅江流域的生态环境状况，归纳总结近代流域的演变及流域自然概况，采用实地调查、资料调查、走访调查、水质监测等方法以及利用“3S”等技术，运用现代软件和数理统计学方法对梅江流域的自然地理环境、自然资源、社会经济等资源现状进行系统的调查，取得了可喜的成果，于2013年9月通过梅州市科技局组织鉴定，专家评审为国内先进水平，并进行省级成果登记（登记号：20130080），同年获广东省2010—2011年度哲学社会科学优秀成果二等奖。我们在总结课题研究成果的基础上，参考国内外大量的文献资料，并将该项研究著书，从而为更好地保护梅江流域生物资源及生态环境提供科学依据。

本书分为两大部分，第一部分为研究报告，由钟福生、李坤新、刘德良编写；第二部分为专题研究，由项目主要参加者朱长柏、张丰如、廖富林、黄勋和、李威娜、温茹淑、郑清梅、程洁如等编写，作者署名在承担各专题研究的内容中已有注明；全书由钟福生统稿审阅。本书编著出版得到了嘉应学院校长、教授邱国锋博士，中国地质大学校长、教授、博士生导师王焰新博士，嘉应学院、嘉应学院客家研究院及暨南大学出版社的大力支持，写作过程中参阅了大量的文献，在此一并致谢。由于作者水平有限，经验不足，疏漏之处敬请读者和同人批评指正。

编著者

2014年12月

目 录
Contents

第二部分 专题研究

第一部分

研究报告

1 研究概要

1.1 研究的背景和意义

生态环境是由生物群落及其相关的无机环境共同组成的功能系统（或称为“生态系统”）。在特定的生态系统演变过程中，当其发展到一定稳定阶段时，各种对立因素通过食物链的相互制约作用，使其物质循环和能量交换达到一个相对稳定的平衡状态，从而保持了生态环境的稳定和平衡。如果环境负载超过了生态系统所能承受的极限，就可能导致生态系统的弱化或衰竭。人是生态系统中最积极、最活跃的因素，在人类社会的各个发展阶段，人类活动都会对生态环境产生影响。特别是近半个世纪以来，由于人口的迅猛增长和科学技术的飞速发展，人类既有空前强大的建设和创造能力，也有巨大的破坏和毁灭力量。一方面，人类活动增大了向自然索取资源的速度和规模，加剧了自然生态失衡，带来了一系列灾害。另一方面，人类本身也因自然规律的反馈作用，而遭到“报复”。因此，环境问题已成为举世瞩目的热点，有民意测验表明，环境污染的威胁相当于第三次世界大战，无论是在发达国家，还是在发展中国家，生态环境问题都已成为制约经济和社会发展的重大问题。

国家环境保护部于2010年6月3日公布《2009年中国环境状况公报》（以下简称《公报》）。《公报》显示，2009年部分环境质量指标持续好转，“十一五”环保规划部分指标超额完成，但二氧化硫含量自2007年以来首次不降反升，总体面临的环境形势仍很严峻。地表水污染依然严重，七大水系总体为轻度污染，湖泊富营养化问题突出，近岸海域总体为轻度污染，城市空气质量总体良好，酸雨分布区域保持稳定，城市环境质量总体较好。2011年6月5日世界环境日，环境保护部发布的中国主题是“共建生态文明，共享绿色未来”。主题旨在唤起社会公众对环境与发展关系的清醒认识和自觉行动，强调生态文明、绿色发展理念和公众参与，号召全社会行动起来为可持续发展做出贡献。

保护环境是我国的一项基本国策，是可持续发展战略的重要组成部分。今后五至十年，是实现国民经济、社会发展，进行经济结构战略性调整和全面推进工业化、农业产业化、城镇化进程的重要时期，也是减轻环境污染和加强生态建设的攻坚时期。只有以经济建设为中心，以可持续发展为主题，以改善环境质量和保护人民身体健康为根本出发点，与推进工业化、农业产业化、城镇化进程相适应，统筹规划，突出重点，依靠科技创新和体制创新，加大投入，强化环保执法监督，提高环保监管能力，严格控制污染物排放总量，促进环境与经济“双赢”，才能推动我国社会、环境与经济协调发展，全面建成小康社会。

梅江，是养育客家人的母亲河，具有饮用、发电、防洪、灌溉、游览和航运等功能，是粤东地区的重要河流。随着梅州经济的发展，流域内水资源的开发利用不断扩大，直接排入河道的工业废水及生活污水与日俱增，生活垃圾、工业垃圾、建设施工弃土的不断倒入，以及其他一些人为因素的影响，梅江流域污染日益严重，直接影响到梅州工农业生产及人民群众生活用水。

梅江流域的生态破坏与水污染状况已越来越成为制约区域经济社会可持续发展的主要因素之一，梅州市委、市政府对此高度重视，要求流域内各级政府都要把梅江流域水环境综合治理提上议事日程，强化措施，加快流域水污染和生态环境破坏综合整治进程。在“十一五”规划中要求结合经济结构战略性调整，实行污染全过程控制，加大技术改造力度，关停落后企业和淘汰落后生产工艺设备，推进清洁生产，实施全面达标工程；结合农业产业结构调整，大力发展生态农业、有机农业和节水农业，积极发展机能食品、绿色食品和无公害食品，对公路、铁路等基础设施建设带来的水土流失、生态破坏，抓紧治理和绿化，建设沿线绿色通道。

目前所做的工作主要集中在污染治理方面，对整个梅江流域生态环境现状的综合调查尚未见系统报道，为了深入摸清梅江流域生态环境现状、变化趋势及其与环境变化的关系，课题组成员在前期研究工作的基础上，于2009年3月至2012年8月开展了对梅江流域生态环境现状全面系统的调查和研究，以期弄清梅江流域生态环境现状，分析存在的问题，提出治理对策，从而为更好地保护梅江流域生物资源及生态环境提供科学依据。

1.2　国内外研究现状与发展趋势

自20世纪中叶以来，随着社会和经济的快速发展，具有全球性影响的生态环境问题日益严重。当前不仅发生了区域性的环境污染和大规模的生态破坏，而且出现了全球气候变暖、臭氧层的耗损与破坏、生物多样性减少、酸雨蔓延、森林锐减、土地荒漠化、大气污染、水污染、海洋污染和危险性废物越境转移等全球十大生态环境问题。全球生态环境问题日益突出，严重威胁着全人类的生存与发展。由于地球的整体性和地球各圈层之间的相互作用，由水圈、土壤圈、大气圈、生物圈和岩石圈所组成的人类

赖以生存的地球生态环境的变化问题受到国际学术界的普遍关注：[1]

（1）水环境保护形势。20 多年来，我国经济高速发展，造成水污染问题集中爆发，表现出复合性、结构性、流域性和综合性等特征。美国、日本及欧洲一些国家从 20 世纪 70 年代开始相继开展了水环境治理和修复工作，并取得了显著成效；近 20 年来，我国除了对“三湖”、“三河”进行重点治理外，对其他河流、湖泊也开展了水环境治理和修复工作，获得了许多成功的经验，但仍存在许多不足。

（2）土壤环境保护形势。随着工业化、城市化和农业集约化的快速发展以及受全球变化的影响，我国土壤环境形势日趋严峻，表现出多源、复合、量大、面广、持久、毒害等现代环境污染特征。美国、挪威和法国等发达国家建立了专门基金，开展土壤污染状况调查、土壤污染档案、污染场地土壤修复技术等相关研究。目前，植物修复研究已成为国际研究热点。“十五”以来，在国家“863”计划项目的资助下，我国形成了具有自主知识产权的植物修复技术，但我国研究在某些土壤污染修复技术方面与发达国家相比仍有很大差距。

（3）大气环境保护形势。当前全球大气环境的主要问题是全球变暖、臭氧层遭破坏和酸雨危害。我国的气候变暖趋势逐年加剧。国际上较早开展空气污染预报研究的国家有美国、英国、日本、荷兰、苏联等，当前国际上的发展趋势是采用先进的，科学上更严格、更定量的数值预报方法。

（4）生物保护形势。近年来，物种灭绝的加剧，遗传多样性的减少，以及生态系统特别是热带森林的大规模破坏，引起了国际社会对生物多样性问题的极大关注。目前，我国生态保护的形势也不容乐观，区域生态恶化的趋势没有得到有效遏制。由于人类经济活动的加剧，近百年来世界各地的生物多样性均普遍降低。因此，许多国家（包括我国）已开始重视生物多样性的保育。

（5）矿物资源环境保护形势。燃煤排放到大气中的有害物质有硫化物、氮化物、飞灰、一氧化碳、二氧化碳、放射性微粒、各种微量金属元素及有机污染物（如多环芳烃）。石油污染泛指原油和石油初加工产品（包括汽油、煤油、柴油、重油和润滑油等）及各类油的分解产物所引起的污染。因而国内外许多研究者对石油污染土壤的微生物降解原理、影响因素、降解菌筛选等方面进行了大量研究。

在国内外生态环境保护的大趋势下，梅江流域生态环境的保护也是大势所趋。为此，课题组利用先进的“3S”（GIS 地理信息系统、RS 遥感、GPS 全球定位系统）技术对梅江流域生态环境现状进行一次全面的摸底，以客观全面地反映客家“母亲河”——梅江流域生态环境的现状和动态变化，为梅江流域生态环境规划、恢复和保护提供科学的治理对策，希望能够为将养育近500万客家人的“母亲河”变成山清水秀和安全的饮用水源地贡献自己的一分力量。

2　研究地区概况

2.1　近代梅江流域的演变

梅江，是韩江上游名称，源起广东省陆丰市、紫金县交界的乌突山七星峒，沿莲花山西北侧自西南向东北穿流至五华县河口，汇入五华河，流经梅州城区时将城区分为南、北两区，至大埔县三河坝止，全长307千米，流域面积14 061平方千米，其中梅州城区以上集水面积8 152平方千米，是维系全流域近500万人口的生命线，是养育客家人的“母亲河”和城乡饮用水源地。千百年来，她以清澈的江水滋润了粤东大地，构成了山清水秀、花繁果硕的美丽风光。然而，近年来随着社会的进步、生产的发展，沿江城区经济日益繁荣，人们在享受现代文明的同时，也遭到了日趋严重的水环境污染的侵扰。该流域的水质污染与生态破坏以及水土流失相当严重，不仅制约了该流域社会经济的可持续发展，而且也威胁着下游韩江、汕头及附近航道的安全。有关资料表明，该流域每年接纳的城市污水和工业废水达2亿吨，造成严重的水质污染和水体富营养化，长年不断的海上漂浮物使汕头海域的海洋保洁不堪重负，河口流沙淤积严重。流域两岸主要工业企业类型有化工、电力、煤炭、水泥、制糖等，对资源进行无序开采，严重破坏了山坡绿化和沿江环境，造成大量的水土流失，形成严重的污染源；在梅江流域两岸，各类养殖场星罗棋布，长期以来，清洗出来的污水任意排向梅江；沿江城市垃圾与日俱增，加上医院及居民生活污水的排放，形成梅江三大污染源，严重影响客乡水——梅江流域的生态环境。

2.2　自然概况

梅江流域位于广东省东北部，即北纬23°17′~25°16′，东经115°22′~116°33′，北回归线穿越其间。行政区划包括广东省河源市紫金县，梅州市五华县、兴宁市、梅县、梅江区、大埔县。梅江流域是梅州市最主要的水系，流域总面积14 061平方千米，约占梅州市水系总面积的88.3%。

2.2.1　地质地貌

梅江流域山地丘陵广布，地势起伏较大，岭谷众多，串珠状盆地明显，降雨充沛，因而形成了以梅江为主干流的梳子状水系。流域大部分面积属韩江中上游流域，是韩江流域的主要组成部分。

梅江流域的地貌有台地、丘陵、山地、阶地和平原五大类型。山地面积占24.3%；丘陵及台地、阶地面积占56.6%；平原面积仅占13.7%；河流和水库等水面积占5.4%。

流域内河道的主要特点：盆地的河道河床坡降小，洪峰流量大，沿河两岸是当地政治、经济、文化中心和工农业生产主要基地，山区河流河床坡降陡，天然落差大，水力资源丰富，拥有发展小水电的天然优势，但局部地区水土流失严重，河水含沙量大，流沙淤积在下游水库和河床，易造成洪泛，还影响航运和水利水电工程效益。[2]

2.2.2　气候

梅江流域的气候属亚热带季风气候，是南亚热带和中亚热带气候区的过渡地带。其气候特点是夏日长、冬日短、气温高、冷热悬殊、光照充足、气流闭塞、雨水充沛且集中，年均气温21.13℃，7月均温28.15℃，1月均温11.12℃，年活动积温达7 000℃，年降水量为1 400～1 800毫米，75%以上的降雨量集中在4～9月，高温期与多雨期基本一致，形成春末夏初“雨热同步”的气候特征。[3]

2.2.3　土壤

梅江流域地表表面主要覆盖着深厚的花岗岩风化层，具有典型的粤东山区的土壤环境特点，大部分是红壤，如赤红壤，主要是由花岗岩发育形成的。[4]

赤红壤的主要特点：赤红壤分布的地区干湿季节交替，有利于土壤胶体的淋溶，并在一定的深度凝聚，因而土壤普遍具有明显的淀积层。黏粒矿物组成比较简单，土壤呈酸性，阳离子交换量较低。因而赤红壤所处的地理位置具有较为优越的生物气候条件。

2.2.4　水系水文

梅江是韩江的主流，是梅州市最主要的河流，发源于广东省汕尾陆丰与河源紫金交界的乌突山七星峒，沿莲花山西北侧，自西南往东北流经五华、兴宁、梅县、大埔，全长为307千米，流域面积为14 061平方千米，河床比降为0.4‰，多年平均径流深为812毫米，年平均径流量为128.7亿立方米。梅江在梅州境内集雨面积为10 888平方千米，河长为271千米，具有饮用、发电、防洪、灌溉、游览和航运等功能，是粤东地区的重要河流，其沿岸有水寨、梅城、丙村、松口等较大的盆地平原。[5]

梅江的汛期每年从4月开始，10月结束。梅江的水沙主要来源于五华河和琴江。据广东省水文局梅州分局的资料显示，五华河的平均流量仅是琴江的16%、含沙量是琴江的3.2倍、输沙率是琴江的71.6%，它们的水量是梅江的60%，整个梅江的含沙量大于琴江却小于五华河。[6]

2.2.5 生物资源

梅州境内野生动物种类繁多，经济价值较大的主要兽类和鸟类动物有200多种，两栖、爬行类动物有100种以上。梅州市境内已被记载的高等植物有231科874属2 268种。这些植物中，有材用、药用、油脂、芳香、蜜源、淀粉、果类、鞣料植物等，极富科研、实用和观赏价值。

2.3 社会经济概况

梅州市是中国广东省的一个地级市，位于广东省东北部，是历史上客家民系的最终形成地、聚居地和繁衍地，更是全世界客家华侨的祖籍地和精神家园，被尊为“世界客都”。梅州市东部与福建省交界，南部与广东省潮州市、揭阳市、汕尾市毗邻，西部与广东省河源市接壤，北部与江西省相连（图2-1）。

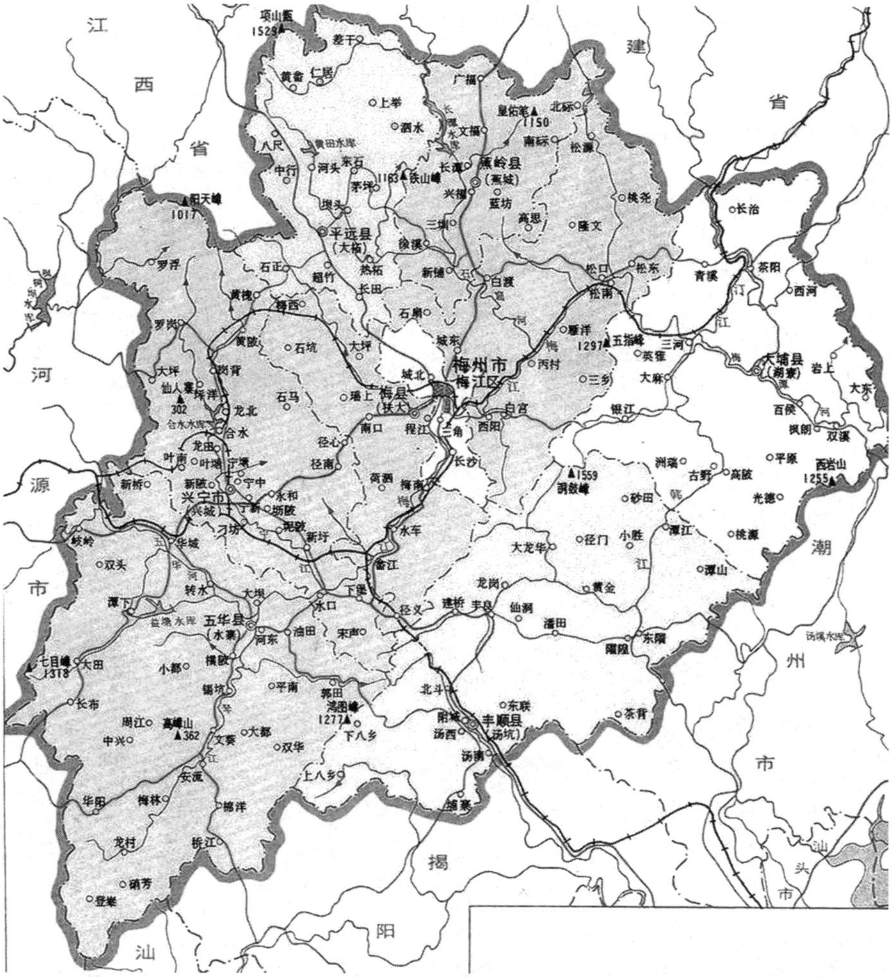

图 2－1　梅州市地图

2.3.1　行政区域

梅江流域地跨广东省河源市紫金县，梅州市五华县、兴宁市、梅县、梅江区、大埔县。梅江流域是梅州市最主要的水系。

2.3.2　人口与地方经济

梅江流域内各区市县面积和人口见表 2－1。

表 2-1　梅江流域内各区市县面积和人口（2008 年）

行政区	面积（平方千米）	占全流域比例（%）	总人口（万）
紫金县	3 207	22.81	82
五华县	3 226	22.94	128
兴宁市	2 105	14.97	118
梅县	2 755	19.59	61
梅江区	298	2.12	32
大埔县	2 470	17.57	59
合计	14 061	100	480

在广东区域发展格局中，由于地理区位的关系，梅州的人均生产总值、经济增长速度都处于相对弱势。长期以来，农业在梅州的三大产业结构中居主导地位，相比于珠三角地区的发展水平，梅州的工业发展相对滞后，第三产业起步较晚，但是具有较大的发展潜力。

2.4　历史和法律地位

梅州具有悠久的历史，据考古发现和近几年的文物普查统计，梅州有新石器时代文化遗址和遗物点 398 处。南汉设敬州，宋开宝四年（971）改敬州为梅州，元代设梅州路，明属潮州府，清设嘉应直隶州，民国三年（1914）梅州改名梅县，先后属潮循道、第六行政督察区。新中国成立后，于 1949 年设置兴梅专区，1950 年成立兴梅行政督察专员公署，辖梅县、兴宁、五华、大埔、丰顺、蕉岭、平远 7 县。1952 年兴梅 7 县改隶粤东行政区。1965 年设立梅县专区，后改为梅县地区。1979 年原梅县所辖梅州镇由区级升县级称梅州市后，梅县地区辖 7 县 1 市。1983 年，梅州市与梅县合并改为梅县市，梅县地区所辖 7 县 1 市改为 6 县 1 市。1988 年，梅县地区改为梅州市，辖原兴梅 7 县及新划县级区梅江区，共 7 县 1 区。1994 年，兴宁县撤县设市（县级），梅州市即辖 6 县 1 区，并代管兴宁市。截至 2009 年，梅州市辖 1 个市辖区、6 个县，代管 1 个县级市，12 个街道、104 个镇。梅江流域在梅州市辖内自然归属于五华县、兴宁市、梅县、梅江区、大埔县。

3　研究方法

3.1　调查时间和地点

课题组于2009年9月至2011年8月间对梅江流域的龙村、安流、横陂、水寨、合水、水口、畲江、梅南、长沙、梅塘、西阳、丙村、雁洋、松口、蓬辣、三河16个典型位点（图3－1）不同生境的生态环境现状进行详细、系统的调查。

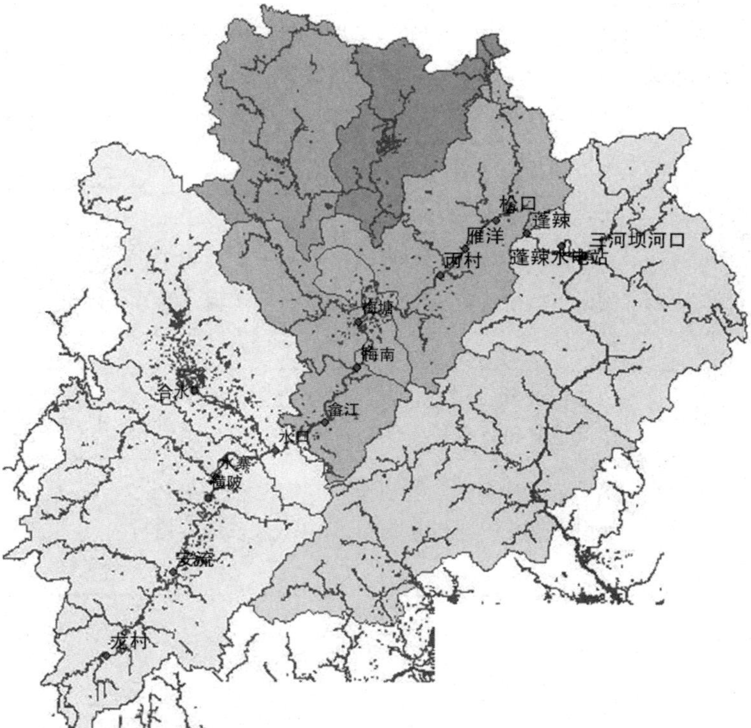

图3－1　梅江流域各个样点分布图

3.2 生境类型及各样点生态环境现状

3.2.1 生境类型划分

根据各样点自然环境、社会经济状况将梅江流域划分为6个生境类型（表3-1）。

表3-1 梅江流域生境类型划分

编号	生境类型	环境特点	样点分布
1	农田村庄	山地分布为主，河流两岸分布农田和村庄；植被覆盖率大，生态系统保持完整	龙村、蓬辣
2	河岸湿地	河岸分布农田、竹林、果树；周围以低山分布为主，山地植被覆盖较好；河床间有裸露	安流、横陂、松口、三河
3	城镇郊区	都市环境，人群流量大，工业较多；河岸多为人工生态林和经济林	水寨、长沙、梅塘
4	山区乡村	河岸两侧分布山丘，以马尾松为主夹杂桉树，植被覆盖丰富；河床湿地生态保持完好	合水、水口、西阳
5	山区乡镇	山地植被覆盖较好，以马尾松为主，河岸湿地分布竹林和农田，生态较完整	畲江、梅南、雁洋
6	工矿盆地	工矿企业较多，空气质量差，山地多有裸露；盆地内间以果树分布为主，夹杂居民点	丙村

3.2.2 各样点生态环境现状

生态环境是指影响人类生存与发展的水资源、土地资源、生物资源以及气候资源数量与质量的总称。现从植物、水环境、土壤环境以及人为干扰生态环境等方面来简述梅江流域各样点的生态环境现状（表3-2）。

表 3－2　各样点生态环境现状

编号	名称	地理位置		生态环境现状
		经度（E）	纬度（N）	
1	龙村	115°32′21. 4″	23°33′09. 8″	以山地分布为主，河流两岸分布农田和村庄；山上植被覆盖较差，属疏林地，无裸露山体；土壤层厚，黄土；枯水期，水流量小；水质清澈
2	安流	115°40′59. 6″	23°43′44. 5″	山地分布，周围山体基本无植被覆盖；山体以岩石土质为主，水土流失严重；河床有裸露，河岸湿地分布竹林；沿河采沙点较多；水质较好，受采沙船影响，有少量泥沙
3	横陂	115°45′05. 7″	23°53′23. 3″	河岸分布大片沼泽湿地；周围以低山分布为主，山体植被覆盖稀疏；河流水质较好，下游有水电站，水位较高
4	水寨	115°46′31. 4″	23°55′57. 5″	城镇，河流上游有上坝水电站，河水流量少，大部分河床裸露，有的已经被开垦为旱地，种植蔬菜；烤烟产业为龙头产业，水质一般
5	合水	115°69′21. 7″	24°12′81. 2″	山区乡村，河床湿地生态保持完好，旅游资源丰富；旅游业发达，水资源丰富，有合水水库
6	水口	115°54′26. 5″	23°59′23. 5″	山区乡村，以山地分布为主，植被覆盖较好；河床湿地生态保持完好；工厂少，环境破坏少；受上游采沙影响，水质混浊，泥沙量大
7	畲江	116°00′57″	24°02′56. 3″	山区乡镇，山体植被覆盖较好；产业转移园坐落于此，生态破坏严重，空气质量差，粉尘厚；水质较差，混浊，有浮萍分布

（续上表）

编号	名称	地理位置		生态环境现状
		经度（E）	纬度（N）	
8	梅南	116°05′04. 3″	24°10′06. 8″	山区乡镇，山体植被丰富；河岸湿地生态完整，竹林分布，空气较好；有水泥厂（塔牌）；水质轻度污染
9	长沙	116°05′20. 46″	24°16′0. 23″	城镇郊区，河岸分布经济林；水电产业、建筑业、石灰石厂发达；受上游工业影响，水质受到一定程度污染，较混浊
10	梅塘	116°07′	24°19′	气候温和，光照充足，热量丰富，雨量充沛，工业较多，人群流量较大；河流水质一般
11	西阳	116°09′13. 7″	24°17′42. 9″	河岸两侧分布山丘，山地植被覆盖较好，以马尾松为主，夹杂桉树分布；能见土壤为红壤；样点河岸对面有西阳工业区；水质清澈，河中漂浮水浮莲
12	丙村	116°15′51. 6″	24°21′51. 1″	样点所在地为一小盆地，四面环山；盆地内以果园分布为主，丙村工矿企业较多，受工矿企业影响，空气质量差
13	雁洋	116°19′09. 6″	24°25′20. 2″	河岸两侧分布山丘，山地植被覆盖较好，以马尾松为主，其中有火烧山，河岸道路两侧种植桉树；受丙村工业影响，水质较差
14	松口	116°23′08. 9″	24°28′52. 7″	松口镇坐落于一小盆地，盆地内以种植果树为主，大多是柚子树；盆地四面山地植被以疏林地为主；混浊，有少量泥沙，但受污染程度较轻
15	蓬辣	116°27′10. 4″	24°27′20. 6″	河流穿越山丘，两岸山地植被覆盖率大，但主要是杂木，无有用树种分布；山地坡度较大，土壤层薄，下层是岩石；由于植被覆盖较密，且生态系统保持完整，周围空气质量好，水质得到净化显得清澈
16	三河	116°34′34. 5″	24°24′22. 5″	水网分布密集，山地植被覆盖较好，空气清新；河岸湿地以竹林分布为主；河坝周围有植被覆盖，工厂少；水质清澈，但流量小

3.3 调查方法

3.3.1 资料调查

通过中国知网等数字出版平台，以及中国国家地理网、中国气象局、梅州市水文局等机构的官方网站收集整理现有的历史资料，包括区域地图、地形地貌、水系分布、水文、水质状况，以及前人所记录和报道的自然资源、社会经济等资料。

3.3.2 实地调查

根据梅江流域的生态环境分布特点，调查自然生态环境和被污染生态环境的植物、动物、土壤、水系成分，以及社会经济状况，记录现场调查的第一手资料。

3.3.3 走访调查

在进行样点实地调查研究的同时，走访当地林业、农业、水利、环保、畜牧、国土、工商等行政管理部门，取得相关部门的支持，获得社会、经济、农业、森林资源、土壤侵蚀、土地资源、农村面源污染等方面的历史调查资料等基础数据，以及向周围的居民等了解其居住地的自然资源、社会经济状况。

3.4 水质监测

对梅江水系的监测区域共设置 5 个监测断面，采取河道中间水面下 0.5 米深处的水样，根据《地表水环境质量标准》（GB 3838—2002）[7] 测定其中规定的基本项目：水温、pH 值、溶解氧、高锰酸盐指数、COD_{Cr}、BOD_5、氨氮、总磷、总氮、铜、锌、氟化物、硒、砷、汞、镉、铬（六价）、铅、氰化物、挥发酚、石油类、阴离子表面活性剂（LAS）、硫化物、粪大肠菌群等指标。

3.5 3S 技术应用

应用3S 技术，对遥感图像进行辐射校正、几何校正、增强处理、图像融合等处理，结合地形图和实地调查，采用基于地物光谱反射特征的监督分类与目视解译相结合的分类技术，对遥感影像进行解译，提取了梅江流域土地利用/土地覆盖现状，植被覆盖等专题空间数据；然后选取反映生态环境质量的指标，结合空间分析技术，得到梅江流域生态环境质量情况，为梅江流域生态环境规划、生态恢复和生态环境保护提供科学的决策依据。

3.6 数据统计方法

在调查生物生态环境中，根据物种的种类和数量记录，计算调查境内物种多样性、均匀度等。[8]

3.6.1 群落多样性指数

采用 Shannon - Wiener 指数公式：

$$H = -\Sigma P_i \ln P_i$$

式中：H 为群落多样性指数；P_i 为样品中属于第 i 种的个体比例，即物种 i 的个体数与所有物种的总个体之比；ln 为自然对数。

3.6.2 均匀度指数

采用 Pielou 指数公式：

$$E = H/H_{max} = H/\ln S$$

式中：E 为均匀度指数，H 为实测群落的多样性指数值，H_{max} 为最大多样性指数值，S 为物种数。

3.6.3 污染指数

运用综合污染指数法对梅江流域水环境进行综合评价，采用《地表水环境质量标准》（GB 3838—2002）[7]的Ⅲ类水质标准作为依据，对水质监测结果进行超标情况统计。

3.7 数据处理方法和应用软件

采用 X^2 检验中的 2 × C 列联表的独立性检验的方法对每时段与各样点的生态环境质量现状作相关性检验，当 $P < 0.05$ 时表示差异显著，当 $P > 0.05$ 时表示差异不显著。调查数据利用 SPSS 19.0 和 Excel 软件进行统计、计算。

4 结果与分析

4.1 梅江流域生物资源现状调查与研究

4.1.1 梅江流域植物群落结构及多样性

梅江流域拥有独特的自然地理环境和气候条件，形成了具有地域特色的植物资源，地带性植被为南亚热带季风常绿阔叶林，主要植被类型有南亚热带山地常绿阔叶林、中亚热带山地常绿阔叶林、马尾松林、杉木林、马尾松针阔叶混交林、灌草丛等。[9] 在实地调查、采集标本、鉴定分类的基础上，统计分析维管植物多样性组成、植物区系地理成分、珍稀濒危保护植物等，旨在对梅江流域植物多样性提供基础资料，为制定生物多样性保护策略提供依据。

4.1.1.1 梅江流域的植物资源

梅江流域的植物资源十分丰富，根据《梅江流域的维管植物名录》，本次调查核实流域内有高等植物 231 科 874 属 2 268 种，其中，蕨类植物 28 科 52 属 88 种，裸子植物 7 科 13 属 21 种，被子植物 196 科 809 属 2 159 种；有各类珍稀濒危植物 28 科 37 属 43 种，如银杏、梅花、桫椤、南方红豆杉等；已登记挂牌保护 100 年以上古树名木有千余株，其中梅州城区现有古树名木 407 棵，隶属 29 科 49 属 55 种。

4.1.1.2 梅江流域维管植物的组成

维管植物是具有木质部和韧皮部的植物。现存的维管植物有 25 万～30 万种，包括极小部分苔藓植物、蕨类植物（松叶兰类、石松类、木贼类、真蕨类）、裸子植物和被子植物。维管系统（木质部和韧皮部）的产生是植物从水生到陆生长期适应环境的结果。维管系统的有效疏导，使维管植物成为最繁茂的陆生植物。比较原始的维管植物的木质部中多只具管胞，故也可称这些植物为管胞植物。

对梅江流域的维管植物进行统计，流域内维管植物计有 226 科 1 970 种。其中，蕨类植物 39 科 139 种，分别占总数的 17.26%、7.06%；裸子植物 9 科 29 种，分别占总数的 3.98%、1.47%；被子植物 178 科 1 802 种，分别占总数的 78.76%、91.47%（表 4－1）。

表 4－1　梅江流域维管植物分类群统计

分类群	科数	种数
蕨类植物	39	139
裸子植物	9	29
被子植物	178	1 802
合计	226	1 970

4.1.1.3　梅江流域植物的区系分析

在梅江流域分布的植物中，种子植物占绝对优势，种子植物分为裸子植物和被子植物两大类，流域内共计 187 科 1 831 种，分别占总科种数的 82.74%、92.94%。植物区系成分以热带成分为主，区系性质为南亚热带、中亚热带植物区系的中间类型，但偏重于南亚热带，与粤东地区的植物区系相一致，即偏重于南亚热带植物区系，又向中亚热带植物区系过渡。[10]

4.1.1.4　梅江流域植物的多样性分析

利用 Shannon－Wiener 指数公式 $H=-\Sigma P_i \ln P_i$ 计算梅江流域植物的三个分类群的物种多样性并进行比较（表 4－2）。Shannon－Wiener 指数的计算公式表明，群落中生物种类增多代表了群落的复杂程度增高，即 H 值愈大，群落所含的信息量愈大。由此可知被子植物的多样性指数最高，为 4.166 50，说明梅江流域植物中被子植物最丰富，梅江流域的环境最适合被子植物的生存、繁衍。

利用 Pielou 指数公式 $E=H/H_{max}=H/\ln S$ 计算维管植物的三个分类群的均匀度并进行比较（表 4－2）。在均匀度指数中发现，均匀度指数的分布是被子植物（0.555 78）＞蕨类植物（0.084 34）＞裸子植物（0.027 36）。

表 4－2　梅江流域维管植物多样性和均匀度指数比较

分类群	多样性指数	均匀度指数
蕨类植物	0.416 15	0.084 34
裸子植物	0.092 14	0.027 36
被子植物	4.166 50	0.555 78

4.1.1.5　评价与小结

梅江流域地处亚热带，自然条件优越，组成植被的种类丰富多样。在本区植物区系成分中，被子植物是构成植被的重要成分。流域内有许多的珍贵濒危植物资源、国家重点保护野生植物等，当中有不少起源于古老的孑遗种，如桫椤科和苏铁科植物，它们是对植物起源与进化过程起关键作用的科属的种类，对研究植物起源、演化发展和植物区系具有重要的科学价值。[9]在实地调查和查阅文献的过程中发现，近年来，由于梅江流域的植物资源的开发缺乏有效的监管，保护区、分布区范围内的大量野生植物资源遭到一定程度的破坏，加上植物自身的自然更新生长周期缓慢，导致某些植物濒临灭绝。此外，流域居民频繁的干扰活动也是导致植物资源减少的外因之一，由于受到经济利益或者其他需求的驱使，人们对植物资源进行掠夺和无节制的采伐，使其个体数量锐减。流域辖区内城市开发过程中对森林的大面积砍伐，也使植物的原有生境遭受严重破坏，从而导致某些植物濒临灭亡。

4.1.2　梅江流域鱼类资源现状及分析

梅江流域的江河、水库渔业资源丰富，具有良好的环境生态资源，根据前人的采集和报道，近年来，梅江流域的鱼类资源数量和种类发生了一定程度的变动。对梅江流域的鱼类种类、资源现状进行调查，并根据前人对梅江流域淡水鱼类区系划分与组成特点的分析，对于探究鱼类资源变动的原因并以此为依据提出合理开发和保护鱼类资源的对策，具有一定的指导意义。

4.1.2.1　梅江流域鱼类的种类组成

之前，温茹淑等开展了梅江水系鱼类资源调查初报，经调查得知梅江水系有野生鱼类 65 种。[11]此次调查，在前期的采集和报道的基础上，共获得 73 种梅江流域水系鱼类（表 4－3、表 4－4），除日本鳗鲡为降河性洄游鱼类外，其余均为纯淡水鱼类，隶属于 6 目 19 科 60 属。[12]

此次在梅江水系调查的 73 种鱼类，组成成分较复杂，其中鲤形目是最大的目（49 种），其次是鲈形目（14 种）和鲇形目（7 种），鳗鲡目、鳉形目、合鳃目各 1 种。在 19 个科中鲤科是最大的类群（34 种）。

梅江流域的鲤科鱼类，包含了鲤科中的 9 个亚科中的不同种类。其中鲃亚科 2 种，雅罗鱼亚科 3 种，鲌亚科 7 种，鲴亚科 2 种，鲃亚科 4 种，野鲮亚科 2 种，鮈亚科 10 种，鲤亚科 2 种，鲢亚科 2 种。鮈亚科的种类最多，有 10 种，占鲤科 34 种的 29.41%，其次为鲌亚科，有 7 种，占 20.59%。调查所知，梅州地区的经济鱼类有 25 种，隶属于 6 目 13 科 24 属，其中鲤形目是最大的目，占总种数的 67.12%。

表 4－3　梅江流域鱼类的目别统计

目别	种类	百分比（%）
鳗鲡目	1	1.37
鲤形目	49	67.12
鲇形目	7	9.59
鳉形目	1	1.37
合鳃目	1	1.37
鲈形目	14	19.18
合计	73	100

表 4－4　梅江流域鱼类的科别统计

科别	种类	百分比（%）
鳗鲡科	1	1.37
鲤科	34	46.57
鳅科	9	12.33
腹吸鳅科	5	6.85
脂鲤科	1	1.37
鲇科	1	1.37
胡子鲇科	1	1.37
鮠科	4	5.48
鮡科	1	1.37
鳉科	1	1.37
合鳃科	1	1.37
丽鱼科	3	4.11
脂科	2	2.74
鳢科	1	1.37
塘鳢科	2	2.74
攀鲈科	1	1.37
斗鱼科	1	1.37
鳢科	3	4.11
刺鳅科	1	1.37
合计	73	100

4.1.2.2　梅江流域鱼类区系组成及其特点

鱼类区系的种类组成，主要受鱼类的物种来源和生存条件两个因素制约。鱼类物种的来源，包括从物种的起源中心迁入现存地区及部分物种的分化。同时，物种能够生存至今，说明分布内具备物种所要求的生存条件。梅江流域鱼类区系的形成，经历了久远的年代，承受了环境的选择和地理变迁的影响。梅江流域淡水鱼区系起源于第三纪早期。[13] 梅江流域鱼类区系的组成，主要包括热带平原鱼类区系复合体、江河平原鱼类区系复合体、中印山区鱼类区系复合体、上第三纪鱼类区系复合体、北方平原鱼类区系复合体。

梅江流域拥有不少生长在温暖水体的鱼类属种，这些属主要分布或集中分布于南亚、东南亚一带，很多向北扩散到梅江，如小条鳅属、沙鳅属、鲮属、拟腹吸鳅属、缨口鳅属、原缨口鳅属、胡子鲇、塘鳢属、攀鲈、斑鳢、月鳢、大刺鳅等。[14]

梅江及其支流，流行在低地、广谷和盆地里。河水含沙量大，透明度低。高山小溪则植被良好，水质清澈，落差大。地质复杂，以山地为主，溪流众多，适应于山溪急流生活的鱼类较多，如鲤形目鲤科的鲃亚科、鮈亚科、鳅科以及鲇形目、鲈形目鱼类。

梅江流域鱼类区系的组成特点体现了梅江流域鱼类明显的暖水性特征。梅江流域鱼类区系的组成，表现在它既是鲤科东亚类群分布区的南部区域，又是南亚类群分布区的东部地区，在拥有许多南亚科属的同时，缺少分布于北方的冷水性鱼类和分布于高寒环境的高原鱼类。[15]

4.1.2.3　评价与小结

梅江流域拥有独特的水域环境、山地特定地形以及适宜的气候条件，境内江河、溪流纵横交错，水源充足。江河、水库渔业资源丰富，具有良好的环境生态资源。在调查过程和参阅文献的过程中发现，近年来，由于渔业政策的发展和环境污染，流域内鱼类资源目前的大体情况是鱼类的数量有减无增，个别鱼类濒于绝迹。而鱼类资源发生变动的原因包括：

（1）水域污染，危害鱼类资源。近年来，随着经济的不断发展，污染源与日俱增，在得不到很好治理的情况下，梅江流域的生态系统受到一定的破坏，尤其对鱼类资源的影响很大。污染对鱼类资源的影响，不但表现在对鱼类个体的直接损害，而且还反映在对鱼类生殖生理和生态环境等方面的危害。污染源的增加，破坏了鱼类的产卵场、索饵场、越冬场；水中有毒物质浓度提高，危害鱼类生殖生理，导致鱼类繁殖能力下降，自然增殖苗种减少。

（2）水库阻挡，破坏鱼类生态条件。鱼类的繁殖生长需要江河湖泊洄游通道畅通以及自然水汛的生态条件。但是，梅江流域沿江多处修建了水利工程，造成了梅江流域的水体连通性下降，破坏了原有自然环境，阻隔了鱼类自然洄游通道，控制了江河自然水汛的形成，破坏了鱼类生长繁殖所必需的生态条件，影响了鱼类的洄游，降低了鱼类对空间环境的利用。

（3）酷渔滥捕，捕捞强度失控。渔民捕鱼基本上处于无限制状态，渔网网目小，捕捞对象主要是当年幼鱼苗，严重损害了资源补充群体，削弱了资源自然增殖基础，使资源增殖循环呈递减趋势。此外，电鱼、毒鱼等违规行为时有发生。电鱼、毒鱼对资源的危害，一方面表现在对一定水域内不同大小的鱼类个体的直接伤害，另一方面也表现在对鱼类生态环境造成的严重影响。

（4）天然渔业水面缩小，削弱了鱼类资源繁殖生长的场所。随着梅江流域及其支流，如琴江流域内植被遭受破坏，林木稀疏，加上不合理开垦和基础建设，造成水土流失严重。大量河沙淤积，使河床急剧上升，河水枯浅混浊，汛期河水暴涨暴退，峰高量大。而琴江的支流大多坡度大，水流湍急，导致琴江水域内鱼类的生长有减无增，个别鱼类濒于绝迹。

4.1.3　梅江流域陆栖脊椎动物资源现状与分析

梅江流域地处全国经济大省广东的东北部山区，气候温和。其独特的地理位置和气候条件，使陆栖脊椎动物的生存有着得天独厚的区位优势。但近年来经济的发展，使野生环境只受到一定程度的保护，导致野生动物生境严酷，食物链稳定性差，抗外界干扰能力弱，易被人类猎捕。开展对梅江流域陆栖脊椎动物的调查，对于更好地保护和合理科学地开发利用陆栖脊椎动物资源，具有一定的意义。

4.1.3.1　梅江流域陆栖脊椎动物的组成

梅江流域的陆栖脊椎动物资源十分丰富，本次调查核实该流域共有陆栖脊椎动物 4 纲 27 目 81 科 194 属 302 种（表 4－5）。其中两栖纲动物种类较少，有 2 目 6 科 8 属 17 种，约占全国（274 种）的 6.2%，其中蛙科种类较多；爬行纲有 42 种，分属 2 目 12 科 28 属，约占全国（376 种）的 11.2%；鸟纲有 201 种，分属 16 目 44 科 123 属，约占全国（1 186 种）的 16.9%；哺乳纲有 42 种，分属 7 目 19 科 35 属，约占全国（636 种）的 6.6%，其中啮齿目种类最多。在调查的 302 种动物中，国家一级保护动物 4 种，二级保护动物 36 种，列入《濒危野生动植物种国际贸易公约》（CITES）[16] 保护的动物有 42 种，还有一大批列入《国家保护的有益的或者有重要经济、科学研究价值的陆生野生动物名录》（表4－6）。

表4－5　梅江流域陆栖脊椎动物分类统计

纲	目数	科数	属数	种数
两栖纲	2	6	8	17
爬行纲	2	12	28	42
鸟纲	16	44	123	201
哺乳纲	7	19	35	42
合计	27	81	194	302

表4－6　梅江流域珍稀陆栖脊椎动物名录

序号	种名	国家重点保护级别	CITES 公约
1	虎纹蛙 *Hoplobatrachus tigerinus*	二	Ⅱ
2	大头平胸龟 *Platysternon megacephalum*		Ⅱ
3	乌龟 *Chinemys reevesii*		Ⅲ
4	黄缘闭壳龟 *Cuora flavomarginata*		Ⅱ
5	大壁虎 *Gekko gecko*	二	
6	滑鼠蛇 *Ptyas mucosus*		Ⅱ
7	眼镜蛇 *Naja naja atra*		Ⅱ
8	蟒蛇 *Python molurus*	一	Ⅰ
9	花脸鸭 *Anas formosa*		Ⅱ
10	鸳鸯 *Aix galericula*	二	
11	鸢 *Milvus korschun*	二	Ⅱ
12	苍鹰 *Accipiter gentilis*	二	Ⅱ
13	雀鹰 *Accipiter nisus*	二	Ⅱ
14	松雀鹰 *Accipiter virgatus*	二	Ⅱ
15	普通鵟 *Buteo buteo*	二	Ⅱ
16	白尾鹞 *Circus cyaneus*	二	Ⅱ
17	白头鹞 *Circus aeruginosus*	二	Ⅱ
18	小隼 *Microhierax melanoleucos*	二	Ⅱ
19	游隼 *Falco peregrinus*	二	Ⅰ
20	燕隼 *Falco subbuteo*	二	Ⅱ

（续上表）

序号	种名	国家重点保护级别	CITES 公约
21	红脚隼 *Falco vespertinus*	二	Ⅱ
22	红隼 *Falco tinnunculus*	二	Ⅱ
23	白鹇 *Lophura nycthemera*	二	
24	黄腹角雉 *Tragopan caboti*	一	Ⅰ
25	褐翅鸦鹃 *Centropus sinensis*	二	
26	小鸦鹃 *Centropus bengalensis*	二	
27	草鸮 *Tyto capensis*	二	Ⅱ
28	红角鸮 *Otus scops*	二	Ⅱ
29	领角鸮 *Otus bakkamoena*	二	Ⅱ
30	毛脚鱼鸮 *Ketupa flavipes*	二	Ⅱ
31	领鸺鹠 *Glaucidium brodiei*	二	Ⅱ
32	斑头鸺鹠 *Glaucidium cuculoides*	二	Ⅱ
33	短耳鸮 *Asio flammeus*	二	Ⅱ
34	栗头蜂虎 *Merpos leschenauli*	二	
35	蓝翅八色鸫 *Pitta brachyura*	二	Ⅱ
36	黄鼬 *Mustela sibirica*		Ⅲ
37	黄腹鼬 *Mustela kathiah*		Ⅲ
38	青鼬 *Martes flavigula*	二	Ⅲ
39	水獭 *Lutra lutra*	二	Ⅰ
40	大灵猫 *Viverra zibetha*	二	Ⅲ
41	小灵猫 *Viverricula indica*	二	Ⅲ
42	花面狸 *Paguma larvata*		Ⅲ
43	云豹 *Neofelis nebulosa*	一	Ⅰ
44	金钱豹 *Panthera pardus*	一	Ⅱ
45	原猫 *Catopuma temminckii*	二	Ⅰ
46	豹猫 *Prionailurus bengalensis*		Ⅱ
47	獐 *Hydropotes inermis*	二	
48	水鹿 *Cervus unicolor*	二	
49	苏门羚 *Capricornis sumatraensis*	二	Ⅰ
50	穿山甲 *Malayan pangolin*	二	Ⅱ

注：一代表国家一级保护动物，二代表国家二级保护动物；Ⅰ、Ⅱ、Ⅲ代表 CITES 公约保护动物级别。

4.1.3.2 梅江流域陆栖脊椎动物多样性分析

采用 Shannon - Wiener 指数公式和 Pielou 指数公式，计算梅江流域陆栖脊椎动物不同纲、目、科、属、种的多样性和均匀度指数（表 4-7）。

表 4-7 不同纲、目、科、属、种的多样性和均匀度指数比较

纲别	科 H 值	科 E 值	属 H 值	属 E 值
两栖纲	0.246 3	0.087	0.270 3	0.095 4
爬行纲	0.529 6	0.141 7	0.738 5	0.197 6
鸟纲	2.473 6	0.466 4	3.354 7	0.632 6
哺乳纲	0.648 1	0.173 4	0.775 8	0.207 6

由表 4-7 看出，无论是科还是属的多样性指数和均匀性指数，都是鸟纲的最大，由此可见鸟纲的科数和属数是最多的，而两栖纲的多样性指数和均匀性指数是最小的，因此两栖纲的科数和属数是最少的。

4.1.3.3 评价与小结

梅江流域有着丰富的陆栖脊椎动物资源，但近年来正在逐渐地减少，甚至有些珍稀物种正在走向绝迹或已经灭亡。一方面，这与当地居民的保护意识不强有关；另一方面，环境污染日益严重也是不可忽视的因素之一。尽管近年来政府在保护陆栖脊椎动物、贯彻《野生动物保护法》等方面做了大量工作，也取得了一定成效，但仍存在着不足。所以各级政府、社会各界必须重视和联合起来保护野生动物，因为陆栖脊椎动物与人类生活和生产息息相关，是一种宝贵的资源，保护野生动物、保护环境，就是保护我们人类自己。

4.2 梅江流域水环境质量现状与评价

随着梅州经济的发展，流域内水资源的开发利用不断扩大，直接排入河道的工业废水及生活污水与日俱增，生活垃圾、工业垃圾、建设施工弃土的不断倒入，以及其他一些人为因素的影响，梅江水质污染日益严重，直接影响到梅州工农业生产及人民群众生活用水。调查、评价梅江流域水质状况，分析水质变化趋势，研究调控防治对策，对于合理开发利用梅江水资源具有十分重要的意义。

4.2.1 监测点位与监测项目

4.2.1.1 监测点位

考虑到梅江流域自然概况和监测结果准确性与监测过程的可行性，根

据监测目的、水的用途、水和废水的均匀性及人力物力等因素，同时也照顾到采样断面的代表性，对梅江水系的监测区域共设置如下五个监测断面，即五华琴江桥、梅南大桥、西阳水电站和松口蓬辣（这两点附近均有生活污水排污口）、梅江下游（三河），这五个断面均采取河道中间水面下0.5米深处的水样。

4.2.1.2　监测项目

按照国家技术规范和广东省水环境监测中心规定的地表水水质监测项目，并综合考虑梅江河流的水文、水体资料，河流的环境背景特征和水质现状评价的目的、要求及数据的可得性，再结合梅江流域特点与监测项目的可行性与科学性，选取了水温、pH 值、溶解氧（DO）、化学需氧量（COD_{Cr}）、五日生化需氧量（BOD_5）、氨氮、总磷、总氮、挥发酚、石油类、阴离子表面活性剂（LAS）、粪大肠菌群这 12 项指标，对上述五个监测断面进行采样、监测。

4.2.2　监测方法与评价标准

4.2.2.1　监测方法

选用中华人民共和国国家标准中的《地表水环境质量标准》（GB 3838—2002）[7]基本项目分析方法（具体项目与分析方法见表 4－8），按照采样监测点分组，按照时间顺序利用表格形式一一列出各个分析项目的平均值。又因梅江水系丰、平及枯水期特征不明显，所以对五个断面的监测结果再取平均值，利用表格再次列出，进行数据分析。

表 4－8　地表水环境质量标准基本项目分析方法

序号	基本项目	分析方法	最低检出限	方法来源
1	水温	温度计法		GB 13195—91
2	pH	玻璃电极法		GB 6920—86
3	溶解氧	碘量法	0.2mg/L	GB 7489—87
4	化学需氧量	重铬酸盐法	10mg/L	GB 11914—89
5	五日生化需氧量	五日培养法	2mg/L	GB 7488—87
6	氨氮	纳氏试剂分光光度法	0.05mg/L	GB 7479—87
7	总磷	钼酸铵分光光度法	0.01mg/L	GB 11893—89
8	总氮	碱性过硫酸钾消解紫外分光光度法	0.05mg/L	GB 11894—89

（续上表）

序号	基本项目	分析方法	最低检出限	方法来源
9	挥发酚	蒸馏后4－氨基安替比林分光光度法	0.002mg/L	GB 7490—87
10	石油类	红外分光光度法	0.01mg/L	GB 19488—1996
11	阴离子表面活性剂	亚甲蓝分光光度法	0.05mg/L	GB 7494—87
12	粪大肠菌群	多管发酵法、滤膜法		HJ/T 347—2007

4.2.2.2　评价标准

依据水体功能和评价要达到的严格程度，采用《地表水环境质量标准》中Ⅰ～Ⅴ类标准限值，在断面污染评价中，以单项参数的最高类别作为定级依据。根据水质状况，使数据具有代表性、连续性。地表水环境质量标准基本项目适用于全国江河、湖泊、运河、渠道、水库等具有使用功能的地表水水域。

（1）分类标准与水域功能。依据地表水水域环境功能和保护目标，按功能高低依次划分为以下五类：Ⅰ类主要适用于源头水、国家自然保护区；Ⅱ类主要适用于集中式生活饮用水地表水源地一级保护区、珍稀水生生物栖息地、鱼虾类产场、仔稚幼鱼的索饵场等；Ⅲ类主要适用于集中式生活饮用水地表水源地二级保护区、鱼虾类越冬场、洄游通道、水产养殖区等渔业水域及游泳区；Ⅳ类主要适用于一般工业用水区及人体非直接接触的娱乐用水区；Ⅴ类主要适用于农业用水区及一般景观要求水域。对应地表水上述五类水域功能，将地表水环境质量标准基本项目标准值分为五类，不同功能类别分别执行相应类别的标准值。水域功能类别高的标准值严于水域功能类别低的标准值。同一水域兼有多类使用功能的，执行最高功能类别对应的标准值。实现水域功能与达标功能类别标准为同一含义。[7]

（2）地表水环境质量基本项目标准限值。根据国家环境保护局《地表水环境质量标准》（GB 3838—2002），将基本项目标准限值列于表4－9。

表 4－9　地表水环境质量标准基本项目标准限值

序号	项目	Ⅰ类	Ⅱ类	Ⅲ类	Ⅳ类	Ⅴ类
1	水温（℃）	人为造成的环境水温变化应限制在：周平均最大温升≤1，周平均最大温降≤2				
2	pH（无量纲）	6～9				
3	溶解氧（mg/L）≥	饱和率90%（或7.5）	6	5	3	2
4	化学需氧量（COD_{Cr}）（mg/L）≤	15	15	20	30	40
5	五日生化需氧量（BOD_5）（mg/L）≤	3	3	4	6	10
6	氨氮（NH_3-N）≤	0.15	0.5	1.0	1.5	2.0
7	总磷（以P计）（mg/L）≤	0.02（湖、库0.01）	0.1（湖、库0.025）	0.2（湖、库0.05）	0.3（湖、库0.1）	0.4（湖、库0.2）
8	总氮（湖、库，以N计）（mg/L）≤	0.2	0.5	1.2	1.5	2.0
9	挥发酚（mg/L）≤	0.002	0.002	0.005	0.01	0.1
10	石油类（mg/L）≤	0.05	0.05	0.05	0.5	1.0
11	LAS（mg/L）≤	0.2	0.2	0.2	0.3	0.3
12	粪大肠菌群（个/L）≤	200	2 000	10 000	20 000	40 000

4.2.3　监测结果与分析

经过三次重复测量分析，结合《地表水环境质量标准基本项目分析方法》所提示的方法，将梅江水系五个监测点的监测结果平均值列于表 4－10。

表 4－10　梅江水系水质监测结果统计表

项目	五华琴江桥	梅南大桥	西阳水电站	松口蓬辣	梅江下游（三河）
水温（℃）	20.78	22	22.25	21.93	22.38
pH	7.01	7.39	7.76	7.43	7.01
DO（mg/L）	8.54	7.74	6.85	6.92	7.15
COD_{Cr}（mg/L）	12.96	14.99	21.67	31.09	14.57

（续上表）

项目	五华琴江桥	梅南大桥	西阳水电站	松口蓬辣	梅江下游（三河）
BOD_5（mg/L）	1.06	2.16	3.02	3.54	3.17
氨氮（mg/L）	0.29	0.26	0.73	0.72	0.62
总磷（mg/L）	0.04	0.07	0.14	0.14	0.07
总氮（mg/L）	0.87	0.93	1.11	1.3	1
挥发酚（mg/L）	0.004 13	0.004 525	0.018 5	0.008 9	0.004 883
石油类（mg/L）	0.16	0.2	0.19	0.12	0.19
LAS（mg/L）	0.15	0.14	0.19	0.2	0.17
粪大肠菌群（个/L）	<4 171.67	<633.33	<6 216.67	<323.33	<298.33

根据表4－9和表4－10，对梅江流域水质监测结果进行分类，并结合河流水质评价体系与梅江流域水质监测结果对梅江水质状况进行评价，分类结果列于表4－11。

表4－11　梅江流域水质监测结果分类统计表

项目	五华琴江桥	梅南大桥	西阳水电站	松口蓬辣	梅江下游（三河）
水温（℃）	人为造成的环境水温变化应限制在：周平均最大温升≤1，周平均最大温降≤2				
pH	6～9				
DO	Ⅰ类	Ⅰ类	Ⅱ类	Ⅱ类	Ⅱ类
COD_{Cr}	Ⅰ类	Ⅰ类	Ⅳ类	Ⅳ类	Ⅰ类
BOD_5	Ⅰ类	Ⅰ类	Ⅱ类	Ⅱ类	Ⅱ类
氨氮	Ⅱ类	Ⅱ类	Ⅲ类	Ⅲ类	Ⅲ类
总磷	Ⅱ类	Ⅱ类	Ⅲ类	Ⅲ类	Ⅱ类
点氮	Ⅲ类	Ⅲ类	Ⅲ类	Ⅳ类	Ⅲ类
挥发酚	Ⅲ类	Ⅲ类	Ⅴ类	Ⅳ类	Ⅲ类
石油类	Ⅳ类	Ⅳ类	Ⅳ类	Ⅳ类	Ⅳ类
LAS	Ⅰ类	Ⅰ类	Ⅰ类	Ⅰ类	Ⅰ类
粪大肠菌群	Ⅲ类	Ⅱ类	Ⅲ类	Ⅱ类	Ⅱ类
水质状况	优	优	轻度污染	轻度污染	良好

由表4－10、表4－11得出，梅江流域的水温监测值都在20℃左右，变化最大幅度为18.6℃，最低水温不低于10℃，最高水温为31℃，五个监测位点水温差值较小，此温度下，浮游植物生长旺盛，藻类的光合作用吸收水中二氧化碳，释放出大量氧气，水体pH和DO均较高，[17]微生物活性较强的温度为20℃～30℃，所以梅江水质温度适于水生生物生长繁殖。另外，当水温低于10℃时，净化效果大大下降，接近冰点时，净化效果趋于零，水生植物大多死亡，所以梅江流域水体温度对水质净化的效果较好。[18]梅江水质的pH处于6.5～8.0，酸碱性基本上属中性，说明梅江受纳含酸碱的工业废水较少，其中梅南大桥、西阳水电站、松口蓬辣三处监测值，属弱碱性，pH值呈微碱性是健康水的七条标准之一。从pH值看，梅江水系较好。

溶解氧是水质的重要指标，水体中溶解氧小于4 mg/L时许多水生生物无法生存，水质就开始恶化。[19]五华琴江桥、梅南大桥这两处监测断面水样的溶解氧（DO）值均大于7.5，高于地表水Ⅰ类标准，说明这两处水质基本没受到有机物污染，耗氧不严重，溶解氧能及时得到补充。五华琴江桥是五个监测点中DO值最高的，DO值达到8以上，自净能力较强，而西阳水电站和松口蓬辣DO值在7以下，说明自净能力较其他监测点弱。

COD_{Cr}、BOD_5是水质评价的主要指标，在一定程度上可以说明水体有机物污染状况，在水质监测中被广泛使用。BOD_5值越高，表示水中含有机物越多。[19]五华琴江桥处水样测定中DO值较高，而COD_{Cr}、BOD_5值较低，说明该监测点水质较好。西阳水电站、松口蓬辣水样测定中DO值较低，COD_{Cr}、BOD_5值较高，即这两处水体中有机物含量均较高，说明这两处江段水体存在一定程度的有机污染。[20]

氨氮（NH_3-N）指的是污水中的有机氮首先被转化、矿化而成的还原性无机氮。因此有机氮及NH_3-N是代表水体受氮污染的程度指标。由表4－10可知，NH_3-N含量最高值出现在西阳水电站（0.73mg/L），其次是松口蓬辣（0.72mg/L），梅江流域各监测点平均值为0.52mg/L，属于轻污染。

总磷是藻类生长的必需营养盐，它是判断水体富营养化程度及治理效果的最重要的水质指标。[19]天然水中磷酸盐含量很少，而受生活污水和工业废水污染的水体中磷含量较高。由表4－10和表4－11得出，总磷测定平均值基本符合Ⅱ类水质标准，其中西阳水电站、松口蓬辣两处的监测平均值均为0.14mg/L，总磷含量趋于Ⅲ类的含量，此两处受生活污水和工业废水污染较严重，污染最轻的是五华琴江河，总体水质评价属于轻污染。

总氮（TN）包括有机氮和各种无机氮的总和。从测定结果可知，梅江流域中五个监测断面水样的总氮测定平均值基本符合地表水Ⅲ类标准。其中，西阳水电站、松口蓬辣两处的监测值，总氮含量趋于Ⅳ类的含量，流域平均值为1.04mg/L，属于重污染。其污染主要来源是生活污水、农田排水或含氮工业废水的大量排入。水体中有机氮和各种无机氮化物含量的增加，易造成生物和微生物类的大量繁殖，消耗水中溶解氧，由监测数据可知，此两处溶氧量也较低，水质趋于恶化，总氮浓度高于1 mg/L的为富营养化型水系，西阳水电站、松口蓬辣水质已经有了恶化的趋势，相关治理措施的投入已刻不容缓。

梅江流域挥发酚的含量属于较高水平，基本超过Ⅲ类标准。西阳水电站的测定值超Ⅴ类标准，说明此处含酚的污水排放较多。其主要污染源可能有煤气洗涤、炼焦、合成氨、造纸、木材防腐和化工行业的工业废水。

石油类测定值全部超Ⅲ类标准，达到Ⅳ类标准，污染相对严重，梅江沿岸有不少油库、洗车档，直接将废水排入河水中，造成水质超标。

LAS在整体水质监测中含量较少，在西阳水电站和松口蓬辣两处监测数值较高，但未超过Ⅲ类标准，说明在梅江水系中，家庭和工厂排放的洗涤剂较少。从整体上看，梅江水系中LAS污染程度属于中度污染。

在粪大肠菌群的测定中，五华琴江桥、西阳水电站处的粪大肠菌群都有比较高的测定值，超过Ⅱ类水质标准，原因是这两处沿岸有一些私人养殖场直接向河中排放污水。

4.2.4　评价与小结

由监测结果可知，五华琴江桥监测断面水质良好，监测指标基本未超出地表水Ⅲ类标准，是五个监测断面中污染程度最轻的。溶解氧含量较高，水体自净能力强，水质评价为优。挥发酚、石油类、总氮都属于严重污染，是梅江流域的主要污染物。石油类在12种污染物中污染程度最为严重，西阳水电站、松口蓬辣是主要超标位点；总氮的平均污染指数为1.04mg/L，西阳水电站、松口蓬辣两处处于富营养化状态。

综上所述，在梅江流域的总体水质中，某些河段的总氮、COD_{Cr}、挥发酚值较高，石油类测定值全部超过Ⅲ类标准，而其他项目指标则在较低值范围。梅江流域水质基本达到地表水环境质量标准Ⅱ、Ⅲ类水质标准，但是某些河段存在富营养化倾向，且受到一些有机污染，不过能达到地表水环境质量标准Ⅱ、Ⅲ类水质标准并不意味着进入梅江水系的污染物质在数量上的减少，而是由于梅江沿岸工业污染源少，且其河水流量大，溶解氧含量较高，水体自净能力强，污染物质在水系内停留少、叠加少，水质才没被污染恶化。实际上，受城镇工业、生活污染源影响，梅江水系的水质已逐年下降。各监测断面的受污染程度为西阳水电站 > 松口蓬辣 > 梅江下游 > 梅南大桥 > 五华琴江桥，主要污染因子的污染程度排序为石油类 > 挥发酚 > COD_{Cr} > 总氮 > BOD_5 > 氨氮 > 总磷 > 粪大肠菌群 > DO > LAS。

4.3 3S 技术在梅江流域生态环境现状调查中的应用

梅江流域的生态破坏与水污染状况已越来越成为制约区域经济社会可持续发展的主要因素之一。梅州市委、市政府对此高度重视，要求流域内各级政府都要把梅江流域水环境综合治理提上议事日程，强化措施，加快流域水污染和生态环境破坏综合整治进程。为了深入摸清梅江流域生态环境现状、变化趋势及其与环境变化的关系，利用先进的“3S”（GIS 地理信息系统、RS 遥感、GPS 全球定位系统）技术对梅江流域生态环境现状进行一次全面的摸底，以客观全面地反映客家“母亲河”——梅江流域生态环境的现状和动态变化，从而为梅江流域生态环境规划、恢复和保护提供科学的决策依据。

4.3.1 技术路线

本次梅江流域生态环境现状调查应用 3S 技术，其中 GPS 技术可以对空间数据快速定位，RS 技术利用航空遥感提供的卫星影像，能精度较高地定位、定量到地块或各行政区域，直观判读地物特征和资源的现势信息。把 GPS、RS 获取的丰富的地物信息及其他手段补充获取的各种信息提供给 GIS，GIS 利用空间数据库技术和空间分析技术，可以把属性数据和空间数据的管理一体化，存储和分析处理多种性质的数据。

本次调查采用的遥感数据源选用覆盖梅江流域的 2007 年 TM 影像，地面分辨率为 30 米，应用的基础地理数据有 1：100 万梅江流域 DEM 数据，此外还用了气象、统计资料等数据。应用3S 技术，对遥感图像进行辐射校正、几何校正、增强处理、图像融合等处理，结合地形图和实地调查，采用基于地物光谱反射特征的监督分类与目视解译相结合的分类技术，对遥感影像进行解译，提取了梅江流域土地利用/土地覆盖现状，植被覆盖等专题空间数据；然后选取反映生态环境质量的指标，结合空间分析技术，得到梅江流域生态环境质量情况。研究技术路线图见图 4－1。

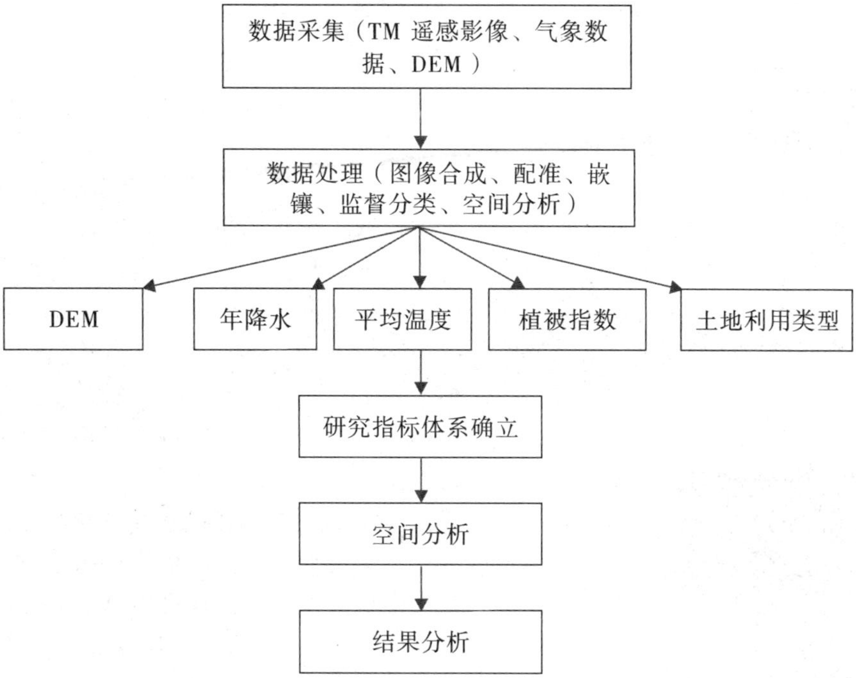

图 4－1　研究技术路线图

4.3.2　生态环境质量分析

4.3.2.1　生态环境质量分析指标体系

指标是分析的基本尺度和衡量标准，为了对梅江流域生态环境现状进行调查及深入分析，在定量调查的基础上，选取了反映生态环境质量的一系列指标，根据这些指标，结合评价体系，对梅江流域各个县市的生态环境质量进行了对比。

（1）指标的选取原则。反映生态环境质量的指标很多，选择指标应该遵循以下原则：①科学性原则；②主导性原则；③实用性原则；④可持续发展原则；⑤数据的可靠性和易获取性原则；⑥可操作性原则。

（2）指标的确定。以现有的遥感和地理信息系统数字资料为基础，应用各种遥感数字图像信息提取方法，地理信息系统信息处理方法，确定本次调查研究分析的指标：①土地利用/土地覆盖类型，反映地表覆盖状况；②植被指数；③数字地面高程，反映环境的地形、地势；④年降水量；⑤年平均温度，适宜的水和热量是一切生物生存繁衍的根本条件，也是影响生态环境质量的重要因素。

（3）指标分析方法。运用 GIS 栅格数据的空间分析功能，包括数据重分类与多层数据合并，通过加权法将多个指标的评价值综合在一起，以得到一个整体性的评价值。首先要从较多的指标中找出较少的几个综合的指标，而这些指标能较好地反映原来资料的信息；[21] 其次通过数据分析方法，将数据栅格化，每个指标对应一个栅格数据层；再次通过权重的确定，对每个指标赋予相应的权；最后进行权重运算，得到不同区域生态环境质量情况。主要步骤如下：①确定研究因子，准备数据；②派生数据，从现存数据派生出供生态环境质量研究分析的原始数据；③重分类各种数据，均按等间距离分类原则分 1 ~5 级，级数越高环境质量越好；④给数据集赋予权重，在 GIS 平台中生成等级图，对生态环境质量进行分析。

（4）权重的确定。由于不同指标因子对生态环境的影响程度是不一样的，因此需要对参评因子的权重进行确定。参考凌南燕的《GIS 支持下的多源空间信息生态环境质量评价分析》，[22] 可确定各因子的权利及指标变化与环境质量变化的关系。其中植被指数、年降水与环境质量成正比，两个因子值越高，代表生态环境条件越好；海拔高度、年平均气温、土地利用与环境质量成反比，因为海拔越高越不方便生态资源的利用，梅州属亚热带，气温越高舒适度越低，土地被人类开发利用越多，对生态平衡的破坏越严重。指标权重具体见表 4 – 12。

表 4 – 12　指标权重表

指标名称	权重	指标变化与环境质量的关系	
		指标变化	环境质量
海拔高度（DEM）	0.15	↗	↘
植被指数（NDVI）	0.3	↗	↗
年降水	0.2	↗	↗
年平均气温	0.2	↗	↘
土地利用/覆盖	0.15	↗	↘

4.3.2.2　遥感图像的处理

（1）TM 影像波段选择。通常选择最佳波段的原则有三点[23]：①所选的波段信息量要大；②波段间的相关性要小；③波段组合对所研究地物类型的光谱差异要大。那些信息含量多、相关性小、地物光谱差异大、可分性好的波段组合就是最佳组合，据此可以认为相关性较强的波段组合在一起不会是最佳组合，高光谱遥感数据波段间存在着不同程度的信息量重复和冗余。

据研究得知，近红外波段（即 TM4 波段）与其他各波段的相关性较低，表明这个波段的信息具有很大的独立性：三个可见光波段（即 TM1、TM2、TM3）之间的相关性很高，说明这三个波段信息之间存在相当大的冗余性。可把 TM 的 7 个波段分为 4 组，即 1、2、3，5、7，4，6。根据波段选择原则，土地利用类型监督分类选择 TM7、TM4、TM1 波段组合的梅州市遥感图像，TM7、TM4、TM1 波段组合图像具有丰富的地质信息和地表环境信息，而且清晰度高，干扰信息少，地质可解译程度高。植被指数的计算用 TM5、TM4、TM3 合成的梅州遥感图像，因为各植被类型在 TM4 波段的明显差别对于区分植被来说已经足够，而且此三个波段的相关性较低，使影像具有较多的光谱信息，便于目视解译。

（2）几何纠正。由于卫星传感器姿态、高度、扫描速度的变化以及地球的自转、地形起伏的影响，都会引起图像的几何畸变，造成几何失真。因此，必须根据地形图上的大地坐标点或直接根据 GPS 所读得的坐标数据对 TM 数据进行校正。

（3）图像增强、裁切。[24] 图像增强处理是指有目的增强图像中的有用信息，利于优化图像质量，为旅游生态环境解译提供图像资料。由于图像是多种信息的综合反映，因此往往受自然地理现象的限制或季节影响造成图像反差过大或过小、饱和度降低、清晰度不够，影响了生态环境信息的提取。为了最大限度地提取图像所反映的生态环境本底信息，通常需要对图像进行增强，提高成果精度。将矢量方式的梅州市行政边界数据与遥感影像套合。经过预处理后的梅州市图像如图 4－2 所示，由此可见梅江流域生态环境信息。

图 4－2　梅州市遥感图像（TM7、TM4、TM1 波段合成）

4.3.2.3 土地利用/覆盖现状分析

目前国内不同部委和行业制定过不同的土地利用分类标准，本次调查参考中国西部地区生态环境遥感调查与中、东部地区遥感调查指标体系及韩江流域土地利用/覆被分类体系，结合影像的可鉴别性及梅江流域的实际情况，将原有的一级类的六大类（耕地、林地、草地、水域、居民用地、未利用土地）调整为五大类，即耕地、林地、居民用地、水域和裸露地。用 TM7、TM4、TM1 波段合成的梅州市遥感图像进行土地利用、覆盖类型监督分类，然后结合目视解译和野外调查情况进行分类后处理，使得分类结果尽量精确。各类型的面积与所占比例见表 4－13。

表 4－13 梅州市各土地利用类型面积

类别	水体	居民用地	林地	耕地	裸露地
面积（平方千米）	237.318 75	1 422.908 125	6 636.060 625	2 765.7 825	4 746.61
占总面积（%）	1.5	9.0	42.0	17.5	30.0

4.3.2.4 DEM 数据获取

数字地面高程模型（Digital Elevation Model）简称 DEM，是以地形属性为高程的数字地形模型，它用数字形式 X、Y、Z 坐标来表达区域内的地貌形态，以缩微的形式再现了地表形态的起伏变化特征，具有形象、直观、精确等特点，在生产中有广泛的使用价值。其他的地形要素可由 DEM 直接或间接导出，如坡度、坡向等，[25] 它也是评价一个区域生态环境的重要指标之一。

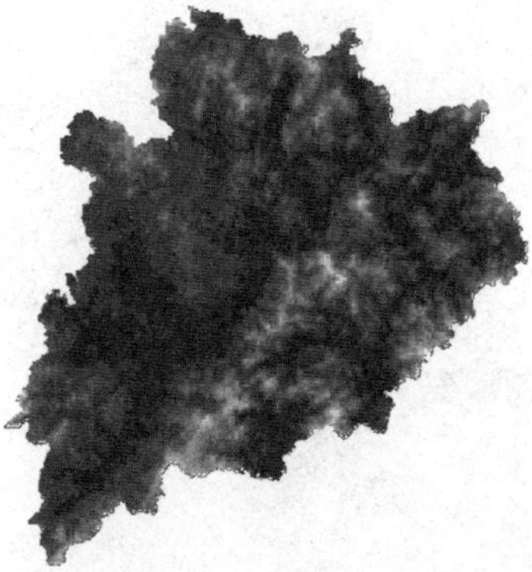

图 4－3 梅州市 DEM 数据图

梅州地势北高南低，境内主要高峰有铜鼓峰，海拔 1 560 米；项山甑，海拔 1 530 米；凤凰髻，海拔 1 497 米；七目嶂，海拔 1 318 米；阴那山五指峰，海拔 1 297 米；明山嶂，海拔 1 245 米；鸿图嶂，海拔 1 277 米；西岩山，海拔 1 230 米；皇佑笔，海拔 1 150 米。本文选用梅州市 1：100 万的 DEM 数据利用 GIS 软件提取数据集，结果如图 4－3 所示，颜色越深代表海拔越低，地势越平坦。

4.3.2.5　植被指数分析

植被指数（Vegetation Index），又称光谱植被指数，是航天遥感应用于对地观测而提出的专业术语，是指由遥感传感器获取的多光谱数据，经线性和非线性组合而构成的对植被有一定指示意义的各种数值。[26] 目前，常用于植被覆盖度监测的植被指数有 NDVI、PVI、SAVI、MSAVI、TSAVI、VUU、RVI 等，其中 NDVI 应用最广，经常被用作评价遥感影像和地面测量或模拟时参考的植被指数。

NDVI（Normalized Difference Vegetation Index），归一化植被指数，又称标准化植被指数。计算公式为：

$$NDVI = (NIR - R) / (NIR + R)$$

其中，NIR 为近红外波段，R 为红波段。

NDVI 是植物生长状态以及植物空间分布密度的最佳指示因子，与植被分布密度呈线性相关，一个区域的 NDVI 值能够很好地反映总体生态环境优劣。

NDVI 值范围：$-1 \leq NDVI \leq 1$，负值表示地面覆盖为云、水、雪等，对可见光高反射；0 表示有岩石或裸土等，NIR 和 R 近似相等；正值，表示有植被覆盖，且随覆盖度增大而增大。

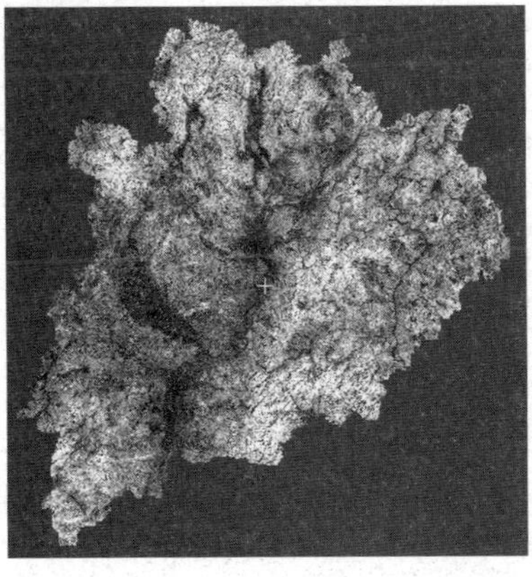

图 4－4　梅州市归一化植被指数图

本文以TM5、TM4、TM3波段合成的梅州市TM影像作为信息源，根据NDVI计算模型，在遥感影像处理平台上计算得到梅州市NDVI值计算结果如图4-4所示，图像亮度越高表示植被覆盖度越大，黑色表示植被覆盖度低或者无植被覆盖。

4.3.2.6 降水与气温

气象数据来自于梅州市梅江区气象站2001—2006年的数据，具体见表4-14。将梅州市地图矢量化，通过监测站点的数据添加属性数据，获取数据集。

表4-14 梅州市各县（区）年降水量与年平均温度

县区	梅县	梅江区	大埔	丰顺	蕉岭	平远	五华	兴宁
年降水量（毫米）	1 481.7	1 483.3	1 456.18	1 818.43	1 536.92	1 588.48	1 480.9	1 564.28
年平均温度（°C）	21.92	24.60	21.22	22.10	21.68	21.00	21.85	21.43

4.3.2.7 各种指标的栅格化处理及运算

在栅格数据的使用过程中，经常会因某种需要，要求对数据用新的等级体系分类，或需要将多个栅格数据用统一的等级体系重新归类。[27]本文将土地利用/覆盖类型数据、归一化植被指数、DEM数据、年降水量、年平均温度五个指标数据转换为栅格数据并进行重分类，统一分为1~5级，将生态环境适宜性高的属性赋值为5，最低赋值为1。先分别对以上五个数据集进行等间距分类，完成旧值的分类，比如土地利用/覆盖数据，将林地类型赋值为5，耕地类型赋值为4，水体赋值为3，居民用地赋值为2，由于裸露地通常是山区无植被覆盖区，容易引发水土流失，破坏生态，因此赋值最低，为1；NDVI值则按等间距分类，按从大到小的顺序分别赋值为5、4、3、2、1；其他各个指标依次进行处理；分别得到各个指标的栅格数据层。然后根据前面所确定的权重分配，再进行加权求和计算，公式为：

结果=植被指数×0.3+土地利用/覆盖数据×0.15+坡度数据×0.15+降水数据×0.2+气温数据×0.2

最终得到梅州市生态环境质量优劣的数据集，色彩最暗的地方代表生态环境最好，以此类推，最亮的地方代表生态环境最差，如图4-5所示。

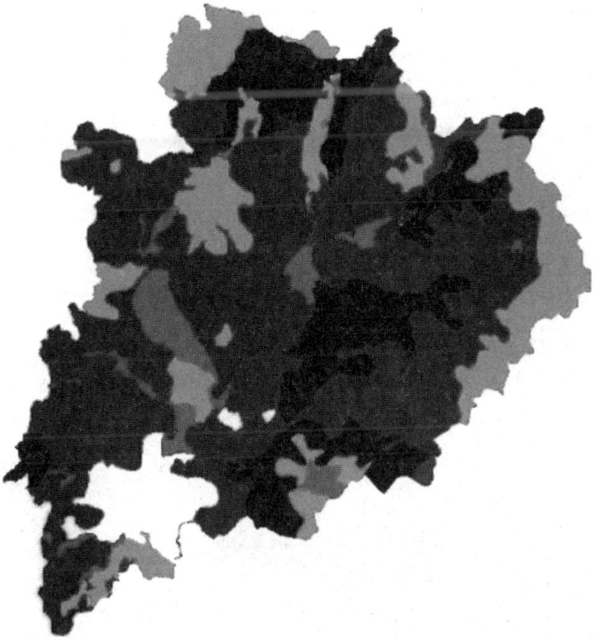

图4－5　合并运算结果图

4.3.3　生态环境质量分析结果

依据梅江流域生态环境质量优劣最终的数据集，将梅江流域生态环境划分为五个类区，从优到劣依次是Ⅰ类区、Ⅱ类区、Ⅲ类区、Ⅳ类区、Ⅴ类区，生成梅江流域生态环境质量分级图（图4－6）。梅江流域生态环境质量分级图中，Ⅰ类区6个，Ⅱ类区5个，Ⅲ类区14个，Ⅳ类区14个，Ⅴ类区5个。Ⅰ类区中，植被指数最高，主要是林地，没有受到人为的破坏；Ⅱ类区中，主要是林地，此区受到人类行为的影响，人为的森林砍伐、植树造林在这一区得到体现；Ⅲ类区植被指数明显较小，主要是建筑用地，人类活动频繁，对该区产生较大影响；Ⅳ类区有零星的林地，但又分布着一定数量的裸地，人为的活动使此区的生态环境受到破坏；Ⅴ类区主要分布裸地、零星分布的园林地及其他生态因子，以及几乎被裸地全部覆盖的地形，生态环境质量极度不佳。各生态环境分区面积及所占比重见表4－15。

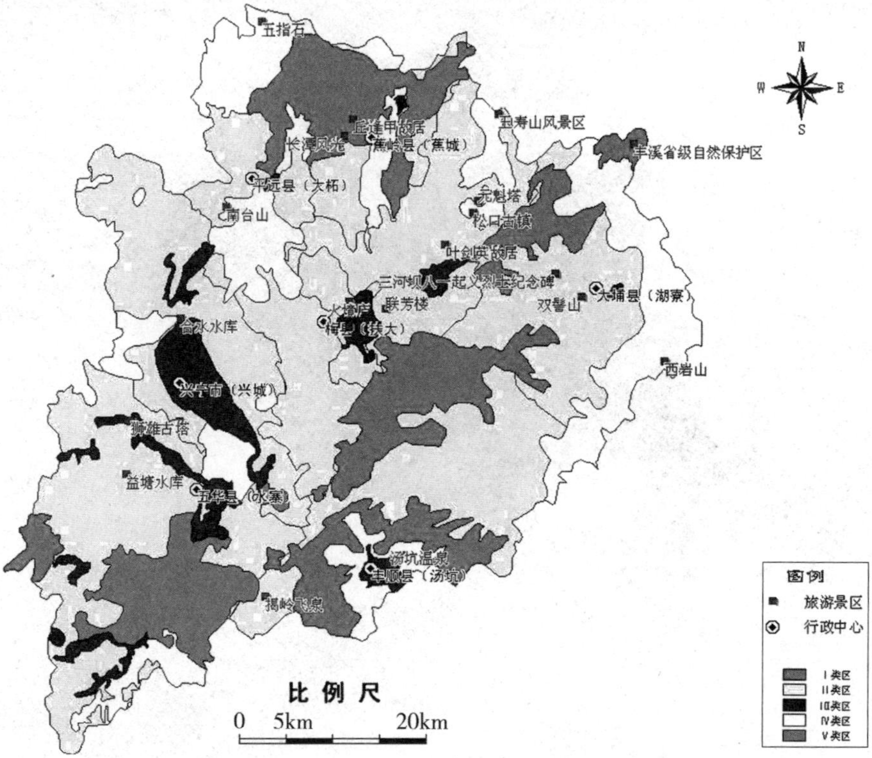

图 4－6 梅江流域生态环境质量分级图

表 4－15 梅江流域生态环境分区面积统计表

分区等级（优～劣）	面积（平方千米）	所占比例（%）
Ⅰ	2 737.93	17.31
Ⅱ	8 468.42	53.55
Ⅲ	945.92	5.98
Ⅳ	2 902.58	18.36
Ⅴ	751.83	4.80

4.3.4 结论

从梅江流域生态环境质量分级图中可以看到，蕉岭、平远、大埔、丰顺等县Ⅰ类区面积所占较多，生态环境质量是比较优良的；可以看到蕉岭、大埔两地区植被指数高，降水充沛，气候也不炎热，著名的丰溪自然保护区、长潭水库等森林公园、自然保护区旅游景点分布在此区域；最为瞩目的五指石、南台山丹霞景观都位于平远。而丰顺的地表、地下水资源丰富，素有“九汤十八寨”美称的丰顺是广东著名的温泉大县之一，其中以县城汤坑和附近汤南两镇流量最大。经调查和实地考察得知这些县有大型国有林场，政府注重对林场的保护工作，开展植树造林、退耕还林等活动，加强建设生态保护林，调整森林结构，提高生态公益林比重，所以生态环境是相当好的。但从图中分布着较多的黄褐色小斑块就可以发现在这些县里小规模、小范围的生态破坏现象仍时有发生，例如平远有个别村为了眼前的经济利益，放火烧山种桉树。

梅县、梅江区的生态环境质量相对良好，植被指数、降水量、气温皆适中。可见受欢迎的旅游景点阴那山峰、泮坑、叶剑英故居、松口古镇等分布在此区域。因为近年政府大力加强旅游景点生态建设，不断增加生态投入，通过积极开展“绿满梅州”大行动，以“森林围城、绿色通道、林分改造、自然保护区、森林公园、生态环境保护”六项绿色工程为抓手，生态优势不断巩固，生态环境质量有了很大的提高。梅县、梅江区的人口密度较大，其中全市以梅江区的人口密度最大，每平方千米有 1 000 人，所以两地区人为干扰较为明显，小规模、小范围的生态破坏现象也时有发生，原始林地分布较少，所以两地区的生态建设工作还需加强。

五华、兴宁的旅游生态环境质量较差，五华、兴宁地区植被指数小，主要是裸地较多。从图中可以看出，五华的东南部乡镇裸地分布特别多且特别集中，而林地面积非常少，林地少且水土流失严重，所以生态环境差。

目前梅江流域的生态资源正处于开发、发展期，规划不合理、环境恶化等问题阻碍着其发展。梅州市努力创建“客家文化生态旅游示范区”、“客家文化生态旅游基地”，力争把梅州生态旅游品牌建设成为广东省乃至全国最具有影响力的旅游地区之一。所以，梅州必须与生态环境建立良好的关系，把梅江流域生态环境搞好，才能走出一条和谐的发展道路。

4.4　梅江流域生态环境现状分析与综合治理对策研究

梅江流域的生态环境保护对流域周边居民的生活环境和辖区内城市经济与环境之间的良性循环具有十分重要的意义。综合上文对流域内的生物资源现状，包括植物群落结构、鱼类资源、陆栖脊椎动物资源，以及对水环境质量、土地利用现状进行的调查和分析，现从整体上来分析梅江流域的生态环境存在的主要问题，并以此为依据提出综合性的治理对策。

4.4.1　梅江流域生态环境存在的问题

梅江流域生态环境的主要问题，总体来说，包括以下几个方面：生物多样性减少；水土流失严重；环境污染日益加剧；其他污染源不同程度地存在；生态环境的建设和监管不足。

4.4.1.1　野生动植物丰富区减少，生物多样性受到威胁

近年来，随着经济的不断发展，梅江流域内的植被遭到破坏，林木稀疏，加上不合理的开垦和基础建设，污染源与日俱增。在得不到很好治理的情况下，梅江流域的生态系统受到一定的破坏，导致动植物种类不断减少，生态脆弱区域的物种受到威胁，不少资源逐渐处于濒危状态甚至消失。

森林植被是维持山区生态平衡的核心。梅江流域与同属山区的其他地区相比，其植物资源各项种属指标明显偏低。历史经验表明，生态环境恶化是从森林植被的破坏开始的，并由此引出一系列严重后果。长期以来，梅江流域的森林植被遭到严重破坏，疏林、灌丛面积增加，自然林所剩无几，人工林以针叶林为主，林业结构不合理，生态功能低下，导致生物多样性受到威胁。[28]

梅江流域的江河、水库渔业资源丰富，具有良好的环境生态资源。但由于渔业水域环境的恶化和酷渔滥捕的双重影响，鱼类捕捞产量下降，经济鱼类减少，鱼获个体小型化、低质化，鱼类资源趋于衰退，个别鱼类濒于绝迹，导致水生生物多样性受到威胁。

梅江流域地处山区，具有丰富的野生动物资源。但由于自然因素和人为因素的综合作用，野生动物资源破坏严重，野生动物的多样性受到威胁。其中大、中型兽类资源十分贫乏，有的甚至完全绝迹，如国家一类保护动物华南虎、金钱豹和云豹等已绝迹。一些体形较大、经济价值较高的鸟类，因失去生存环境，种群数量也普遍下降。[29]

野生动植物丰富区减少，生物多样性受到威胁是自然因素、生物自身因素和人为活动因素综合影响和作用的结果。梅江流域的生物多样性遭到破坏主要是宣传教育的力度不够、监管的力量薄弱、部分公民的保护意识淡薄以及只顾眼前利益和个人利益等因素使然。

4.4.1.2　水土流失严重，生态环境受到严重破坏

水土流失是指在水力、重力、风力等外营力作用下，水土资源和土地生产力的破坏和损失，包括土地表层侵蚀和水土损失，亦称水土损失。泥石流、崩塌、滑坡等灾害本身就是水土流失的主要形式，具有巨大的危害性。

长期以来由于受自然与人为的影响，加上特殊的地质地貌条件，梅江流域的水土流失仍然较为严重。梅江流域在历史上就是广东省水土流失最严重的区域，长期以来，土地侵蚀、水土流失现象突出。水土流失区由于植被遭破坏，削弱了抵御自然灾害的能力，导致洪、涝、旱自然灾害频发，生态环境脆弱。

1985 年以前，梅州市还是全省荒山面积最大、水土流失最严重的山区城市，主要是农民上山从事各种开荒和不合理的经济活动所致，尤其是不合理的开发建设，如土地开发与利用和基础设施建设等，引发人为的新的水土流失，这比单纯的自然因素更加严重。根据广东省水利厅 1999 年公布的遥感普查资料，梅州市现有水土流失总面积为 1 863.35 平方千米，占辖区总面积的 11.8%，其中自然侵蚀面积 1 725.43 平方千米，人为侵蚀面积 137.92 平方千米。虽然在 20 世纪 90 年代以来，政府大力治理水土流失，水土流失基本得到控制，水土流失面积不断减少，生态环境已走向良性循环，但由于历史“欠债”太多，短时间内难以消除，局部地区水土流失面积反而有不断增加的趋势。近几年来，梅州市各级政府认真贯彻水土保持工作方针，实施治理的小流域共 104 条次，累计治理水土流失面积 258.6 平方千米，修复陂头 380 座，圳道、护岸 21 000 米，修建谷坊 1 950 座，拦沙坝 261 条，营造水保林、种草 215.33 平方千米，种植经济果林 28 平方千米，完成土方 7.21×10^6 立方米，石方 1.71×10^5 立方米，完成投资5 412 万元，虽然流失面积比过去有所减少，但水土流失现象仍然严重，因而水保工程的巩固、提高以及新的水土流失现象不容忽视。[30,31]

4.4.1.3　*环境污染日益加剧，生活、工业污染严重*

工农业生产的发展和城市居民生活水平的不断提高，必然导致城镇工矿企业和生活污废水排放量的逐渐增加。

随着经济的不断发展，梅江流域内水资源的开发利用不断扩大，直接排入流域内的工业废水及生活污水与日俱增，生活垃圾、服务业垃圾的不断倒入，以及其他一些人为因素的影响，使梅江及其支流的水质污染日益严重，直接影响到梅州市工农业生产及人民群众生活用水。虽然在雨季大部分河段水质仍可高于Ⅲ类，但旱季因地面径流大幅度减少，污染程度加重，而在两岸工厂集中、水量不大的河段，有机物污染尤为突出，梅江流域梅城段水质保护问题也因西阳水电站的建设变得复杂起来。

为此，梅州市政府专门成立了梅江河水保洁防污领导小组和梅江一河两岸保洁防污监督管理处，还拨专款改建、扩建垃圾场。从整体上看，梅江流域梅城段水质情况是比较好的。但是，为了实现经济和社会的可持续

发展，加强保护水环境的措施，包括水土流失、水污染监控，污水处理厂及相应排污管网的建设等，今后的防污、治污任务依然很艰巨。[32]

4.4.1.4　其他污染源不同程度地存在，对生态环境造成威胁

首先，垃圾等废弃物流入流域的现象仍然普遍存在。由于垃圾处理设施建设相对滞后，在城乡接合部、集镇及乡村等人口集中地区，在河边堆积或直接往河道倾倒垃圾和丢弃动物尸体的现象仍然普遍存在。这些废弃物所含的腐质经过雨水冲刷或河水浸泡会分解出大量高浓度的有机物质进入水体，造成水体 BOD_5、氨氮等指标升高。

其次，农业面源污染不容忽视。随着农业产业结构调整，养殖业快速发展以及传统农业耕作方式的改变，农民倾向于更多地、大面积地使用农药、化肥，而施用过量农药化肥必然导致大量富余农药、化肥渗入农田，溶入水体，浸流梅江。农业面源的污染对水体氨氮的污染也是不容忽视的。农用化学物品不合理使用，尤其是大量化肥的有效养分流失进入环境，会加重流域的水体污染，同时还影响到生物多样性的保护。

再次，还有梅江流域上游的采矿、选矿企业和铁路、公路基础设施建设造成的水土流失所带来的污染。

4.4.1.5　生态环境建设滞后，环境监管不严

城市环境基础设施建设滞后。目前，除梅城（梅江区）、五华已兴建污水处理厂外，全市其他各地的生活污水处理设施仍未筹建。垃圾处理厂对固体垃圾仅能进行一般处理，在垃圾焚烧处理过程中易出现二次污染，由固体废弃物污染转化为大气污染。城市生活垃圾也未能规范化处理，生活垃圾尚未进行分类收集，绝大部分尚未实现卫生填埋。道路清洁基本使用人工，环卫机械数量较少。

村镇面貌总体比较落后。农村基础设施建设滞后，村级公共事业配套设施不足，历史“欠债”较多，村庄“脏、乱、差”的现象仍然比较突出。

目前梅江流域内的环境监测设备、环保执法、交通工具及取证等方面的能力建设比较薄弱，应对突发环境污染的能力不强，不能适应形势发展的需要。加上部分群众思想观念保守，对新的知识、新的技能、新的生产生活方式接受缓慢，对构筑生态文化、生态文明，推进人与自然和谐发展的重要性认识模糊。

未来的环境压力会继续加重，新的环境问题会不断出现，对环境管理能力将提出更大挑战，从而使得环境监督管理的任务更加沉重。造成这种形势的原因主要是环境保护部门在经济发展过程中及之后，没有建立经济

发展和环境保护之间相应的协调手段、机制、体制、政策与体系。生态环境保护的调控能力比较有限，保护的控制手段偏弱，缺乏强制性手段、缺乏监督机制，执法力度有待加强；应急监测能力十分薄弱，反应滞后，影响了环保部门污染事故应急处理效能的整体发挥；资金投入不足，环境管理技术能力无从建设，影响到环境管理工作的正常开展等。

4.4.2　梅江流域生态环境综合治理对策

4.4.2.1　加强生态林建设与保护

生态林是指以维护和改善生态环境，保持生态平衡，保护生物多样性等满足人类社会的生态、社会需求和可持续发展为主体功能的森林、林木和林地，主要包括防护林和特种用途林。生态林以及森林植被的保护，对控制水土流失、保护地力、涵养水源、保护生物多样性、发展林副业生产、提高森林的经济效益和生态效益将起到重要作用。

加强梅江流域生态林的建设与保护，首先是要维护好现有的森林覆盖率，合理安排好各种森林植被的比例和布局，提高水源林、防护林的比例；改善现有林种单一的局面，补种一些阔叶树种，提高阔叶林、针阔叶混交林的比例，以营造良好的流域生态景观。

其次，采取行之有效的生态保护措施，发展水源涵养林、用材林、经济林以及人工草地，不断优化和提高生态环境质量，加快生态公益林、梅江流域水源涵养生态区、荒山造林绿化、自然保护区建设等工程建设步伐；加强对城郊森林公园的规划、保护和管理，使之成为“城市之肺”。

此外，还要杜绝各种毁林垦殖的行为，加大对山区经济开发项目的环境管理力度。禁止在水土流失敏感地、水源涵养地、生物多样性保护廊道等生态敏感区进行垦殖。

4.4.2.2　保护生物多样性

生物多样性是指一定范围内多种多样活的有机体（动物、植物、微生物）有规律地结合构成稳定的生态综合体。这种多样性包括动物、植物、微生物的物种多样性、物种的遗传与变异的多样性，以及生态系统的多样性。由于梅江流域内人口的迅猛增加、生境的破碎化、环境的污染、外来物种入侵等原因，流域的生物多样性受到威胁。

生物多样性是人类社会赖以生存和发展的基础。流域内居民的衣、食、住、行及物质文化生活的许多方面都与生物多样性的维持密切相关，因此，生物多样性的保护刻不容缓。

梅江流域拥有珍贵的植物资源，丰富的渔业资源和野生动物资源。对流域内的生物多样性进行保护，首先，在对流域内的生物资源进行详细的摸底调查的同时，开展生物多样性编目，确定有重要经济价值的物种、有典型代表性的生态系统、急需加以保护的濒危物种等。其次，在保护现有生态环境的基础上，正确处理好科学保护与合理利用之间的关系，进行综合治理，制止陡坡开垦和毁林开荒，防止山地自然灾害及人类不合理开发对生物多样性的破坏。再次，不断加强自然保护区的建设和管理，完善基础设施，保护自然资源和生物多样性，保护好珍稀濒危野生动植物物种，维持生态平衡，使保护区适应现代经济发展的要求，产生显著的社会效益、生态效益与经济效益。最后，加大法律宣传力度，减少人为破坏，政府应利用各种方式、方法加大《野生动植物保护条例》等法律条文的宣传力度，切实做好群众的宣传教育工作，提高全民的保护意识。

4.4.2.3　加大水土流失治理力度

治理水土流失，其目的是为了维护生态系统的正常功能，从而为经济发展提供保障。因此，防治水土流失首先一定要与地区的经济发展挂起钩来，在梅江流域则应与脱贫致富有机地结合起来。

应当根据因地制宜、合理布局的原则，针对不同的流失类型、不同的立地条件，采取不同的植被工程措施。植被工程措施，是指人们根据植物群落在生态系统中具有主导作用，以及其与环境之间相互联系、相互制约的生态学现象，在一定地段通过封山育林、种草种树等方式构筑人工植物群落，以防治水土流失，维护和促进生态平衡的工程措施。对自然侵蚀河段，主要采取建设生态防护工程、景观园林，种植生态林等措施。工程施工以建造拦河坝、谷坊为主，以沟洫工程为辅，林草措施则以人工种植水保林为主，再辅以封育管护措施，种植过程做到宜林则林，宜草则草，主要采取在坡地种树种草的方式，以改善流域整体环境，加强水源涵养能力。而在垂直配置上，应当乔、灌、草并重，以促进植物群落的形成，谋求更好的保水保土效益。

同时，应当考虑流域内各地区的经济实际情况，做好群众的教育、宣传、发动工作，加大宣传及监督力度，坚持开发建设项目水土保持方案报告制度，切实防止新的水土流失发生。

4.4.2.4　加强流域污染源的普查、管理和监察

污染源是指能造成环境污染的污染物发生源，通常指向环境排放有害物质或对环境产生有害影响的场所、设备、装置或人体。梅江流域的污染源主要是工业污染源和生活污染源。

污染源普查的任务是掌握各类污染源的数量、行业和地区分布情况，

了解主要污染物的产生、排放和处理情况，建立、健全重点污染源档案、污染源信息数据库和环境统计平台，为制定经济社会发展和环境保护政策、规划提供依据。

对梅江流域污染源的普查、管理和监察主要涉及两大污染源的治理。一是工业废水的治理，强化工业污染防治，走新型工业化道路，应当采取宏观控制与技术性控制相结合的方法。宏观上，按照可持续发展的原则，以水污染防治、保护水环境和构建人与自然的相互和谐为重要战略目标，优化流域内工业结构，降低单位工业产品或产值的排水量及污染物排放负荷，限制发展能耗大、用水多、污染大的工业。技术上，采用先进的处理工艺，提高企业处理污水效率，从而发展循环经济，努力实现工业污染防治与经济社会的协调发展。二是生活污水的处理，加强流域内生活污水的收集处理，梅江流域的生活污水严重污染了水环境。未经处理或者处理未完全的生活污水通过点源和非点源排放，将各类污染物带入河流，严重污染各类水源，将导致许多生态环境问题的出现，对流域居住环境和人群身体健康造成威胁。而目前居民生活污水的排放量远超过流域水环境系统的承载能力。因此，要加快污水处理设施的建设步伐，提高流域辖区内城市的污水收集、处理能力，使流域内的生活污水得到有效的收集与处理。同时，加强立法监督，制定流域内居民用水的管理条例和法规。

4.4.2.5　合理开发利用自然资源

自然物质经过人类的发现，被输入生产过程，或直接进入消耗过程，变成有用途的东西，或能给人以舒适感，从而产生有价值的东西，这些自然物质就是自然资源。自然资源可分为可再生资源和不可再生资源，根据梅江流域的自然资源的实际情况具体可划分为生物资源、水资源、土地资源、矿产资源和森林资源等。

梅江流域处于自然资源较丰富而经济相对滞后的地区，在开发自然资源的问题上，必须坚持可持续发展原则，坚持生态建设与资源开发并重。

合理利用生物资源。保护和恢复森林植被；重视水土保持，防止河道污染；保护好珍稀动植物，重点发展旅游资源；研究和开发特殊的经济植物，以活跃流域辖区的经济；加强自然保护区的管理和建设。

合理利用水资源。依法治水，强化水资源管理，应会同有关部门深入做好水环境质量的评价工作，建立和健全水资源管理机构，加强对水资源的统一管理和规划。

合理利用土地资源。全面保护耕地、森林、草地、水源，实现耕地总量的动态平衡；严格按照土地利用规划，划定基本保护区，建立严格的基本农田保护制度。

合理利用矿产资源。对于矿产资源开发对耕地、草地、林地、水土保持造成的破坏，采矿单位和个人应采取回填、复垦、植树种草等措施进行恢复；强化对公路等基础设施建设引起的生态破坏的环境监督；进一步强化矿产资源规划，有序合理地开发利用矿产资源，防止山区资源性开发造成的生态破坏。

合理利用森林资源。通过生态公益林体系建设工程、水源涵养林工程、迹地和荒山造林绿化工程、封山护林工程、绿色通道工程、自然保护区建设工程、森林公园建设工程、营造生物防火林带建设工程、城乡绿化工程、种子种苗基地建设工程，将森林资源的利用和保护有机结合；通过监管体制建设，建立功能完备、布局合理的自然保护区网络等以加强对生态环境保护的监督管理。

4.4.2.6　合理开发利用水电资源

梅江流域的河道河床坡降小，洪峰流量大，沿河两岸是当地政治、经济、文化中心和工农业生产主要基地。山区河流河床坡降陡，天然落差大，水力资源丰富，具有发展小水电的天然优势，而大力开发利用水电资源，也是改善生态环境一个不可或缺的措施。

水能资源是水资源的组成部分，也是重要的一次能源。而以电能资源作为动力，将促进水利灌溉事业的发展，使大量梯田、盆地大田得到灌溉，提高粮食产量，加速发展畜牧业和农林副业，有利于减少撂荒开垦，同样起到保护森林、恢复地力等作用。水电是一次能源和二次能源开发同时完成的一种可再生能源。开发水电既可节约煤炭、石油，又可兼收防洪、灌溉、航运、水产、供水、旅游、水上运动等多种综合效益。

同时，应当加强对水电建设项目的监管，加强科学规划，科学地进行河流梯级开发，以防止水资源过度开发对生态环境造成影响。对现有在建的小水电建设项目进行逐个清理，对不符合水利开发规划，未经有关部门审批的项目，要责令停止建设，限期恢复原状。已建的小型拦河水坝电站，也要对其对流域生态环境的影响进行科学论证，确实有较大影响的项目要限期拆除、恢复原状，以最大限度地避免水电开发带来的负面影响，可以借鉴其他国家和地区的经验，从而使水电开发和生态环境保护能够实现“双赢”。

4.4.2.7　防治农业面源污染

农业面源污染是指农村地区在农业生产和居民生活过程中产生的、未经合理处置的污染物对水体、土壤和空气及农产品造成的污染，具有位置、途径、数量不确定，随机性大，发布范围广，防治难度大等特点。其主要来源有两个方面：一是农村居民生活废物，二是农业生产废物，包括农业生产过程中因不合理使用而流失的农药、化肥，残留在农田中的农用薄膜和处置不当的农业畜禽粪便、恶臭气体以及不科学的水产养殖等产生的水体污染物。

防治农业面源污染主要包括以下几个方面。一是有效控制与防治化学农药的使用。为有效防止和控制化学农药污染，必须合理用药，建立农药安全性指标体系、评价方法、使用技术规范等，以便于农药的筛选、使用，保证农村生态环境与农产品的安全。二是科学、合理地施加肥料。改变依赖化肥的用肥结构，大力发展生物肥料、有机复合肥料、控释肥料，提高肥料利用率。可借鉴欧美等发达国家和地区的经验和做法，实行化肥施用限制，限制使用时间、单位面积施用量等。三是物能循环利用与畜禽养殖污染防治。物能循环利用生态农业实质是物质能量多层分级利用的生态经济系统，主要包括农业作物秸秆的多级利用，畜禽粪便的多级利用，沼气、沼渣、沼液的分别利用等。其中最典型的“猪—沼—果”模式就是其中一种，它是以养殖业为龙头，以沼气建设为中心，联动粮食、甘蔗、烟叶、果业、渔业等产业，在吸收传统农业精华和现代农业先进技术的基础上，广泛开展农业生物综合利用的生态农业模式，是运用食物链原理及物质循环再生原理的典型例子。[30]

4.4.2.8　加强交流与合作

梅江流域是韩江流域的分支，生态环境的治理对策可以参考韩江流域以及国内其他流域的情况，并结合流域自身的实际情况进行修正，为梅江流域所用；梅江流域地处山区，可以参照山区生态环境的可持续发展对策，借鉴其他山区的经验，使流域辖区内城市经济和环境进入良性循环发展；与国内重点大学和流域辖区内的地方大学合作，共同探讨制订符合梅江流域可持续发展的治理对策和方案；积极参与国内外的交流与合作，及时编制生态保护与建设项目建议书，充分利用国内外的资金、技术、信息、人才及管理优势，推进整个流域的生态环境保护与建设，特别是加强自然保护区、重要生态功能保护区、生态灾害防治等方面的合作。

4.4.2.9　加强生态环境管理措施

首先，应完善梅江流域生态环境保护的法律法规体系和管理机制，加强法制建设，把生态环境保护工作纳入法制化、规范化的轨道，紧密结合构建社会主义和谐社会的新形势，坚持立、改、废相结合的原则，制定、修缮一批满足水环境保护工作需要、针对性和可操作性强的地方法规、规章，建立、健全梅江流域生态环境污染补偿机制和资金投入机制。[32]

其次，应提高梅江流域生态环境的管理水平，建立健全监督体系和质量保证管理体系，及时、准确地为监督管理部门提供可靠的技术支持和翔实的科学依据。

最后，应加强宣传教育，提高全社会的生态环境保护意识。广泛开展生态保护的宣传教育工作，重视新闻舆论的监督作用，加强生态环境警示教育，编写乡土环境保护教材，重视从最根本的教育思想和实践培养学生的环境行为和环境意识，加强对成人在环境健康和环境权益方面的宣传教育，从而努力提高全市人民的生态保护意识，真正把生态环境保护措施变为广大群众的自觉行动。

5　结论与进一步研究的设想

5.1　结论

本书在广东省普通高校人文社会科学省市共建重点研究基地招标课题（编号：09KYKT01）、梅州市科技计划重点项目（编号：2009A23）的资助下，通过查阅大量的文献资料，回顾前人研究梅江流域的生态环境状况，归纳总结近代流域的演变及流域自然概况，采用实地调查、资料调查、走访调查、水质监测等方法以及利用“3S”等技术，运用现代软件和数理统计学方法对梅江流域的自然地理环境、自然资源、社会经济等资源现状进行系统的调查，首次将梅江流域划分为农田村庄、河岸湿地、城镇郊区、山区乡村、山区乡镇、工矿盆地六个生境类型，重点开展了对梅江流域生物资源、水质量现状和土地利用情况的调查研究，系统分析了梅江流域生态环境现状以及存在的主要问题，根据生态环境现状调查的结果，针对梅江流域的一系列生态环境问题，提出合理开发利用、保护与综合治理梅江流域生态环境的对策。得出以下结论：

（1）在开展植物资源调查研究的基础上，首次对梅江流域的植物区系、珍稀濒危植物、城区古树（名木）植物、植物多样性保护的层次（物种、群落、自然保护区）及保护对策进行论述。结果表明：本流域共有高等植物 231 科 874 属 2 268 种（包括种下等级），其中，蕨类植物 28 科 52 属 88 种，裸子植物 7 科 13 属 21 种，被子植物 196 科 809 属 2 159 种；植物区系以热带成分（热带美洲、热带非洲和热带大洋洲）占绝对优势，但同时又有较多的温带成分，这种热带—温带过渡性质也就是南亚热带地区的特点；流域现有各类珍稀濒危植物 28 科 37 属 43 种，已登记挂牌保护 100 年以上古树名木有千余株，梅州城区现有古树名木 407 棵，隶属 29 科 49 属 55 种。植物多样性指数以被子植物的多样性指数最高（4.166 50），说明梅江流域植物中被子植物最丰富，梅江流域的环境最适合被子植物的生存、繁衍；均匀度指数分布状况为被子植物（0.555 78）>蕨类植物（0.084 34）>裸子植物（0.027 36）。

（2）以梅江流域陆栖脊椎动物为研究对象，全面系统地对梅江流域陆栖脊椎动物多样性进行调查，结果发现，陆栖脊椎动物共有 4 纲 27 目 81 科 194 属 302 种，其中两栖纲 2 目 6 科 8 属 17 种，爬行纲 2 目 12 科 28 属 42 种，鸟纲 16 目 44 科 123 属 201 种，哺乳纲 7 目 19 科 35 属 42 种。其中国家一级保护动物 4 种，二级保护动物 36 种，列入 CITES 公约保护的动物有 42 种，还有一大批是列入《国家保护的有益的或者有重要经济、科学研究价值的陆生野生动物名录》，这些动物无论是对于当地人民生活质量的提高还是经济的发展都具有重要的意义。经过调查发现梅江流域陆栖脊椎动物两栖纲科的多样性指数为 0. 246 3，均匀性指数为 0. 087；爬行纲科的多样性指数为 0. 529 6，均匀性指数为 0. 141 7；鸟纲科的多样性指数为 2. 473 6，均匀性指数为 0. 466 4；哺乳纲科的多样性指数为 0. 648 1，均匀性指数为 0. 173 4。两栖纲属的多样性指数为 0. 270 3，均匀性指数为 0. 095 4；爬行纲属的多样性指数为 0. 738 5，均匀性指数为 0. 197 6；鸟纲属的多样性指数为 3. 354 7，均匀性指数为 0. 632 6；哺乳纲属的多样性指数为 0. 775 8，均匀性指数为 0. 207 6。

（3）在前期研究的基础上，深入开展了对梅江流域鱼类资源的调查研究，本次共记录鱼类 73 种，隶属于 6 目 19 科 60 属，以鲤形目为主，占总种数的 67. 12%，其中又以鲤科鱼类为最多（34 种），占鲤形目的 69. 39%；其次是鲈形目（14 种）和鲇形目（7 种），分别占总种数的 19. 18%、9. 58%。此次调查采集到 21 种《广东淡水鱼类志》梅江流域没有记录的鱼类。梅江流域鱼类可划分为热带平原、江河平原、中印山区、第三纪和北方平原五个鱼类区系复合体。

（4）采用固定样带法和样点法，率先开展对梅江流域的鸟类群落多样性的调查研究，共记录到 201 种，隶属 16 目 49 科 127 属，其中留鸟 81 种、冬候鸟 67 种、夏候鸟 40 种、旅鸟 13 种，分别占 40. 1%、33. 3%、19. 9%、6. 7%；古北界种类 95 种（占 47. 3%），东洋界种类 64 种（占 31. 8%），广布型种类 42 种（占 20. 9%）；国家Ⅰ级保护种类 1 种，国家Ⅱ级保护种类 21 种（占 10%）；《国际湿地公约》指定种类 24 种（占 12%），《中澳候鸟保护协定》指定种类 22 种（占 11%），《中日候鸟保护协定》指定种类 76 种（占 38%），《濒危野生动植物物种国际贸易公约》（CITES）指定种类 19 种（占 9%），有益的、有重要经济价值的、有重要科学研究价值的物种 155 种（占 77%）。采用统计学方法，根据鸟类的种类和数量记录，调查计算流域内鸟类的丰富度、多样性、均匀度、优势度等，该流域的鸟类群落多样性指数为 3. 761 7，均匀度指数为 0. 709 3。根据 16 个位点的自然环境、社会经济状况将梅江流域划分为农田村庄、河岸湿地、城镇郊区、山区乡村、山区乡镇、工矿盆地六种生境类型，不同生境鸟类物种丰富度、群落多样性和均匀性不同。从物种丰富度来看，农田村庄、河岸湿地 > 山区乡村 > 山区乡镇 > 城镇郊区 > 工矿盆地；从

Shannon－Wiener 多样性指数来看，农田村庄＞山区乡村＞河岸湿地＞工矿盆地＞山区乡镇＞城镇郊区；从 Pielou 均匀性指数来看，农田村庄＞山区乡村＞河岸湿地＞工矿盆地＞山区乡镇＞城镇郊区；从优势度指数看，农田村庄＜山区乡村＜河岸湿地＜工矿盆地＜山区乡镇＜城镇郊区。

（5）结合广东省水环境监测中心梅州分中心的水质监测数据，对梅江流域的五华琴江桥、梅南大桥、西阳水电站、松口蓬辣、梅江下游五处进行实地调查和监测，将测定出来的水温、粪大肠菌群等 12 项污染指标数据，按照水质性质变化分为四组，运用综合污染指数法，计算得出梅江流域各污染物和各监测断面的污染指数。结果显示，梅江水系的主要污染物为挥发酚和石油类，污染指数分别是 1.63 和 1.44。污染比较严重的河段是西阳水电站和松口蓬辣河段，污染指数分别是 1.23 和 0.94，污染分担率分别为 29% 和 23%。污染因子的污染程度排序为石油类＞挥发酚＞COD_{Cr}＞总氮＞BOD_5＞氨氮＞总磷＞粪大肠菌群＞DO＞LAS。在梅江水系的整体水质中，某些河段的总氮、COD_{Cr}、挥发酚值较高，石油类测定值则全部超过Ⅲ类标准，而其他项目指标则在较低值范围。梅江流域水质基本达到地表水环境质量标准Ⅱ、Ⅲ类水质标准，但是在某些河段存在富营养化倾向，且受到一些有机污染。根据梅江流域水质污染现状，提出了相应的防治对策。

（6）利用“3S”（GIS 地理信息系统、RS 遥感、GPS 全球定位系统）技术对梅江流域耕地、林地、居民用地、水域和裸露地等土地利用/土地覆盖现状，植被覆盖等专题空间利用现状进行调查和分析，结果表明，土地利用类型格局以林地为主，为 6 636.06 平方千米，占总面积的 42.0%；其次为裸露地，占 30.0%；水域最小，仅占 1.5%。根据划分的五种土地利用类型所占的比例大小排序为林地（42.0%）＞裸露地（30.0%）＞耕地（17.5%）＞居民用地（9.0%）＞水域（1.5%）。依据梅江流域生态环境质量优劣的数据集，将梅江流域生态环境划分为五个类区，从优到劣分别是Ⅰ类区、Ⅱ类区、Ⅲ类区、Ⅳ类区、Ⅴ类区，其中Ⅰ类区为植被指数最高，主要是林地，没有受到人为的破坏；Ⅱ类区中，主要是林地，此区受到人类行为的影响，人为的森林砍伐、植树造林在这一区得到体现；Ⅲ类区植被指数明显较小，主要是建筑用地，人类活动频繁，对该区产生较大影响；Ⅳ类区有零星的林地，但又分布着一定数量的裸地，人为的活动使此区生态环境受到破坏；Ⅴ类区主要分布裸地，零星分布园林地及其他生态因子，以及几乎全部被裸地覆盖的地形，生态环境质量极度不佳。

（7）针对梅江流域生物资源现状（包括植物群落结构、鱼类资源、陆栖脊椎动物资源）以及对水环境质量、土地利用现状进行的调查和分析，可知梅江流域的生态环境存在着野生动植物丰富区减少，生物多样性受到威胁；水土流失严重，生态环境受到严重破坏；环境污染日益加剧，生活、工业污染严重；其他污染源不同程度地存在，对生态环境造成威胁；生态环境建设滞后，环境监管不严等主要问题，并提出了保护生物多样性，加强生态林建设，加强流域污染源的普查、管理和监察，防治农业面源污染，加大水土流失治理力度，合理开发利用自然资源，加强交流与合作，加强生态环境管理措施等综合治理对策。

5.2 进一步研究的设想

本研究旨在对整个梅江流域的生态环境现状进行调查研究，由于梅江流域的范围很广，涉及的环境影响因子很多，所以重点选取了生物资源、水资源和土地利用现状三个方面进行分析，要更全面客观地弄清整个流域的生态环境现状，还需进一步调查和研究其他方面的资源，如大气、矿山资源。

因为要从整体上来把握梅江流域的生态环境的现状和存在的问题，并以此为依据提出综合性的治理对策，所以本研究成果可作为梅江流域生态环境保护总体规划的一个框架，成果中的每一项内容都有深入研究的价值。

由于梅江流域的生态环境时刻处于动态变化之中，本项目所进行的调查、分析的问题和提出的保护与治理对策都要随着流域内实际情况的变化而相应地发生改变，因而在以后的研究中对各个时期都要分别进行调查和监测、资料更新和补充。

参考文献

［1］赵其国，骆永明，滕应等．当前国内外环境保护形势及其研究进展［J］．土壤学报，2009，46（6）：1146～1151.

［2］谢小康．梅州市水资源的构成及其特点浅析［J］．嘉应大学学报，1999（3）：95～99.

［3］廖富林，胡玉佳，杨期和等. 广东梅州珍稀濒危植物资源与保护［J］. 华南农业大学学报，2005，26（3）：77～81.

［4］王良平，唐晓春．粤东山地丘陵区水土流失治理中的植被工程措施研究［J］．水土保持通报，1999，19（2）：15～18.

［5］储雪丹．梅江水环境质量评价及污染控制方案研究［J］．广东水利水电，2009（6）：40～43.

［6］黄文辉，任成均，陈志勇等．梅江水沙特性变化分析［J］．人民珠江，2007（5）：37～38，45.

［7］国家环境保护局．地表水环境质量标准（GB 3838—2002）［S］．北京：中国环境科学出版社，2002.

［8］马克平，刘玉明．生物群落多样性的测度方法 Iα 多样性的测度方法（下）［J］．生物多样性，1994，2（4）：231～239.

［9］廖富林，杨期和，胡玉佳. 广东梅州国家重点保护野生植物研究［J］. 林业科学，2005，41（4）：100～105.

［10］陈蔚辉，张福平，张桂充等．粤东地区维管束植物研究［J］．韩山师范学院学报，2003，24（3）：55～59.

［11］温茹淑，郑清梅，方展强等．梅江水系鱼类资源调查初报［J］．嘉应学院学报（自然科学版），2006，24（6）：60～65.

［12］《福建鱼类志》编写组．福建鱼类志（上、下册）［M］．福州：福建科学技术出版社，1984.

［13］李金平，郑慈英．韩江淡水鱼类区系［J］．暨南大学学报（自然科学版），1998，19（3）：100～104，110.

［14］陈宜瑜，曹文宣，郑慈英．珠江的鱼类区系及其动物地理区划的讨论［J］．水生生物学报，1986，10（3）：228.

［15］陈景星，许涛清等．秦岭地区的鱼类区系及其动物地理学特征［A］.

中国鱼类学会．鱼类学论文集（第五辑）[C]．北京：科学出版社，1986.
[16] 钟福生，王焰新，邓学建等．洞庭湖湿地珍稀濒危鸟类群落组成及多样性 [J]. 生态环境学报，2007，16（5）：1485～1491.
[17] 连家伟，段波雷，常爱敏等．西沥水库水质变化规律的研究 [J]. 中国农村水利水电，2002（12）：40～42.
[18] 徐亚同，徐祖信，李小平等．河流污染状况及治理效果评价的指标体系 [J]. 净水技术，2007（4）：1～3.
[19] 国家环保局．总量控制技术手册 [M]. 北京：中国环境科学出版社，1990.
[20] 张丰如，吴馥萍，郭远凯．梅江水系水环境质量评价及污染防治对策 [J]. 嘉应学院学报（自然科学版），2004，22（6）：33～35.
[21] 席科，李朋德，张香娟．RS 与 GIS 的结合在生态环境质量评价中的应用 [J]. 测绘与空间地理信息，2007，30（1）：113～114.
[22] 凌南燕．GIS 支持下的多源空间信息生态环境质量评价分析 [D]. 东北师范大学硕士学位论文，2008.
[23] 姜小光，王长耀，王成．成像光谱数据的光谱信息特点及最佳波段选择——以北京顺义区为例 [J]. 干旱区地理，2000，23（3）：215～220.
[24] 汤国安，张友顺，刘咏梅等．遥感数字图像处理 [M]. 北京：科学出版社，2004，107～122.
[25] 张正栋，邱国锋，郑春燕等．地理信息系统原理、应用与工程[M]. 武汉：武汉大学出版社，2005，142～168.
[26] 陈述彭，程维明．世界森林的数字地球监测 [J]. 遥感学报，2001（5）：2～7，82～83.
[27] 王振华．基于遥感与 GIS 的生态环境质量评价 [D]. 中国科学院研究生院硕士学位论文，2007.
[28] 梁锦梅．梅州区域经济可持续发展问题探析 [J]. 热带地理，2001，21（3）：257～260.
[29] 梁锦梅．梅州生态环境的历史变迁与经济可持续发展对策 [J]. 地理科学，2001，21（4）：381～383.
[30] 钟声，钟福生，潘涌璋．梅州市农村生态环境污染现状分析与保护对策 [J]. 嘉应学院学报（自然科学版），2009，27（6）：81～83.

[31] 赵莹雪，赵江洪，陈义彬．梅州市生态环境可持续发展问题研究[J]. 南阳师范学院学报（自然科学版），2005，4（3）：70～73.
[32] 程洁如，罗锦红，钟福生．琴江流域环境问题及可持续发展对策[J]. 嘉应学院学报（自然科学版），2010，28（8）：79～83.

第二部分

专题研究

梅江流域植物多样性调查与保护对策研究

刘德良，廖富林，李坤新，钟福生

摘　要：在开展植物资源调查研究的基础上，对梅江流域的植物区系、稀有濒危植物、城区古树（名木）植物、植物多样性保护的层次（物种、群落、自然保护区）及保护对策进行了论述。结果表明：①本流域共有高等植物 231 科 874 属 2 268 种（包括种下等级），其中，蕨类植物 28 科 52 属 88 种，裸子植物 7 科 13 属 21 种，被子植物 196 科 809 属 2 159 种；②植物区系以热带成分（热带美洲、热带非洲和热带大洋洲）占绝对优势，但同时又有较多的温带成分，这种热带—温带过渡性质也就是南亚热带地区的特点；③流域现有各类珍稀濒危植物 28 科 37 属 43 种，已登记挂牌保护 100 年以上古树名木有千余株，梅州城区现有古树名木 407 棵，隶属 29 科 49 属 55 种。

关键词：梅江流域　植物多样性　物种保护　植物区系

生物多样性是实现人类可持续发展的物质基础，而人类活动已经并正在对生物多样性造成严重的损害。到 20 世纪 80 年代后期，生物多样性保护问题已演变成为国际环境政治中的重要议题之一。如何持续地保护和利用全球生物多样性资源，促进人类的可持续发展，已成为国际社会关注的焦点之一。[1]

梅江流域横跨梅州市的五华县、兴宁市、梅县、大埔县，既是四县市的母亲河，也是工农业生产、生活的重要平台，随着流域四县市工业化、城镇化的稳步推进，该流域以植物资源为代表的生物多样性保护机遇和挑战并存。鉴于植被是连接土壤、大气和水分等要素的自然纽带，植被的动态变化在某种程度上代表着土地覆盖的动态变化。[2] 为此，在长期林区实地调查、采集标本、鉴定分类的基础上，参考前人的有关论著，统计分析了维管植物多样性组成、植物区系地理成分、珍稀濒危保护植物等，旨在为保护梅江流域植物多样性提供基础资料，为制定生物多样性保护策略提供依据。

1　研究地区与研究方法

1.1　研究地区自然概况

梅江位于广东省东部，是韩江的主流及梅州市最大的河流，发源于广东省汕尾陆丰与河源紫金交界的乌突山七星岬，沿莲花山西北侧，自西南往东北流经五华县、兴宁市、梅县、大埔县，全长为307千米，流域面积为14 061平方千米。梅江流域山地丘陵广布，地势起伏较大，岭谷众多，串珠状盆地明显，形成以梅江为主干流的梳子状水系。梅江流域的地貌有台地、丘陵、山地、阶地和平原五大类型。山地面积占24.3%；丘陵及台地、阶地面积占56.6%；平原面积占13.7%；河流和水库等水面积占5.4%。[3]

梅江流域处于南亚热带北缘，是南亚热带和中亚热带气候区的过渡地带，受海洋暖湿气流影响，形成了亚热带季风性湿润气候。其气候特点是夏长冬短、日照充足、气温高、雨水充沛且集中，光、热、水气候条件优越。年平均气温为20.6℃～21.4℃，7月气温最高为28.3℃～28.6℃，1月气温最低为11.1℃～11.3℃；日照年平均值为714.6～2 010.5小时，年日照百分比为41%～47%，太阳年辐射量高低值分别为5 125兆焦耳/平方米、4 652兆焦耳/平方米；年平均降雨日为150天左右，多年平均年降雨量为1 483.4～1 798.4毫米，75%以上的降雨量集中在4～9月，高温期与多雨期基本一致，形成春末夏初“雨热同步”的气候特征。[4,5]

1.2　研究方法

在长期林区野外实习、调查的基础上，采用以样线调查为主，样地/样点调查为辅的综合调查法。样线调查自流域的源头开始，沿河畔两侧依次经过五华县、兴宁市、梅县、大埔县，沿线观察、记录、分析流域植被的变化与动态；样地/样点调查是在踏查的基础上，多次对大埔丰溪自然保护区、五华七目嶂自然保护区、梅县阴那山自然保护区、兴宁铁山渡田河自然保护区进行重点考察。此外，梅州城区及周边植物资源调查主要是记录梅州市文化公园、剑英公园、客天下旅游产业园、百岁山森林公园、雁明湖、雁南飞4A级旅游区以及梅州碧桂园等植物种类丰富的区域和地段的情况。

2 结果与分析

2.1 植物区系组成分析

据初步调查，梅江流域现有高等植物 231 科 874 属 2 268 种，其中蕨类植物 28 科 52 属 88 种，裸子植物 7 科 13 属 21 种，被子植物 196 科 809 属 2 159 种。

2.1.1 属的分布区类型

按照吴征镒[6,7]的研究成果，874 个属划分为 14 个分布区类型（表 1）。从表 1 可知，除去 21 个世界广布属外，热带性质属（系指分布于热带、亚热带地区的植物）包括表 1 中的第 2 ~ 7 和第 14 共 7 种分布区成分，共计 334 属，占总属数的 76.3%，其中热带成分以热带亚洲分布和泛热带分布为主，共 172 属，占区系总属数的 39.3%，表明梅州市种子植物区系有较强的亲热带性，如杜英属、紫金牛属、鸡血藤属、榕属、冬青属、白茅属、山矾属等为泛热带分布型；木莲属、南五味子属、山茶属、润楠属、新木姜属、黄杞属等为热带亚洲分布型，它们中大多数是梅州种子植物区系的优势成分，在植物群落中是建群种或优势种；温带性质属（指分布于温热带地区或延伸至亚热带甚至热带高山地区的植物，其分布中心在温带或寒温带地区）包括表 1 中的第 8 ~ 13 共 6 种分布区成分，共计 93 个属，占总属数的 21.2%，主要代表属有松属、杨梅属、蔷薇属、栲属、润楠属、杜鹃花属、漆树属、青冈属、栎属、花楸属、胡枝子属、枫香树属、山芝麻属、鹅掌柴属等，它们中有一些是常绿阔叶林的重要组成部分。总体上看，梅州植物区系的地理成分以热带属占绝对优势，但同时又有较多的温带成分，这种热带—温带过渡性质也就是南亚热带地区的特点。

表 1 梅江流域植物属的分布区类型

分布区类型	属数	占属数（%）
世界广布	21	2.4
泛热带分布	165	18.9

（续上表）

分布区类型	属数	占属数（%）
热带美洲与热带亚洲间断分布	90	10.3
旧世界热带分布	93	10.6
热带亚洲至热带大洋洲分布	70	8.0
热带亚洲至热带非洲分布	52	5.9
热带亚洲分布	177	20.3
北温带分布	87	10.0
东亚与北美间断分布	38	4.3
旧世界温带	8	0.9
地中海、西亚至中亚分布	4	0.5
中亚	11	1.2
东亚（东喜马拉雅—日本）	41	4.7
中国特有	17	1.9

2.1.2　种的分布区类型

李锡文[8]对种分布区类型的划分，加上了杂交或园林栽培种，共划分为16个分布区类型（见表2）。由表2可知，梅江流域植物种类的来源多样化，热带亚洲、中国特有、热亚热美分布型种类均超过20.0%，共计1 445种，占总种数的63.6%，为主要的分布类型。梅江流域植物以热带成分占绝对优势，其中热带亚洲分布种类最多，达526种，占总种数的23.2%，表明流域植物种的来源与热带亚洲（南亚、东南亚地区）有密切联系；热带亚洲和热带美洲间断分布区类型有456种，热带亚洲至热带非洲分布141种，热带亚洲至热带大洋洲分布119种，分别占20.1%、6.2%和5.2%，大部分为外来引种植物，表明热带美洲、热带非洲和热带大洋洲是梅江流域植物引种的重要来源地。

表2　梅江流域植物种的分布区类型

分布区类型	种数	占种数（%）
世界广布	41	1.8
泛热带分布	21	0.9

（续上表）

分布区类型		种数	占种数（%）
热亚热美		456	20. 1
旧世界热带分布		16	0. 7
热亚热澳		119	5. 2
热亚热非		141	6. 2
热带亚洲		526	23. 2
北温带分布		52	2. 3
东亚北美		43	1. 9
旧世界温带		23	1. 0
温带亚洲		30	1. 3
地中海、西亚至中亚分布		39	1. 7
中亚		14	0. 6
东亚	全东来	43	1. 9
	中国至朝鲜、日本	55	2. 4
	中国至喜马拉雅	9	0. 4
中国特有	本地区分布	209	9. 2
	海南特有	9	0. 4
	台湾特有	9	0. 4
	西南特有	12	0. 5
	中国南北分布	125	5. 5
	长江中下游各省	43	1. 9
	南岭以北	56	2. 5
杂交、栽培种		181	8. 0

温带成分占的比例较小，以东亚成分为主，共 107 种，占总数的 4. 7%，其他温带类型均表明流域中植物引种的特殊性，因为流域中城镇绿地中人工生境的小气候的多样性，可允许一定的非地带性植物的生长，如：季节性的 1 ~2 年生草花植物、球根花卉、温室植物等。

中国特有分布种 463 种，占总种数的 20. 4%，其中本地区分布的 209 种，占 9. 2%，按照吴征镒[7]的研究成果，原产梅州的乡土植物的区系成分主要以华夏（中国）广布、中国—日本分布、东亚分布和华东—华中分布四个类型为主。热带亚洲分布的代表种有大青（*Clerodendron cyrtophyllum*）、石楠（*Photinia serrulata*）、马兰（*Kalimeris indica*）、异叶爬山虎（*Parthenocissus heterophyll*a）；北温带分布的代表种有蛇莓；东亚分布的有棣棠花（*Kerria japonica*）、赤楠（*Syzygium buxifolium*）、络石（*Trachelospermum jasminoides*）、麦冬（*Ophitopogin japonicus*）、栀子花（*Gardenia jasminoides*）、栾树（*Koelreuteria paniculata*）；中国—日本分布的有杜英（*Elaeocarpus sylvestris*）、冬青（*Ilex purpurea*）、紫珠（*Callicarpa bodinieri*）、月桂（*Lanrus nobilis*）、荚迷（*Viburnum dilatatum*）、菝葜（*Smilax china*）；中国—喜马拉雅山分布的有尾叶山茶（*Camellia caudata*）；华夏（中国）广布的有三尖杉（*Cephalotaxus fortunei*）、过路黄（*Lysimachia christinae*）、小蜡（*Ligustrum sinense*）、女贞（*Ligustrum lucidum*）、小叶女贞（*Ligustrum quihoui*）、杜鹃（*Rhododendron simsii*）、六月雪（*Serissa foetida*）、油茶（*Camellia oleifera*）、枫香（*Liquidamba formosana*）、中华崖豆藤（*Callerya cochinchinensis*）；华东—华中分布的有石栎（*Lithocarpus glaber*）、白玉兰（*Magnolia denudata*）、香樟（*Cinnamomum camphora*）、红楠（*Machilus thunbergii*）、铁坚杉（*Keteleeria davidiana*）、黄杉（*Pseudotsuga sinensis*）、水青树（*Tetracentron sinense*）、猴樟（*Cinnamomum bodinieri*）、润楠（*Machilus nees*）、多花含笑（*Michelia floribunda*）、金钱松（*Pseudolarix amabilis*）、红山茶（*Rhododendron delavayi*）、黄山松（*Pinus taiwanensis*）、十大功劳（*Mahonia fortunei*）、阔叶十大功劳（*Mahonia bealei*）等；华东—华中—华南分布的有小叶石楠（*Photinia parvifolia*）、金缕梅（*Hamamelis mollis*）、华南五针松（*Pinus kwangtungensis*）、长苞铁杉（*Tsuga longibracteata*）、福建柏（*Fokienia hodginsii*）、竹柏（*Podocarpus nagi*）、榕树（*Ficus microcarpa*）、木棉（*Bombax ceiba*）、水松（*Glyptostrobus pensilis*）、金叶含笑（*Michelia foveolata*）、观光木（*Tsoongiodendron odorum*）、毛冬青（*Ilex pubescens*）；华东—华中—华西南分布的代表种有沉水樟（*Cinnamomum micranthum*）、阔瓣含笑（*Michelia platypetala*）、各种山茶（*Camellia* spp.）等。

2.2　珍稀濒危植物资源调查

梅江流域独特的地理环境（南亚热州与中亚热带的过渡地带）和优越的气候条件，有利于野生珍稀濒危植物的繁衍。据傅立国等[9]、国家林业局和农业部[10]、广东省环保局等[11]、戚康标等[12]、李镇魁[13]、王发国等[14]、冯志坚等[15]的记载和统计，梅江流域共有各类珍稀濒危植物 28 科

37属43种，其中列入《中国植物红皮书——稀有濒危植物》第一册的有31种，列入农业部和国家林业局颁布的《国家重点保护野生植物名录（第一批）》的有18种，受省级保护的有5种。在这些珍稀濒危植物中，蕨类植物（Pteridophytes）4科4属4种、裸子植物（Gymnospermae）6科7属8种、被子植物（Angiospermae）18科26属31种，其中乔木31种、灌木4种、藤本1种、草本7种（表3）。

表3　梅江流域珍稀濒危植物及其观赏特性

植物类别	科别	种名	保护级别	观赏部位	观赏特性	观赏时期
蕨类植物	蚌壳蕨科	金毛狗 *Cibotium barometz*	Ⅱ（b）	叶、株形	大型树状陆生蕨类（草本），株形高大，叶姿优美，植株密布金黄色的茸毛	全年
	桫椤科	桫椤 *Alsophila spinulosa*	Ⅱ（ab）	叶、株形	树形草本，高大挺拔，树形美观，树冠犹如巨伞，中国特有、孑遗种	全年
	乌毛蕨科	苏铁蕨 *Brainea insiginis*	Ⅱ（b）	叶、株形	树形草本，姿态优美，圆柱形的主轴，顶端密被红棕色长钻形鳞片，形似苏铁，颇具观赏价值	全年
	水蕨科	水蕨 *Ceratopteris thalictroides*	Ⅱ（b）	叶、株形	水生草本，叶簇生，二型；叶柄绿色，肉质，中空；不育叶二回羽状分裂，裂片线形	全年
裸子植物	苏铁科	台湾苏铁 *Cycas taiwaniana*	Ⅰ（ab）	雌（雄）球花、树形	常绿乔木，体形优美，具热带风光观赏效果；雄球花圆柱形，雌球花半圆形；种子红色，中国特有、孑遗种	全年
		华南苏铁 *C. rumphii*	Ⅰ（b）	雌（雄）球花、树形	常绿乔木，体形优美，具热带风光观赏效果；雄球花圆柱形，雌球花半圆形；种子卵形或近球形、暗橙黄色	全年

（续上表）

植物类别	科别	种名	保护级别	观赏部位	观赏特性	观赏时期
裸子植物	松科	油杉 *Keteleeria fortune*	Ⅲ（a）	球果、树形	常绿乔木，树冠塔形，枝条开展；叶条形翠绿；球果圆柱形，硕大，中国特有、孑遗种	全年
	杉科	水松 *Glyptostrobus pensilis*	Ⅰ（ab）	叶、球果、树形	半常绿性乔木，树冠优美；叶异形，秋叶黄褐色，球果倒卵形，中国特有、孑遗种、单种属	全年
	柏科	福建柏 *Fokienia hodginsii*	Ⅱ（ab）	叶、树形	常绿乔木，树冠稠密，鳞叶扁宽浓绿排成一平面，背有白色气孔带，中国特有、单种属	全年
	三尖杉科	三尖杉 *Cephalotaxus fortune*	省级	叶、果（种子）、树形	常绿灌木或小乔木，树形挺拔；叶二列，叶背有2条白色气孔线；假种皮紫色或紫红色，中国特有	全年
	红豆杉科	穗花杉 *Amentotaxus argotaenia*	Ⅲ（a）	树形、红色假种皮	常绿灌木或小乔木，树形优美，叶色苍翠，假种皮红艳如玛瑙，十分迷人，中国特有	全年
		南方红豆杉 *Taxus chinensis var. mairei*	Ⅰ（b）	果（种子）、树形	常绿乔木，树姿优美，叶色苍翠；果实玛瑙状，成熟时为绛红色，鲜艳夺目	全年

（续上表）

植物类别	科别	种名	保护级别	观赏部位	观赏特性	观赏时期
被子植物	木兰科	观光木 *Tsoongiodendron odorum*	Ⅱ（a）	花、果	常绿乔木，树干挺直，枝叶稠密，花美芳香，果大，中国特有、孑遗种、单种属	夏、秋
	樟科	樟 *Cinnamomum camphora*	Ⅱ（b）	叶、果、树形	常绿乔木，树冠枝叶浓密，树形美观，果紫黑	全年
		沉水樟 *Cinnamomum micranthum*	Ⅲ（a）	叶、果、树形	常绿乔木，树姿高耸，核果黑亮如珍珠	全年
		闽楠 *Phoebe bournei*	Ⅱ（ab）	叶、果、树形	常绿乔木，树冠枝叶浓密，树形美观，果紫黑，中国特有	全年
	毛茛科	短萼黄连 *Coptis chinensis var. brevisepala*	Ⅲ（a）	花、果	多年生草本；根状茎黄色；顶生花序；种子褐色，中国特有	春、夏
	小檗科	八角莲 *Dysosma versipellis*	Ⅲ（a）	叶、花	多年生草本；叶奇特如八角金盘，花瓣红紫色,中国特有	全年
	瑞香科	土沉香 *Aquilaria sinensis*	Ⅱ（ab）	花、果、树形	常绿乔木，枝叶繁茂，树姿优雅；花香四溢，蒴果熟时宛如一群群幼鸟围在树上，中国特有	春、秋

（续上表）

植物类别	科别	种名	保护级别	观赏部位	观赏特性	观赏时期
被子植物	山茶科	大苞白山茶 *Camellia granthamiana*	Ⅱ（a）	叶、花	常绿灌木，枝叶亮绿；花顶生于枝头，花瓣洁白而又平展，华南特有	全年
		野茶树 *Camellia sinensis* var. *assamica*	Ⅱ（a）	花、果	常绿灌木或乔木；花白色，果球形或扁球形，新生代古老植物	春、夏、秋
	亚麻科	粘木 *Ixonanthes chinensis*	Ⅲ（a）	花、果、树形	常绿乔木，树冠浓密；叶色翠绿；花丝白色而长；果橄榄形	全年
	豆科	格木 *Erythrophleum fordii*	Ⅱ（a）	花、果	常绿乔木，树冠雄伟；叶色深绿；花瓣黄绿色	春、秋
		仪花 *Lysidice rhodostegia*	省级	花、果	半常绿乔木，树冠开展；花朵美丽	春、秋
		苏木 *Caesalpinia sappan*	省级	叶、花、果	落叶乔木，幼枝细有铁锈色短绒毛，花黄色，蝶形花冠；荚果坚厚，偏斜扁平，先端有尖啄	春、秋
		野大豆 *Glycine soja*	Ⅱ（ab）	花、果	一年生草本，苞片披针形；萼钟状，密生黄色长硬毛；荚果狭长圆形或镰刀形	夏、秋
		花榈木（花梨木）*Ormosia henryi*	Ⅱ（b）	花、果、种子	常绿乔木，树冠浓密；果长圆形，内有2～7粒椭圆形红色种子；中国特有种	春、夏、秋
		任木 *Zenia insignis*	Ⅲ（ab）	花、果	落叶乔木，树冠伞形，枝条开展；花红色；荚果褐色，中国特有、单种属	夏、秋

（续上表）

植物类别	科别	种名	保护级别	观赏部位	观赏特性	观赏时期
被子植物	金缕梅科	半枫荷 *Semiliquidambar cathayensis*	Ⅱ（ab）	树形	常绿乔木，枝繁叶茂，叶有芳香气味，叶多姿，不裂、二裂或多裂，中国特有、单种属	全年
	壳斗科	吊皮锥 *Castanopsis kawakamii*	Ⅲ（a）	果	常绿乔木，树姿优美；坚果密被金黄色至锈褐色短柔毛，中国特有	秋
		秀丽锥 *C. jucunda*	省级	果	常绿乔木，树冠婆娑；叶背被红棕色或棕黄色短柔毛	秋
	榆科	青檀 *Pteroceltis tatarinowii*	Ⅲ（a）	果、树形	落叶乔木；小坚果两侧具翅，翅带木质，中国特有、单种属	全年
	荨麻科	舌柱麻 *Archiboehmeria atrata*	Ⅲ（a）	花、叶	落叶灌木或半灌木；叶先端长渐尖，基部圆形，具三出基脉；花序二歧聚伞状，成对腋生，单种属	春、夏、秋
	桑科	白桂木 *Artocarpus hypargyraea*	Ⅲ（a）	叶、果	常绿乔木；叶背侧脉明显，聚合果	全年
	楝科	红椿 *Toona ciliata*	Ⅱ（a）	叶、树形	落叶或近常绿乔木；羽叶潇洒，秋末叶色变红，姿色不凡	全年

（续上表）

植物类别	科别	种名	保护级别	观赏部位	观赏特性	观赏时期
被子植物	无患子科	伞花木 *Eurycorymbus cavaleriei*	Ⅱ（ab）	花、果	落叶乔木；花序顶生，伞房状圆锥花序；蒴果球形，密被褐灰色短绒毛，中国特有、孑遗种、单种属	夏、秋
		龙眼 *Dimocarpus longan*	Ⅲ（a）	花、果	常绿乔木，树干挺直，枝叶翠绿；果黄褐色，垂挂枝头	春、夏
		野生龙眼 *D. Longan var. euspontane*	Ⅲ（a）	花、果	常绿乔木，树干挺直，枝叶翠绿，果黄褐色，垂挂枝头	春、夏
	伯乐树科	伯乐树 *Bretschneidera sinensis*	Ⅰ（ab）	花、果	落叶乔木；花浅红，大型圆锥花序于盛花期生于绿叶之中，蔚为壮观，中国特有、孑遗种、单种属	春、夏
	茜草科	巴戟天 *Morinda officinalis*	Ⅲ（a）	花、果	多年生藤质草本，肉质念珠状；叶上面初被疏糙伏毛，下面沿中脉被短粗毛；果红色	春、秋
		异形玉叶金花 *Mussaenda anomala*	Ⅰ（a）	花	攀缘灌木，枝叶翠绿；花顶生、三歧聚伞花序，白色	夏
	马鞭草科	石梓 *Gmelina chinensis*	省级	花、树形	落叶乔木，树形美，花多色艳	全年
		云南石梓 *G. arborea*	Ⅱ（a）	花、树形	落叶乔木，树体通直，花黄果黄	全年

注：a:《中国植物红皮书——稀有濒危植物》；b:《国家重点保护野生植物名录》。

2.3 梅江流域城区古树（名木）植物资源

据实地调查与资料介绍，梅江流域城区范围现有古树名木407棵，隶属29科49属55种，其中以樟科、桑科、壳斗科、金缕梅科、桃金娘科、山茶科、大风子科、松科为主，优势树种为细叶榕、红椎、白椎、阿丁枫、荷木、马尾松、秋枫等。优势树种中，细叶榕、樟树以散生为主；而红椎、白椎、阿丁枫、荷木、马尾松则多为群生，成为南亚热带季风常绿阔叶林或针阔混交林的建群树种。杉木则因多用于建房木料被群众砍伐，目前已难见古树。从地植物学意义上来说，这些古树具有明显的热带、亚热带性质，是研究植物区系地理分布、群落变迁与演替、引种驯化等的重要理论依据。

据统计，梅江流域之中的古树大部分为100年左右树龄者，树龄在300~499年的二级古树仅三株，分别为狮子浪口的榕树、“客天下”的梅花及三角镇宫前村长冈小学的榕树。而金丰村边的潮塘梅花和银杏，经专家估计，其树龄均在500年以上，从其生长的环境结合建置超过千年的梅州古城的历史来看，树龄的判断是可信的，可作为国家一级古树加以保护。

根据《全国古树名木普查建档技术规定》，古树的树龄为100~1 000年不等，结构层次简单，其中树龄500年以上的为一级古树；树龄300~499年的为二级古树；树龄在100~299年的为三级古树（见表4）。

表4 梅江区古树保护级别数量

级别	区段			合计
	长沙镇	城北镇	城区	
三级	149	121	132	402
二级	0	0	3	3
一级	0	0	2	2
合计	149	121	137	407

目前相关管理部门已对城区内的古树进行统一登记、编号、造册，并挂牌或树立明显的标志，有些还设置了保护设施予以识别和保护，因此，总体上看，梅江流域城区古树名木生长较好，但受自然灾害、人为伤害及古树自身因素等影响，部分古树病虫害及树洞腐烂现象严重，树身伤痕累累，加上大面积的土地开发利用，给古树名木造成了很大的生存危机。

（1）部分古树立地条件不良。部分古树由于人们缺乏养护常识，在树底修建神台、护栏、用水泥等致密建筑材料铺砌人行道，以致侵占古树名木的生长空间，影响土壤通气，易滋生病虫，长势较弱，急需采取有关保护措施；部分古树与建筑距离太近，保护距离不足，特别是个别古树紧贴残旧民居，一旦民房倒塌，或在拆除重建过程中都可能危及古树。

（2）必要保护设施设置不足。一些位于交通繁忙地带的古树，如锭子桥205国道侧的大榕树，没有设置足够安全的护栏，使古树面临潜在的安全隐患。

（3）古树鉴别和标识工作有待进一步落实，部分古树的科属尚不清，也没有标识。

3　植物多样性保护对策研究

3.1　物种的保护

一个物种就是一个基因库，濒危植物具有重要的生态、经济和社会价值，是研究植物起源、进化的有力依据，也是重要的育种资源，因此，保护濒危植物对于保护生态平衡、保护生态系统多样性具有极其重要的意义。据表3可知，该流域现有43种珍稀濒危植物，既有就地保护，如桫椤等，又有人工异地繁殖与保护。在这43种珍稀濒危植物中，就其观赏价值和园林应用而言，其中具有重要观赏价值的资源近20种，如仪花、苏木树冠开展，花朵美丽，在园林中可作为行道树或庭荫树；格木、花榈木是布置庭园和道路绿化的理想树种；伞花木花多而稠密，且具芳香，是良好的园林观赏树种和风景树等。但目前被广泛应用的仅仅为5种，尚处于或基本处于野生状态的种类则有23种。[16]

3.2　植物群落（生态系统）的保护

在梅江流域，地带性植被是以壳斗科、茶科、金缕梅科、樟科、冬青科、木兰科、杜英科、杜鹃花科等为主的常绿阔叶林以及以马尾松（*Pinus massoniana*）、杉木（*Cunninghamia lanceolata*）等为代表的常绿针叶林，其中既有郁闭度达0.9，甚至郁闭度达1.0，稠密、群落垂直层次结构复杂的常绿阔叶林或针阔叶林，也有植物种类稀少、群落结构简单、郁闭度低的低产林，甚至宜林荒地。值得庆幸的是随着城镇周边农村对薪柴需求的日益减少，使得以马尾松、杉木、红椎（*Castanopsis hystrix*）、大叶锥栗

(*Castanopsis tibetana*)、藜蒴(*Castanopsis fissa*)、青冈(*Cyclobalanopsis glauca*)、石栎(*Lithocarpus glaber*)、木荷(*Schima superba*)等为主的常绿阔叶林、针叶林或针阔叶林逐渐恢复，呈现一片生机。

由于珍稀濒危植物大多混杂在地带性常绿阔叶林或针阔叶林中，因此，加强对地带性植被的保护，特别是加强对其中夹带有珍稀濒危植物的群落的保护，就显得十分重要。据了解，以木荷、红椎、大叶锥栗、网脉山龙眼(*Helicia reticulata*)、红楠(*Machilus thunbergii*)、细叶青冈(*Cyclobalanopsis myrsinaefolia*)等为建群种或优势种的群落具有重要的保护价值。

3.3 自然保护区建设

自然保护区是生物多样性保护基地和核心地区。据初步了解，截至2010年底，梅江流域现省、市、县三级自然保护区近40个，总面积近200万亩，其中省级自然保护区有大埔丰溪自然保护区、五华七目嶂自然保护区、梅县阴那山自然保护区、兴宁铁山渡田河自然保护区四个，保护区面积达20万亩。此外，尚有一定数量的国家级、省级森林公园，如兴宁神光山、梅县雁鸣湖国家级森林公园以及五华蒲丽顶省级森林公园等。

3.4 保护策略的探讨

以梅江流域为代表的粤东北山区以其独特的地理景观、常绿阔叶林植被型和特有的华南植物区系受到了世界保护组织的关注，究竟如何才能将这块宝地的生物多样性保存下来，其关键对策可能不是多建、扩建自然保护区，根本的出路还在于正确处理经济建设与生态保护、保护与开发的关系。只有经济强大了、农民富裕了，人们才会从靠山吃山的自然经济中解脱出来，成为现代经济的成员。国内外无数的发展经验都表明，“农民富了，山也就青了”，治山之道关键在于治穷，唯有如此“退耕还林”、“封山育林”的政策才能真正兑现。值得庆幸的是，近年来，广东省先后启动了“产业与劳动力双转移”、“幸福广东”等战略，使得梅州城市化、工业化水平有了极大的提高，截至2009年底，人均国内生产总值为12 558元，广大山区民众基本上从靠山吃山的陋习中解放了出来。此外，以珠三角后花园自居的梅州市一直高度重视生态环境建设，为此，相信随着山区能源结构的变化带来山丘天然林恢复、自然保护区的建设发展和各项生态建设工程等，梅江流域植物多样性保护一定会实现预期的发展目标。

参考文献

[1] 徐再荣. 生物多样性保护问题与国际社会的回应政策（1972—1992）[J]. 世界历史，2006（3）：31～39.

[2] 张启翔. 关于植物多样性与人居环境关系的思考 [J]. 中国园林，2012（1）：33～35.

[3] 钟福生，黄勋和，李威娜等. 梅江流域冬季鸟类群落结构及多样性 [J]. 嘉应学院学报（自然科学版），2012，30（2）：53～62.

[4] 廖富林，杨期和，胡玉佳. 广东梅州国家重点保护野生植物研究 [J]. 林业科学，2005，41（4）：100～105.

[5] 刘德良. 梅州市城区行道树的结构特征 [J]. 林业科学，2009，45（5）：87～93.

[6] 吴征镒，孙航，周浙昆等. 中国种子植物区系地理 [M]. 北京：科学出版社，2011. 1.

[7] 吴征镒. 中国种子植物属的分布区类型 [J]. 云南植物研究（增刊），1991：1～139.

[8] 李锡文. 中国种子植物区系统计分析 [J]. 云南植物研究，1996，18（4）：363～384.

[9] 傅立国，金鉴明. 中国植物红皮书——稀有濒危植物（第一册）[M]. 北京：科学出版社，1991. 1～736.

[10] 国家林业局，农业部. 国家重点保护野生植物名录（第一批）[EB/OL]. http：//www. yzepb. gov. cn/wenjian/law/ faguil/zhongdianbaohuyszwml. htm，1999－08－04.

[11] 广东省环保局，中国科学院华南植物研究所. 广东珍稀濒危植物图谱 [M]. 北京：中国环境科学出版社，1988. 1～46.

[12] 戚康标，常弘，缪汝槐. 中国珍稀濒危动物植物辞典 [M]. 广州：广东人民出版社，2001. 419～914.

[13] 李镇魁. 广东省珍稀濒危植物资源及其开发利用 [J]. 广东林业科技，2001，17（3）：33～36.

[14] 王发国，叶华谷，叶育石等. 广东省珍稀濒危植物地理分布研究 [J]. 热带亚热带植物学报，2004，12（1）：21～28.

[15] 冯志坚，李镇魁，李秉滔等. 广东省珍稀濒危植物和国家重点保护

野生植物［J］. 华南农业大学学报，2002，23（3）：24～27.
［16］刘德良，廖富林，李坤新 . 广东梅州珍稀濒危植物观赏特性及园林应用探讨［J］. 嘉应学院学报（自然科学版），2009，27（6）：65～70.

梅江流域城区段古树名木资源与保护对策研究

李坤新，廖嘉琪，刘德良

摘　要：梅江流域古树名木众多，在开展梅江流域植物资源调查研究的基础上，收集整理该流域城区段古树名木资料，共获古树名木 407 棵，分属 29 科 49 属 55 种。本文分析了古树名木的特点、分布、生长状况、立地条件及其价值，并提出了相应的保护对策。

关键词：梅江流域　古树名木　调查研究　保护对策

古树名木是有生命的古文物，是祖国的重要风景资源，是大自然赐给人类极其宝贵的财富。它们的树形奇特，苍劲古老，是一群活的历史文物、乡土风景资源的典型代表，因此，人们把古树看作民族文化悠久和文明古国的象征。同时古树的生长和地带的分布也是长期适应自然环境的结果，是自然历史过程的活见证，对于探索自然地理环境变迁、植物区发生发展具有十分重要的意义，也是体现古代人工栽培引种驯化等科学技术发展的珍贵标本。[1]

掌握古树名木资源分布情况、生长生态情况，以便建立古树名木档案，采取有效的保护措施，使之充分发挥作用。这对于更好地研究人类的文明史，研究植物地理学、古植被和气候的变化、水土保持等都具有一定的科学价值，同时也为地方旅游事业增添丰富多彩的新内容、新景观、新景点。古树名木是我国林木资源中的瑰宝，也是自然界和前人留下的珍贵遗产，具有重要的科学、文化和经济价值。[2]

在旅游事业不断发展的今天，古树名木以其古朴典雅的姿态，吸引人们去观看，成为价值连城的艺术品。因此，保护和管理好古树名木，对于建设社会主义精神文明、开展文化科学研究和发展旅游事业具有重要的现实意义。

开展梅江流域古树资源调查，有利于摸清梅江流域的古树名木资源种类、数量与分布，为制订古树名木保护规划，实施古树名木管理、保护和研究提供科学的依据，必将为生态梅州的发展、绿色经济崛起战略作出应有的贡献，为钟灵毓秀的梅江增添华彩。

1　自然环境与植被类型

1.1　自然环境

梅州市位于广东省东北部，梅城是国家历史文化名城，是客家人的主要聚居地和繁衍地，被称为“世界客都”。梅江流域城区段——梅江区位于梅州市中部的梅江盆地，该盆地由梅江、程江等河流冲积而成，横直8～13千米，地理位置为北纬24°、东经116°，附近交通便利，辖区内有梅县机场，直飞广州、香港等地，205国道、206国道、天汕高速、梅河高速、广梅汕铁路和梅坎铁路联结成沟通闽、粤、赣的交通网络。

梅江区是在我国实行市管县体制后，于1988年3月成立的梅州市直辖县级区，下辖长沙、三角和城北三个镇及金山、西郊和江南三个街道工作委员会，总面积298.4平方千米。梅江区是梅州市委、市政府所在地，也是全市的政治、经济、文化和交通中心。

该地域四周均为中低山与丘陵，海拔多在100～500米，盆地中部有一些低丘台地（梅花山、马鞍山等）、岗地和平原，与四周的山体遥相呼应。城区南部的高观音海拔高度为769.8米，为盆地周边的最高峰；城区东侧的百岁山—东山（千佛塔）、南部泮坑—圣人寨林木繁茂、风景秀美。

梅江流域由西南方向流入城区，城区段呈“几”字形，由城区东南方向流出。梅江两岸为冲积红黏土，江南以细砂质亚砂土为主，丘陵地带为红黏土或风化红砂岩。因梅江上游水土流失严重，河水混浊，河床日浅。水位变化大，最低水位为70.1米（珠基高程），历史最高洪水位为80.97米。自西阳水电站建成蓄水后，城区段常水位为73.5米。城区范围内有一级支流程江自西向东汇入梅江，另有周溪河、扎田河、黄塘河三条小支流自北向南流经城区，分别汇入梅江。

近年通过封山育林、荒山造林、退耕还林建设，森林植被恢复较快，森林地带性植被得到较好的恢复和发展，但仅仅是针叶林增多，尚未形成稳定并具有一定规模的地带性森林植物群落。

梅州城区气候温暖、热量丰富、雨量充沛，非常适宜植物生长，树木生长旺盛，形成了林茂田丰的自然生态景观。盆地四周为连绵山体，有森林围城之势，为梅城构筑起良好的绿化环境背景和较好的绿色郊野景观基质。[3]

1.2　植被类型

梅江植被类型主要有五类[4]：

1.2.1　阔叶林

阔叶林的类型较多，根据群落的外貌、种类组成、结构和生态特点，可分为常绿阔叶林、季风常绿阔叶林两个类型。[3]

（1）常绿阔叶林。常绿阔叶林是梅江区的代表性植被类型，现存的常绿阔叶林多为次生类型。较大面积的常绿阔叶林主要分布于城北和长沙地势较高、海拔500米以上的山地，一般坡度较陡，水湿条件好，土壤为红壤或黄壤，土层一般较厚，表土疏松湿润，有机质含量丰富，地表有较厚的枯枝落叶层。

常绿阔叶林终年常绿，林冠完整，层次结构较明显。乔木层组成种类丰富，灌木层的种类较少，草本层稀疏，藤本植物常见但数量少。乔木层主要有红椽、罗浮栲、甜槠、小叶栲、鹿角栲、藜蒴、石柯、荷木、黄樟、华润楠、杜英、阿丁枫等。

林下灌木主要有细枝柃、罗伞树、羊角花、杜鹃、冬青等。草本植物主要有狗脊、华里白、乌毛蕨、淡竹叶、十字苔、沿阶草等。藤本植物主要有瓜馥木、山鸡血藤、藤檀等。

次生的常绿阔叶林常混生有马尾松针叶树，有些地方还混生有毛竹，形成毛竹—阔叶树混交林。常绿阔叶林经过反复砍伐后，常形成藜蒴纯林或小叶栲纯林。

（2）季风常绿阔叶林。季风常绿阔叶林是我国南亚热带的代表性植被类型，季风常绿阔叶林的生境较为温暖湿润，群落的组成成分较为复杂。热带成分的增多，使较多的藤本和附生植物得以出现。

本区的季风常绿阔叶林组成种类主要有红椎、锥栗、荷木、黄樟、厚壳桂、粘木、华润楠、鸭公树、鸭脚木、红车、罗浮栲、红鳞蒲桃、薯豆杜英、豺皮樟等。灌木层种类多为耐阴植物，主要有九节、罗伞树、粗叶木、疏花卫矛、变叶榕等。草本层较稀疏，常见种类有狗脊、扇叶铁线蕨等，藤本植物有小叶买麻藤、瓜馥木、红叶藤、玉叶金花等。

常绿阔叶林和季风常绿阔叶林是本地区典型的森林植物群落，它们的层次结构复杂，有较强的截留降水、涵养水源和保持水土的能力，其枯枝落叶和根系分泌物能够改良土壤。常绿阔叶林和季风常绿阔叶林中有很多珍贵的动植物，是动植物资源的保护基地。

1.2.2 针叶林

（1）马尾松林。马尾松林分布于海拔200～600米的丘陵山地上。土壤多为花岗岩或砂页岩发育而成的红壤或赤红壤，土壤呈酸性。马尾松林绝大多数是中、幼龄林。灌木层常见的种类有芒萁、五节芒、纤毛鸭嘴草、野古草、蜈蚣草等。

（2）杉木林。杉木林所在地的土壤为红壤（或赤红壤）和部分黄壤，土层深厚肥沃，环境较为湿润。杉木林为人工种植的纯林，成小块状分布，林木结构整齐。林下常见的灌木有柃木、胡枝子、冬青等，草本植物有乌毛蕨、芒萁、五节芒、淡竹叶、蕨菜等。

1.2.3 针叶阔叶混交林

本类型分布区海拔高度与马尾松林相近，土壤为红壤或赤红壤。与马尾松林相比，混交林的生态环境条件较好，土层较深厚，环境较为湿润。

本区的针叶阔叶混交林是针叶林向阔叶林过渡的类型。乔木可分为两层，上层为马尾松，下层为阔叶树。阔叶树种主要为荷木、藜蒴、枫香、小叶栲、红椎、黄樟、甜槠等。灌木层的主要种类有桃金娘、罗伞树、粗叶木、柃木、草珊瑚等。草本层主要有芒萁、狗脊、五节芒、黑莎草和乌毛蕨等。

1.2.4 竹林

竹子种类有毛竹、青皮竹、绿竹、泥竹、粉单竹等，它们各自成单优竹林。毛竹林分布区多为海拔300～500米、环境湿润、土壤肥沃的山坡，林下灌木主要有黄瑞木、鲫鱼胆、红背山麻杆、草珊瑚、紫珠、玉叶金花、九节等。草本层的主要种类有扇叶铁线蕨、鳞毛蕨、五节芒、苔草、狗脊等。

青皮竹、绿竹、粉单竹等主要分布于沿河两岸或村庄附近。

1.2.5 灌丛

（1）红色岩灌丛。红色岩灌丛生境特点是坡陡、土层薄、干旱、母岩为红色砂砾岩。灌丛的主要组成种类有罗伞树、美丽胡枝子、六道木苎麻、赤楠等。灌丛中的草本植物主要有半边旗、白苏、野鸡尾、长生铁角蕨等。

（2）丘陵稀树灌木草坡。丘陵稀树灌木草坡一般分布于海拔500米以下的丘陵。散生在本区南部的灌木组成种类以桃金娘为主，其他常见的种类有岗松、野牡丹、黄瑞木、黄栀子、春花、算盘子、山芝麻、赤楠等。草本层的主要种类有芒萁、五节芒、野古草、纤毛鸭嘴草、蜈蚣草、金茅等。

（3）山地稀树灌木草坡。山地稀树灌木草坡一般分布于海拔500米以上的山地。其组成种类有杜鹃、乌饭树、赤楠等。草本层的组成种类主要有芒萁、五节芒、金茅、野古草、纤毛鸭嘴草、蕨菜等。

2　梅江古树资源与分布

2.1　调查研究的范围

为查清区域内的古树名木资源，课题组成员先后对长沙镇、城北镇及城区所辖区域内的主要寺庙、林区、村庄、老屋等进行了全面的实地调查。外业调查工作于2010年5月1日开始，至6月30日基本结束，调查范围为全辖区298.4千米，路线行程共计213千米。

根据调查所获的基本资料，进行了资料整理，查询、考证历史文献卷等工作。

2.2　调查内容

树高：采用视距测高器测量树干高度读数。

树围径：在1.3米高树干处，测其围径读数。

树冠幅：采用米尺按树冠投影到地面的东西、南北走向测其冠幅读数。

树龄：采取实际考察、研究和向群众采访、查阅历史资料等方法，从多方面来鉴定古树的年龄。[4]

2.3　调查结果

2.3.1　古树名木的种类及数量

初步调查数据显示，梅江区共有古树名木407棵，55种，隶属29科49属（附表1～附表4）。

2.3.2 古树名木的区域分布

从梅江区各镇所含的古树名木数量的初步调查结果来看，长沙镇所含的数量最多，达149棵，其次为城区及周边山地有137棵，城北镇有121棵，且有部分为群生树种，三个镇所含古树名木的总数为407棵。

各镇区所含的古树名木种数，以城区所含的种数最多，达40种，其次为城北镇，达22种，最后为长沙镇，达12种。

古树群主要分布在长沙、城北的深山密林、人迹罕至的地方，以樟科、壳斗科、松科、金缕梅科、桃金娘科、山茶科、大风子科植物为主，大多为客家乡村的“风水林”。

长沙镇古树群主要有大密村十一社油湖里的阿丁枫和红椎林，大密村十三社刘禾畲的樟树、阿丁枫和枫树林，大密村十六社邓屋背的红椎、罗浮栲和阿丁枫林，上陈村溜湖顶的马尾松、木荷和罗浮栲林等。

城北镇的古树群主要有玉西村黄竹堂祖屋背的罗浮栲林，玉水村二社富板塘的枫香、红鳞蒲桃、罗浮栲和广东刺柊林，三村老虎凹下马尾松、枫香和石斑木林。

3 梅江古树特点与分析

3.1 古树名木的优势种类

从古树出现的频率与数量看，以樟科、桑科、壳斗科、金缕梅科、桃金娘科、山茶科、大风子科、松科为主，优势树种为细叶榕、红椎、白椎、阿丁枫、荷木、马尾松、秋枫等。

优势树种中，细叶榕、樟树以散生为主；而红椎、白椎、阿丁枫、荷木、马尾松则多群生，成为南亚热带季风常绿阔叶林或针阔混交林的建群树种。杉木则因多用于建房木料而被群众砍伐，目前已难见古树。

3.2 古树名木的树龄分布

梅江区古树树龄分布见表1。

表1　梅江区古树树龄分布

树龄	调查区域			合计
	长沙镇	城北镇	城区	
100～199	148	121	126	395
200～299	1	0	6	7
≥300	0	0	5	5
合计	149	121	137	407

据调查分析，梅江区高龄古树少。现今统计的古树大部分为100年左右树龄者。树龄在300～499年的二级古树仅三株，分别为狮子浪口的榕树、“客天下”的梅花及三角镇宫前村长冈小学的榕树。而金丰村边的潮塘梅花和银杏，经专家估计，其树龄均在500年以上，从其生长的环境结合建置超过千年的梅州古城的历史来看，树龄的判断是可信的，可作为国家一级古树加以保护。

3.3　梅江区古树保护级别

根据《全国古树名木普查建档技术规定》，古树的树龄为100～1 000年，结构层次简单，其中树龄500年以上的为一级古树；树龄在300～499年的为二级古树；树龄在100～299年的为三级古树。梅江古树保护级别数量见表2。

表2　梅江区古树保护级别数量

级别	调查区域			合计
	长沙镇	城北镇	城区	
三级	149	121	132	402
二级	0	0	3	3
一级	0	0	2	2
合计	149	121	137	407

3.4　梅江区古树乡土性分析

在已调查的52种树种中，作为南方特有的乡土树种的有细叶榕、秋枫、樟树、桂花、罗浮栲、红椎等34种，占古树总种数的65%，基本反映了梅江古树的南亚热带季风常绿阔叶林乡土特征，而外引树种有木棉、白兰、桉树、腊肠树、米兰、海枣、假槟榔、猴子杉、柚木等，多数分布在清末民初建成的学校、宗教文化场所里，反映了清末民初西方列强用枪炮打开封闭的国门后，中西方文化和自然科学的交流，外来植物和文化思潮被一并带入梅州的境况。其所引种植物多为热带植物，也反映了客都梅州的华侨大多来自东南亚一带。

3.5　梅江古树区系分析

细叶榕、樟树、桂花、罗浮栲、红椎、阿丁枫、木荷、藜蒴、马尾松、龙眼树、橄榄树、秋枫、广东刺柊、红鳞蒲桃、黑壳楠等古树的种群数量与分布特点，表明了本区植物区系有较强的亲热带性，梅花、银杏、朴树、枳椇、枫香等落叶植物的出现又表明了典型亚热带常绿阔叶林优势种的广泛分布。总的说来，梅江古树反映的南亚热带季风常绿阔叶林的植物区系特征，即地理起源成分多样，南北交汇，过渡性明显，与梅江的气候、地理环境表现是一致的。

3.6　梅江古树生长环境分析

城北镇和长沙镇的古树大多数分布于屋前屋后、深山沟里、村口溪边、“伯公”神位旁，生长的立地条件和保护环境尚可，能保存到今天，与客家人的风水观和植物崇拜有明显的关系，一般情况下不会遭到破坏，但部分“伯公”神位旁的古树，因香火过多，焚烧烟纸会影响到植物的生长，应加强宣传、管理和保护。

城区的古树分布特点是多数分布在清末民初建成的学校、宗教文化场所里，如梅州学宫、东山中学（东山书院）、梅州农校（原嘉应大学）、梅州中学、乐育中学、联合中学（旧基督教堂）、广益中学（原广益女中）等。可见20世纪初，新学兴起，人们注意引进特种植物栽种，而这些地方内在的环境变化较小，外来破坏也较小，这就为历经岁月沧桑的古树名木提供了一个稳定的生长环境。此外，原为城郊较早的居民点，现今的城中村也零星分布了一些古树名木。[5]

由于城市的建设，生态环境的变化，古树的生长条件不容乐观。部分古树立地条件不良，部分古树与建筑距离太近，特别是个别古树紧贴残旧民居，一旦民房倒塌，或在拆除重建过程中都可能危及古树安全。[6]

另外对古树的必要保护设施设置不足。如一些位于交通繁忙地带的古树，如锭子桥205国道侧的大榕树，没有设置足够安全的护栏，使古树面临安全隐患。

各种污染使土壤理化性质恶化，在古树名木周围倾倒工业废料、有毒物质及各种污水、垃圾等污染物，使树体周围土壤的酸碱浓度过高、重金属离子大量增加，土壤理化性质恶化。

梅江古树生长环境的改善仍需做更多的宣传，加强立法和保护措施。

4　梅江古树保护

古树名木是历史留下的宝贵遗产，具有不可估量的人文价值和科学价值。它不但对研究本地区的历史文化、环境变迁、植物分布有重要意义，而且是一种独特的、不可替代的风景资源。

梅州是国家历史文化名城，是客家人的主要聚居地，境内有大量的历史文化遗存，浓厚的历史文化和良好的自然环境，使生长在这里的树木在经历百年后仍能存活下来。目前相关管理部门已对城区内的古树进行统一登记、编号、造册，并挂牌或树立明显标志，有些还设置了保护设施予以识别和保护。

4.1　存在问题

4.1.1　内部因素影响

一些古树名木年代久远，特别是国家一、二级古树，大部分已超过成熟龄。随着树龄的增加，树体老龄化，生理机能逐渐下降，光合作用效率低，呼吸和代谢缓慢，根系吸收水分、养分的能力越来越差，不能满足地下部分的需要，树木生理失去平衡，从而导致材质疏松，部分树枝逐渐枯萎死亡。[7]

4.1.2　外部因素影响

（1）雷电、火灾等原因。由雷电引起的火灾、雷击等造成树体烧伤、断枝、折干等，使树木严重受损。如阴那山灵光寺前的一株柏木300多年前因为雷击而枯死。

（2）极端气候原因。古树名木历经千百年风霜岁月，屡受严寒酷暑、大涝大旱等恶劣气候的侵袭，造成皮开干裂、根裸枝残等现象，导致其生长不良，甚至濒临死亡。

（3）野生动物及病虫害原因。许多树木的根、皮、叶、花、果是野生动物和各种昆虫的良好食物，许多兽类和虫鸟凿树为洞，以洞为巢，以树根、树皮、树叶及花果为食，日积月累，导致树体残缺不全。而病虫害对原本就高龄体弱的古树造成极大的损害。

（4）地下水位的升降原因。各种原因引起的树木周围地下水位的改变，使树木根系或长期浸于水中，导致根系腐烂；或长期干涸，导致枯萎。

（5）工程建设的影响。各类工程建设中，如城区改造、修路、架桥、建水库等各类工程建设过程中因缺乏对古树名木的保护意识，不能采取积极的避让措施，导致古树名木被毁坏，以及对其生境造成破坏等。

（6）人为活动引起的土壤板结。在城市、公园、名胜古迹等处，凡有古木之地，必是游人云集之所，游人频繁践踏往来于古树名木的周围；或是为方便游览，在树体旁修筑硬化路面、铺装地砖等，仅留下很小的树池，致使树体周围土壤板结，严重影响了土壤的气体交换、根系活动和正常生长。

（7）人为造成的直接损害。由于宣传不到位，部分农村群众还未形成爱惜古树名木的意识，在大树上乱刻乱划、拴绳挂物、乱搭建筑物或堆放物品，有的甚至烟熏、火烤、剥皮、砍枝、撞击、移栽树体，使得许多古树名木的生长环境变得恶劣，导致树体受损，妨碍其正常生长，也影响古树名木的观赏性。

（8）近年来随着城市绿化步伐加快，大量古树名木被移植进城。但由于移栽和管理不善，以及生长环境的变化，造成不少移栽进城的古树名木死亡。

（9）古树鉴别和标识工作有待进一步落实，部分古树的科属尚不清，也没有任何标识，能否落实保护更是未知数。

（10）保护古树名木的法规缺位，管理责任制未落实。目前梅州对古树名木的保护管理及养护缺乏系统、具体的规定，且大部分古树名木为集体和农民个人所有，管理单位不固定、人员不落实、责任不明确，许多古树名木因此而得不到应有的保护和管理。

4.2 保护对策

古树名木是重要的自然资源，也是历史和前人留给我们的宝贵财富，有很高的社会自然、人文和科学价值，具有不可再生性和公益性，被誉为“绿色化石”。保护古树名木对于保护森林资源和自然景观的整体性、保护森林历史和文化的完整性、开展林木的科学研究、促进旅游事业的发展及弘扬民族精神、增强人们的绿化意识和环保意识、促进社会主义精神文明和物质文明建设都具有十分重要的意义。因此，我们提出以下四点建议。

4.2.1 加强立法和宣传教育

古树名木的保护是一项社会性很强的工作，只有增强全民的保护意识，才能使古树名木得到有效的保护。把宣传作为保护古树名木工作的首要任务，充分利用各种媒体，通过召开座谈会，举办咨询活动等多种形式，内容包括古树名木趣谈、保护常识等，大力宣传古树名木在科学、人文、地理及旅游等方面的重要作用。[8]

对重点保护的古树名木还可制作电视专题片，扩大宣传教育面，吸引人们对古树名木的关注。要积极采取各种生动活泼的形式，把经常性宣传和重点时期宣传结合起来，把政策法规和典型案例、先进事迹、保护知识的宣传结合起来，重点宣传保护古树名木的重要意义，保护管理古树名木的政策、法律、法规，普及关于保护古树名木的知识。让保护古树名木家喻户晓、深入人心，不断提高广大干部群众对保护古树名木重要性的认识。同时，对为古树名木养护管理作出贡献者给予奖励，对破坏古树名木造成损失者也必须依法查究。

要充分利用各种媒体宣传古树保护的意义，切实提高干部和群众的保护意识，使保护古树成为人们的自觉行动。主要措施如下：

（1）利用传统媒体宣传。运用电视、广播、报纸等媒体进行宣传，如在这类媒体上开辟古树名木宣传专栏，内容包括古树名木趣谈、保护常识等。对古树名木保护的动态、破坏古树名木的行为等给予及时报道，引起全社会的关注，使其起到舆论监督作用。[9]

（2）利用网络媒体宣传。信息高速公路的建立和电脑的不断普及，为古树名木保护通过互联网进行宣传奠定了基础。可在网上开设古树名木保护的网页，通过互联网传播关于古树保护的知识。

（3）现场展示宣传。可以在公园、广场等公众场所通过开展专题咨询、举办讲座等方式进行宣传，也可利用古树的围栏、铭牌进行宣传，还可通过民间组织开展宣传。

古树名木是活的文物，保护好古树名木对于开展文化科学研究有重要的意义。古树名木保护规划要在现状调查分析的基础上，充分体现古树名木特有的历史价值、文化价值、科学价值及生态价值。[10]要加强宣传教育，全面提高全社会保护古树的意识；加强立法工作，不断完善古树名木的保护条例；加大执法的力度，使古树名木得到依法保护。要积极开展古树名木保护的基础工作及对养护管理技术的研究，制定古树名木管理养护的技术规程，建立合理、科学、系统的保护管理体系，使之与梅州历史文化名城的地位及建设生态城市的目标相适应。[11]

4.2.2 加强对古树的科学研究

为了有效地保存现有古树，必须在现有调查研究的基础上，开展对古树的生理生态学及病虫害防治的研究，加强对古树的监测和保护工作，了解其濒危原因及灭绝规律。对所有的古树名木进行彻底普查，进一步完善档案信息管理系统。古树名木的档案应该每五年更新一次，在原有资料的基础上，委托有关专业队伍及专家进行查漏、纠错，其内容包括品种、年龄、树高、胸径、冠幅、姿态、生长势、病虫害、土壤立地条件、地点、保护单位、照片资料，并要有每年生长情况的记录，真正做到“一树、一照、一卡”，并由全市统一编号、建档、挂牌，注明树种、科属、树龄、保护级别、管理单位、责任人。完善古树名木档案的信息管理系统，实行计算机动态管理。

4.2.3 采取措施，复壮枯残古树的树势

古树名木多因年老而树衰，如果管理不善极易感染病虫和受外界不良环境条件的影响而死亡。[12]对因立地条件较差、周围环境恶劣而树势衰弱但又有保护价值的，采用在树干周围施肥的措施，促进生长；对部分树干腐朽中空的，采用防腐填实措施；对有病虫感染的，应立即采取措施加强病虫害防治；对遭雷击、倾斜、重心不稳的，采取捆绑、固定和支撑措施；对路边易遭人为损坏的，采取砌花坛、围铁栅栏等措施加以保护。梅州市现今还没有专门机构管理古树名木，应尽快设立专门机构，配备管理人员，专职负责。

对古树名木的生长情况要进行细致的调查，确定保护的重点，对生势衰弱的古树名木，要分析原因，采取相应的养护复壮措施。[6]白蚁是危害古树名木最严重的一种害虫，主管部门应给予充分重视，组织专业队伍进行防治。各管理单位要对辖区内古树的受害情况进行监测，发现问题立即处理。封补树洞及树枝截面，设立统一的铭牌，采取建立支撑、引气根落地、适地施肥、对较高的古树加装避雷针等综合技术措施。

树冠边缘外 3 米范围内为保护范围，在树干边缘 5 米范围内设置保护措施。古树周围的违章建筑应予拆除，扩大绿地面积；若绿地面积无法达到标准，可在地面铺设透气材料；而对于立即拆除有实际困难的情况，要

考虑采取补救措施。为使这一工作得以顺利进行，除了保证必要的经费外，园林绿化部门与相关的执法部门也要紧密配合。

4.2.4　大力培育后备资源

大树是古树名木的重要后备资源，现在的大树就是将来的古树。因此在保护好现有古树名木的同时，还要大力培育后备资源。一是划定一部分50年以上的珍贵树种、稀有植物，或树形奇特、有科学价值和纪念价值的大树或树群作为后备资源，有意识地进行培育。如梅州市将树龄为80年的树木划为市三级保护古树。二是在古树名木资源贫乏的地方，选择当地生长旺盛、寿命长、价值高的优良树木，将之培育成古树，并发动群众栽植长生树。三是大力开展造纪念林、植纪念树的活动，并从中选择一部分具有历史意义的纪念林、纪念树进行重点培育，扩大古树名木资源总量。[13]

4.2.5　理顺体制，建立科学合理的古树名木管理体系

建议建立如下管理体制：从城维费拨出补贴专款—园林科具体负责监管落实—各管理单位负责管理。组建保护古树名木的专业队伍，进行必要的人员培训；在适当的时机组织专家对古树进行复查和核实，对在册而未确定学名的古树进行科学鉴定，对漏查未入册的古树名木进行核实登记，为报市政府颁令保护提供依据。

参考文献

[1] 李爱英，邓鉴锋．浅议广东省古树名木的保护与管理［J］．中南林业调查规划，2004，23（2）：23～25.

[2] 刘东明，王发国，陈红锋等．香港古树名木的调查及保护问题［J］．生态环境，2008，17（4）：1560～1565.

[3] 王宗．梅州城区古树名木保护规划研究［J］．科技资讯，2008（18）：100～101.

[4] 傅立国．中国高等植物［M］．青岛：青岛出版社，2005.

[5] 何梅华，丘波．梅州市区古树名木的调查研究［A］．中国植物学会．中国植物学会七十五周年年会论文摘要汇编（1933—2008）［G］．兰州：兰州大学出版社．353～354.

[6] 薛彪，陆德孝．古树名木与保护性研究［J］．安徽林业，2008（4）：28.

[7] 王洪波，杨铁东．浅谈古树名木生长不良的原因和保护措施［J］．华东森林经理，2005，19（2）：27～29.

[8] 叶建兴，杨胜先．海口市古树名木现状及其保护对策［J］．中国城市林业，2007，5（1）：49～51.

[9] 刘剑．浅探古树名木保护及养护管理［J］．农业科技与信息（现代园林），2008（7）：88～90.

[10] 吴学芬，张辽川．古树名木现状与保护对策［J］．中国林业，2009（4）：45.

[11] 吴先基，蓝学政，颜少华等．平远县古树资源调查初报［J］．广东林业科技，2006，22（1）：44～47.

[12] 周芳．浅谈古树名木的衰老和保护［J］．国土绿化，2006（6）：14.

[13] 冯志坚，李镇魁，李秉滔等．广东省珍稀濒危植物和国家重点保护野生植物［J］．华南农业大学学报，2002，23（3）：24～27.

附表1　梅江古树名木调查表（长沙镇）

编号	树种名	别名	地点	树围（厘米）	树高（米）	冠幅（厘米）	年龄（年）	数量（株）
1	阿丁枫	蕈树	大密村十一社油湖里屋对门	275	22	23	150	4
2	阿丁枫	蕈树	大密村十一社油湖里	280	23	30	150	1
3	阿丁枫	蕈树	大密村十一社油湖里	330	28	28	150	1
4	阿丁枫	蕈树	大密村十一社油湖里	245	21	19	150	6
5	红椎	赤椽	大密村十一社油湖里	242	22	20.5	130	3
6	阿丁枫	蕈树	大密村十一社油湖里控下	336	26	25	150	2
7	阿丁枫	蕈树	大密村十一社下樟坑猪坑口	225	23	22	120	1
8	木荷	荷树	大密村十二社上樟坑黄屋背	245	19	18	130	2
9	阿丁枫	蕈树	大密村十二社上樟坑阙屋背	290	21	20.5	130	6
10	阿丁枫	蕈树	大密村十三社猴母坑	215	21	20.5	110	1
11	阿丁枫	蕈树	大密村十三社猴母坑	260	22	21	130	4
12	阿丁枫	蕈树	大密村十三社猴母坑	285	23	24	150	1
13	樟树	香樟	大密村十三社刘禾畲	318	23	20	150	1
14	枳椇	笔九树	大密村十三社刘禾畲	213	20	22	120	2
15	枫香	枫树	大密村十三社刘禾畲	251	23	24	120	2
16	木荷	荷树	大密村十三社刘禾畲	247	22	22	140	3
17	阿丁枫	蕈树	大密村十三社刘禾畲	224	20.5	22	130	1
18	阿丁枫	蕈树	大密村十三社刘禾畲	285	22	21	150	2
19	阿丁枫	蕈树	大密村十三社刘禾畲	260	23	24	120	1
20	罗浮栲	白椽	大密村十四社点灯凹	260	19	21	120	1
21	阿丁枫	蕈树	大密村十五社下埕邓屋背	250	25	26	130	3
22	枫香	枫树	大密村十五社下埕邓屋背	220	25	16	130	1
23	红椎	赤椽	大密村十五社下埕邓屋背	235	25	21	130	4
24	阿丁枫	蕈树	大密村十五社下埕邓屋背	252	23	20	130	1
25	阿丁枫	蕈树	大密村十五社下埕邓屋背	283	25	24	150	1
26	木荷	荷树	大密村十五社黄惊湖	253	23	24	130	2
27	红椎	赤椽	大密村十五社黄惊湖	265	19	18	130	1
28	罗浮栲	白椽	大密村十六社黄屋背	120	21	265	23	2
29	阿丁枫	蕈树	大密村十六社学堂背	130	21	280	22	2

（续上表）

编号	树种名	别名	地点	树围（厘米）	树高（米）	冠幅（厘米）	年龄（年）	数量（株）
30	阿丁枫	蕈树	大密村十六社邓屋背	125	19	243	19	6
31	罗浮栲	白椽	大密村十六社邓屋背	120	195	275	21	3
32	红椎	赤椽	大密村十六社邓屋背	120	21	245	19	4
33	藜蒴	牛包衣	大密村十六社邓屋背	120	18	215	20.5	2
34	木荷	荷树	大密村十六社邓屋背	120	19	238	16	4
35	红椎	赤椽	大密村十六社邓屋背	130	21	240	17	4
36	罗浮栲	白椽	大密村十六社邓屋背	115	19	223	19	3
37	阿丁枫	蕈树	大密村十六社邓屋背	110	19	197	18	3
38	红椎	赤椽	大密村十六社邓屋背	130	22	265	23	1
39	阿丁枫	蕈树	大密村十七社杨石祭下	130	21	251	20	1
40	马尾松	松树	小密村大坑二社杨梅湖	212	23	18	120	1
41	木荷	荷树	小密村大坑二社杨梅湖	232	21	20.5	120	1
42	阿丁枫	蕈树	小密村大坑二社杨梅湖	260	19.5	19.5	120	1
43	马尾松	松树	小密村大坑三社松光洞	203	19	17	110	1
44	阿丁枫	蕈树	小密村大坑六社老虎坪	253	20.5	21	130	1
45	阿丁枫	蕈树	小密村大坑八社高南竹坪	321	19.5	19.5	130	1
46	阿丁枫	蕈树	上陈村上村溜湖顶	223	19	22	140	2
47	阿丁枫	蕈树	上陈村上村溜湖顶	326	23	24	140	1
48	阿丁枫	蕈树	上陈村上村溜湖顶	265	23	21	140	1
49	木荷	荷树	上陈村上村溜湖顶	265	20.5	22	130	2
50	罗浮栲	白椽	上陈村上村溜湖顶	223	22	20	120	1
51	红椎	赤椽	上陈村上村溜湖顶	286	17.3	19.5	150	1
52	红椎	赤椽	上陈村上村溜湖顶	330	23	19.5	150	1
53	马尾松	松树	上陈村上村溜湖顶	243	16.5	17.5	120	1
54	马尾松	松树	上陈村上村观音埂	208	20.5	19.5	150	2
55	马尾松	松树	上陈村上村公王埂	205	28	18	130	2
56	阿丁枫	蕈树	上陈村中村神埂脚下	320	25	21	160	2
57	木荷	荷树	上陈村中村江屋坑口	260	20.5	16.5	130	4
58	马尾松	松树	上陈村中村江屋坑口	225	23	19	130	4

（续上表）

编号	树种名	别名	地点	树围（厘米）	树高（米）	冠幅（厘米）	年龄（年）	数量（株）
59	枳椇	笔九树	上陈村中村江屋坑口	235	25	21	130	1
60	阿丁枫	蕈树	上陈村中村江屋坑口	247	22	24	130	1
61	枫香	枫树	上陈村下村黄泥坑江屋	241	22.5	23	120	1
62	马尾松	松树	上陈村下村黄泥坑江屋	212	23	20.5	120	1
63	枫香	枫树	上陈村下村黄泥坑熊屋	272	26	27	110	2
64	阿丁枫	蕈树	上陈村上罗双门路	262	23	38	120	1
65	马尾松	松树	上陈村上罗双门路	251	19.5	26	120	1
66	枫香	枫树	上陈村上罗徐郑	280	25	24	130	1
67	木荷	荷树	上陈村上罗刘蓝坳背	220	22	25	110	1
68	马尾松	松树	上陈村上罗兰林	180	21.5	25	105	1
69	细叶榕	榕树	上陈村上罗搂在	532	21	38	150	1
70	木荷	荷树	下罗宴坑严屋背	241	23	23	150	1
71	木荷	荷树	澄滩村滩下一社岭下祖屋背	243	25	22.5	130	1
72	龙眼树	桂圆	澄滩村滩下四队高埂上	185	15	21.5	105	1
73	龙眼树	桂圆	澄滩村滩下四队高埂上	212	15	20.5	130	1
74	橄榄树	白榄	澄滩村滩下四队	210	25	19	120	1
75	樟树	香樟	澄滩村上排	287	16	16	140	1
76	木荷	荷树	澄滩村上排	245	23	26.5	150	1
77	枫香	枫树	澄滩村上排	273	21	28	120	1
78	樟树	香樟	澄滩村墩下	325	19	40.5	140	1
79	木荷	荷树	澄滩村墩下	226	23	22.5	120	1
80	细叶榕	榕树	长沙村社井头石子塘	537	10.5	37.5	200	1
81	细叶榕	榕树	长沙村下黄洞江屋	520	23	27	180	1
82	橄榄树	白榄	井头村荷树排	220	25	19	120	1
83	枫香	枫树	井头村荷树排	326	28	36	160	1
合计								149

附表2　梅江古树名木调查表（城北镇）

编号	树种名	别名	地点	树围（厘米）	树高（米）	冠幅（厘米）	年龄（年）	数量（株）
1	罗浮栲	白橼	玉西村黄竹堂祖屋背	215	14.5	5.8	100	35
2	细叶榕	榕树	玉水村一社菱角塘	685	8	22	100	1
3	桂花树	月桂	玉水村玉水小学	205	8.5	6.5	100	1
4	秋枫	常绿重阳木	玉水村玉水小学	210	11.5	9.5	100	1
5	油板栗	栗子	玉水村二社下角屋	330	8	8	100	2
6	油板栗	栗子	玉水村二社下角屋	280	7.5	6	100	3
7	橄榄树	白榄	玉水村二社下角屋	220	11	7.5	100	2
8	枫香	枫树	玉水村二社富板塘	210	15	4.5	100	1
9	广东刺柊	凿子树	玉水村二社富板塘	220	13	8.5	100	2
10	红鳞蒲桃	中叶赤楠	玉水村二社富板塘	185	12	5	100	1
11	罗浮栲	白橼	玉水村二社连塘尾	225	15.5	4.5	100	3
12	罗浮栲	白橼	玉水村二社连塘尾	140	15	4.5	100	5
13	罗浮栲	白橼	玉水村二社上水坑	175	13	5	100	3
14	潺槁树	青胶树	玉水村四社上水坑	205	13	5.5	100	3
15	细叶榕	榕树	玉水村四社上水坑	805	18.5	27	100	1
16	朴树	青朴	玉水村四社低坡	190	8.5	6.5	100	1
17	枫香	枫树	玉水村四社低坡	240	13	7	100	1
18	枫香	枫树	玉水村六社丘屋背	350	25	7	100	1
19	马尾松	松树	玉水村六社竹子排	350	21	4.5	100	1
20	木棉树	英雄树	扎上村黎屋角	320	17	8.5	100	1
21	桂花	八月桂	扎上村灵鹫庙	185	9	8	200	1
22	细叶榕	榕树	扎下村十三社山子下	240	8.5	7.3	100	1
23	细叶榕	榕树	干才村仙审将军排	520	7	20	100	1

（续上表）

编号	树种名	别名	地点	树围（厘米）	树高（米）	冠幅（厘米）	年龄（年）	数量（株）
24	枳椇	笔九树	干才村仙审屋门口	145	8.5	4.5	100	1
25	枫香	枫树	干才村仙审屋门口	320	11	6	100	1
26	黑壳楠	青胶树	干才村仙审屋门口	235	13.5	6.5	100	3
27	香椿	山椿	干才村仙审屋门口	100	14	6	100	1
28	龙眼树	桂圆	干光村西桥黎屋背	200	7.5	6.2	100	1
29	马尾松	松树	群益村桃上凹背	220	16	4.5	100	1
30	白桂木	将军树	群益村桃下桃沅墩口	220	25	5.5	150	1
31	细叶榕	榕树	群益村桃下桃沅墩口	620	22	23	150	2
32	细叶榕	榕树	群益村桃下桃沅墩口	580	23	20	150	1
33	山牡惊	布惊树	群益村桃下桃沅墩口	185	8	10	150	1
34	豺皮樟	山樟	群益村桃下桃沅墩口	160	10	16	150	1
35	广东刺柊	凿子树	群益村桃下桃沅墩口	165	10	12	150	1
36	红鳞蒲桃	中叶赤楠	群益横溪	230	8	10	100	1
37	软夹红豆	花梨木	群益横溪	196	12	10	130	1
38	枫香	枫树	群益村桃下公王迹	180	10	8	100	1
39	细叶榕	榕树	群益村桃下百公前	650	24	25	100	1
40	细叶榕	榕树	黄明村第九社	470	11.5	11	100	1
41	马尾松	松树	三村老虎凹下	170	17.5	4.5	100	2
42	枫香	枫树	三村老虎凹下	210	15	8	100	3
43	石斑木	尖梅花	三村老虎凹下	180	8	6	100	1
44	马尾松	松树	岭上村跌马寨	220	6.5	4.5	100	1
45	细叶榕	榕树	岭上村刘屋百公亭	250	12.5	6.5	100	2
46	枫香	枫树	上村一社汀龙坑	205	13	3.8	100	2
47	细叶榕	榕树	上村一社汀龙坑	230	12	4.5	100	2
48	龙眼树	桂圆	中村陈屋背	140	7	2.8	100	1

（续上表）

编号	树种名	别名	地点	树围（厘米）	树高（米）	冠幅（厘米）	年龄（年）	数量（株）
49	龙眼树	桂圆	塔下六社龙眼树下	105	4.8	2.8	100	8
50	龙眼树	桂圆	黄留村镇政府内	170	7.5	4.5	100	1
51	细叶榕	榕树	黄留村镇政府侧	410	16	15.5	100	1
52	龙眼树	桂圆	黄留村镇政府侧林屋	190	8.5	6.5	100	1
53	柏树	扁柏	银营村银营小学内	195	8.5	4.8	100	2
54	桂花树	月桂	银营村银营小学内	185	7.5	5	100	1
55	枫香	枫树	银营村十社高排下	22.5	21	2.65	1	1
合计								121

附表3　梅江古树名木调查表（城区）

编号	树种名	别名	地　点	树围（厘米）	树高（米）	冠幅（米）	年龄（厘米）	数量（株）
1	细叶榕	榕树	市人民医院	670	28.5	27.8	100	1
2	白兰	白兰花	市人民医院	500	29	24.5	150	2
3	木棉	英雄树	市人民医院	200	37	12.5	100	1
4	大叶合欢	夜合树	市人民医院	230	25.5	21.2	100	1
5	细叶榕	榕树	学宫	350	23.7	22.4	250	1
6	秋枫	常绿重阳木	学宫	300	20.3	17	150	5
7	细叶榕	榕树	文化公园	250	12.3	8.5	100	2
8	苹婆	凤眼果	文化公园	520	18.8	23.3	150	2
9	梅花	春梅	文化公园	190	7.5	7.3	120	3
10	细叶榕	榕树	月梅村委会	310	14	45.2	150	1
11	梧桐树	青桐	广益中学	180	21.7	18	100	1
12	凤凰木	红花楹	广益中学	195	13.4	17	100	1
13	朴树	青朴	广益中学	190	18.7	20	100	2
14	细叶榕	榕树	市公路局	210	15	17	100	1
15	细叶榕	榕树	205国道西山村	210	18	15	120	1
16	细叶榕	榕树	狮子浪口	350	9	8	100	1

（续上表）

编号	树种名	别名	地　点	树围（厘米）	树高（米）	冠幅（米）	年龄（厘米）	数量（株）
17	细叶榕	榕树	梅江区政府	230	7	6.5	100	2
18	菩提榕	菩提树	金山蓝塘天字岌	553	22	26	100	1
19	樟树	香樟	金山蓝塘天字岌	160	9	6	100	2
20	米兰	米仔兰	金山蓝塘天字岌	60	3.8	4	100	1
21	海枣	伊拉克蜜枣	金山蓝塘天字岌	100	8	3	100	2
22	假槟榔	亚历山大椰子	金山蓝塘天字岌	65	12	2.5	100	7
23	猴子杉	猴犯愁	金山蓝塘天字岌	80	8	7	100	1
24	柏木	垂柏	金山蓝塘天字岌	90	11	8	100	1
25	罗汉松	罗汉杉	金山蓝塘天字岌	85	8	5.5	100	1
26	腊肠树	牛角树	金山蓝塘天字岌	95	7	6	100	1
27	菩提榕	菩提树	华侨中学	680	26.7	28.8	100	2
28	白兰	白兰花	华侨中学	110	11	8	100	1
29	白兰	白兰花	乐育中学	280	25.5	22.6	100	1
30	桂花	月桂	乐育中学	225	11.5	12.7	100	2
31	红花羊蹄甲	洋紫荆	乐育中学	220	15.1	15.5	100	1
32	木荷	荷树	金山街道办周溪村蓝塘	115	13	11	120	1
33	白兰	白兰花	梅州中学	110	10	7	100	1
34	木棉	英雄树	梅州中学	110	12	6.5	100	1
35	秋枫	常绿重阳木	梅州中学	215	20.6	12	150	4
36	夜合花	木莲	黄遵宪故居	40	3.7	2.3	100	2
37	木棉	英雄树	东山书院	225	18.37	13.5	150	3
38	柠檬桉	香桉	东山书院	310	38.7	22.7	100	4
39	大叶桉	蚊仔树	东山书院	280	37.7	18	100	1
40	木棉	英雄树	赤岌岗	150	15	8.5	100	1
41	秋枫	常绿重阳木	嘉应学院	120	11	8	100	3
42	大叶合欢	夜合树	嘉应学院	140	16	9	100	1
43	柚木	胭脂木	嘉应学院	100	13	7	100	2
44	土蜜树	逼迫子	嘉应桥头公园	125	13	14.7	100	2

（续上表）

编号	树种名	别名	地　点	树围（厘米）	树高（米）	冠幅（米）	年龄（厘米）	数量（株）
45	潺槁树	青胶树	嘉应桥头公园	180	13.5	14.5	100	2
46	朴树	青朴	嘉应桥头公园	240	17.2	19	100	1
47	大叶合欢	夜合树	江北公园路	230	16	11	100	1
48	樟树	香樟	五洲城汽车客运站	250	11	10	100	1
49	樟树	香樟	高级中学	215	20.5	25.5	100	2
50	海枣	伊拉克蜜枣	高级中学	125	12	8.5	100	1
51	柚木	胭脂树	城北会文学校	200	27.7	9.1	100	9
52	柠檬桉	香桉	城北会文学校	230	28.7	13	100	1
53	米兰	米仔兰	联合中学	110	8.7	8.6	100	2
54	柠檬桉	香桉	三角塘黄坭墩1号	100	11	7	100	1
55	木荷	木艾树	金山街道办黄坑村	100	14	9	110	1
56	枫树	枫香	金山蓝塘周溪河边	100	15	8	120	1
57	橄榄树	白榄	金山办金丰村祥云庵	100	18	8.5	100	2
58	枫树	枫香	金山办金丰村观音庵	100	20	12	120	3
59	木荷	荷树	金山办金丰村三姓	100	18	14	180	1
60	枫树	枫香	金山办金丰村三姓	100	21	10	140	1
61	红鳞蒲桃	红车木	金山办金丰村三姓	100	12	8	110	1
62	桂花	金桂	金山办金丰村三姓	100	13	9	100	1
63	大叶合欢	夜合树	金山办龙丰佛塔后路边	100	12	10	120	1
64	梅花	春梅	金丰村边潮塘	500	5	9	120	1
65	银杏	公孙树	金丰村边潮塘	500	20	8	200	1
66	细叶榕	榕树	剑英公园	400	14.5	17.5	110	3
67	苏铁	铁树	剑英公园	70	4	2	100	1
68	细叶榕	榕树	三角镇宫前村长冈小学	510	18.5	32	300	1
69	龙眼树	桂圆	三角镇中环路侯屋	150	12	8	100	1
70	细叶榕	榕树	江南团结路	450	21	18	150	1
71	木棉	英雄树	三角镇梅塘五队侯屋	820	45	40.5	150	1

（续上表）

编号	树种名	别名	地　点	树围（厘米）	树高（米）	冠幅（米）	年龄（厘米）	数量（株）
72	加拿利海枣	长叶刺葵	鸿都广场	315	11.5	7	100	2
73	梅花	春梅	三角镇客天下	90	4.5	4	100	1
74	桂花	月桂	三角镇客天下	80	5.5	2.5	100	2
75	樟树	香樟	江南老干局	100	12	7	100	1
76	乌柏	木梓	泮坑龙头嘴	100	12	6	120	1
77	木荷	木艾树	泮坑沙缺	100	15	8	130	2
78	檫木	桐梓树	泮坑一队透水塘	100	13	10	80	1
79	石斑木	尖梅花	泮坑一队透水塘	100	10	5	90	1
80	红鳞蒲桃	红车木	泮坑一队透水塘	100	10	6	50	1
81	台湾相思	台湾柳	泮坑水库	100	12	8	130	1
82	木荷	荷树	泮坑水库尾	100	18	8	150	1
83	白桂木	将军树	泮坑田子庵	100	15	11	120	1
合计								137

附表4　梅江区古树种类数量统计

序号	科	属	树种名	长沙	城北	城区	合计
01	苏铁科	苏铁属	苏铁	0	0	1	1
02	银杏科	银杏属	银杏	0	0	1	1
03	松科	松属	马尾松	14	5	0	19
04	罗汉松科	罗汉松属	罗汉松	0	0	1	1
05	南洋杉科	南洋杉属	猴子杉	0	0	1	1
06	柏科	柏木属	柏木	0	0	1	1
		侧柏属	侧柏	0	2	0	2
07	木兰科	含笑属	白兰	0	0	5	5
		木兰属	夜合花	0	0	2	2
08	樟科	樟属	樟树	3	0	6	9
		木姜子属	潺槁树	0	3	2	5
			豺皮樟	0	1	0	1
		檫木属	檫木	0	0	1	1
		山胡椒属	黑壳楠	0	3	0	3

（续上表）

序号	科	属	树种名	长沙	城北	城区	合计
09	大风子科	箣柊属	广东刺柊	0	3	0	3
10	金缕梅科	枫香属	枫香	9	11	4	24
		阿丁枫属	阿丁枫	59	0	0	59
11	榆科	朴属	朴树	0	1	3	4
12	桑科	榕属	细叶榕	3	14	16	33
			菩提榕	0	0	3	3
		波罗蜜属	白桂木	0	1	1	2
13	壳斗科	锥属	罗浮栲	10	46	0	56
			红椎	19	0	0	19
			藜蒴	2	0	0	2
		栗属	油栗	0	5	0	5
14	山茶科	木荷属	木荷	23	0	6	29
15	木棉科	木棉属	木棉	0	1	7	8
16	梧桐科	梧桐属	梧桐树	0	0	3	3
		苹婆属	苹婆	0	0	2	2
17	蔷薇科	李属	梅花	0	0	5	5
		石斑木属	石斑木	0	1	1	2
18	含羞草科	棋子豆属	大叶合欢	0	0	4	4
		金合欢属	台湾相思	0	0	1	1
19	苏木科	凤凰木属	凤凰木	0	0	1	1
		决明属	腊肠树	0	0	1	1
		羊蹄甲属	红花羊蹄甲	0	0	1	1
20	蝶形花科	红豆属	软荚红豆	0	1	0	1
21	楝科	米仔兰属	米兰	0	0	3	3
		香椿属	香椿	0	1	0	1
22	桃金娘科	桉属	柠檬桉	0	0	6	6
			大叶桉	0	0	1	1
		蒲桃属	红鳞蒲桃	0	2	2	4

（续上表）

序号	科	属	树种名	长沙	城北	城区	合计
23	大戟科	秋枫属	秋枫	0	0	13	13
		土蜜树属	土蜜树	0	0	2	2
		乌桕属	乌桕	0	0	1	1
24	鼠李科	枳椇属	枳椇	3	1	0	4
25	无患子科	龙眼属	龙眼树	2	12	1	15
26	马鞭草科	柚木属	柚木	0	0	11	11
		牡荆属	山牡荆	0	1	0	1
27	橄榄科	橄榄属	橄榄树	2	2	2	6
28	木犀科	女贞属	女贞	0	2	0	2
		木犀属	桂花	0	3	5	8
29	棕榈科	刺葵属	海枣	0	0	3	3
			加拿利海枣	0	0	2	2
		假槟榔属	假槟榔	0	0	7	7
合计	29	49	55	149	122	139	410

梅江流域陆栖脊椎动物物种多样性调查及保护对策

黄勋和，钟福生，李威娜

摘　要：本文以梅江流域陆栖脊椎动物为研究对象，开展对梅江流域陆栖脊椎动物多样性的调查，结果发现：陆栖脊椎动物共有4纲27目81科194属302种，其中两栖纲2目6科8属17种，爬行纲2目12科28属42种，鸟纲16目44科123属201种，哺乳纲7目19科35属42种。其中，国家一级保护动物4种，二级保护动物36种，CITES公约保护动物42种，还有一大批被列入《国家保护的有益的或者有重要经济、科学研究价值的陆生野生动物名录》，这些动物无论是对于当地人民生活质量的提高还是经济的发展都具有重要的意义。经过调查发现梅江流域陆栖脊椎动物两栖纲科的多样性指数为0.246 3，均匀性指数为0.087；爬行纲科的多样性指数为0.529 6，均匀性指数为0.141 7；鸟纲科的多样性指数为2.473 6，均匀性指数为0.466 4；哺乳纲科的多样性指数为0.648 1，均匀性指数为0.173 4。两栖纲属的多样性指数为0.270 3，均匀性指数为0.095 4；爬行纲属的多样性指数为0.738 5，均匀性指数为0.197 6；鸟纲属的多样性指数为3.354 7，多样性指数为0.632 6；哺乳纲属的多样性指数为0.775 8，多样性指数为0.207 6。

关键词：梅江流域　陆栖脊椎动物　物种多样性　调查　意义

1　前言

1.1　研究的背景及意义

1.1.1　研究的背景

独特的地理位置和相对优越的气候条件使中国成为世界上野生动物种类最多的国家之一，野生动物资源十分丰富，仅脊椎动物就有4 100多种，占世界总数的10%，其中中国特有种类也相当多，如大熊猫、金丝猴、扬子鳄、藏羚羊等。野生动物中有一类比较特殊的，主要生活在陆地，这些称为陆栖脊椎动物。生活在陆地上的人类与陆栖脊椎动物的关系非常密切，人类的活动比较容易影响到陆栖脊椎动物的生存与繁衍。近年来，人们过分追求经济的效益而忽略了环境的保护，如破坏生态环境、过度开发、乱砍滥伐以及环境污染等，以及部分人保护野生动物的意识不强，对野生动物进行过度的捕杀，导致大量野生动物灭绝，因此我国又是世界上濒危野生动物最多的国家之一。据不完全统计，世界上濒危的野生动物有640多种，而我国就达156种，约占世界濒危野生动物的1/4，如麋鹿、野马、豚鹿、高鼻羚羊等，这些大多都是陆栖脊椎动物。这说明我们在陆栖脊椎动物保护方面还是任重道远的。

可持续发展是一种注重长远发展的经济增长模式，是科学发展观的基本要求之一，而在发展中保护野生动物的生存是实现经济社会可持续发展的重要基础。构建和谐社会是中国发展的一个重要目标，其中和谐就包括人与自然和谐相处，而野生动物就是自然生态系统中的重要组成部分。野生动物又被称为“生活于野外的非家养动物”，其生存与发展关系到生态系统的平衡与稳定，伴随着人类社会的生存与发展，已成为人类生产、生活的一项重要战略资源，是事关社会经济可持续发展的重要生态资本。每一种陆栖脊椎动物都在生态系统中占有各自特定的地位，与生态系统中的其他生物和无机环境互为依赖，共同维持生态系统的平衡。因为它们主要生活在陆地，所以它们与人类的关系更加密切，更加容易受到人类的影响。一种陆栖脊椎动物的消失，有可能会使生物链断开而导致若干物种的灭绝，犹如多米诺骨牌效应一样，最终影响整个生态系统的平衡。某些陆栖脊椎动物的数量的改变，往往就是自然环境变化所致。陆栖脊椎动物资源遭到破坏会引起生态平衡的失调和环境的恶化，最终将危害到人类的生存。

野生动物、人类与无机环境等共同构成生态环境系统，这一系统正常协调地运转，是人类繁衍与发展的前提，保护野生动物资源，就是保护生物多样性，就是保护生态环境，从某种意义上来讲也就是保护人类自己。但是很多时候，人类为了追求经济利益的最大化而忽略了对大自然和野生动物的保护。人类的这些行为已经严重危害到了野生动物的生存，如何保护这些与我们关系密切的野生动物已经是一个迫在眉睫的问题。

1.1.2　研究的意义

野生动物保护事业的发展状况是当前世界衡量一个国家科学文化和精神文明程度的重要标志，也是国际文化交流和人类文明共同关注的一项重要内容，保护野生动物就是保护人类自己。由于环境的恶化，人类的乱捕滥猎，各种野生动物的生存正面临着各种各样的威胁。近 100 年来，物种灭绝的速度已超过了自然灭绝速度的 100 倍，现在每天都有 100 多种生物从地球上消失。我国也已经有 10 多种哺乳类动物灭绝，还有 20 多种珍稀动物濒临灭绝。而它们的灭绝会导致许多可被用于制造新药的物质从此消失，还会导致许多有助于农作物战胜恶劣气候的基因消失，甚至引起新的瘟疫，其造成的损失是我们永远也无法挽回的。因此，野生动植物的生存与保护问题，已成为当前环境保护中的一个十分重要的课题。

保护陆栖脊椎动物，有着十分深远的重要意义。首先，保护陆栖脊椎动物有维护生态平衡的功能。每种陆栖脊椎动物都是生态系统的组成部分，物种间通过食物链和食物网相互作用、相互依存。一旦食物链的某一环节出现问题，整个生态系统的平衡将有可能会受到严重影响。如无节制地猎捕蛇类和猛禽，将会导致森林和田间鼠害的猖獗；大规模捕杀蛙类，将会导致农田里害虫的增多；又如大量猎捕鸟类，致使食虫鸟类数量减少，导致松毛虫等森林和农作物虫害大面积发生，将会使森林资源和农业生产损失严重。其结果是给农林业造成巨大损失，而最重要的是生态失衡，其代价更是无法估量。

其次，保护陆栖脊椎动物还有促进经济发展，满足人民生活需要的功能。①药用价值。我国的传统医药学是在研究和利用野生动物的基础上发展起来的，而这些野生动物主要是陆栖脊椎动物，如虎骨、豹骨、犀牛角、麝香、穿山甲片、赛加羚羊角、熊胆粉、蛤蚧、眼镜蛇毒、蟾酥等。这些是中医药的重要原料，能起到治病救人的作用。②食用和衣用价值。我们的祖先在“茹毛饮血”的时代就是依靠采集或猎捕野生动植物来维持生计的。没有了野生动物就没有我们人类。即使到了 21 世纪的今天，许多动物依然是人们生活中常见的食用或衣用原料，如鹿肉、黄羊肉、紫貂皮、黄鼬皮、豹猫皮、水獭皮、藏羚羊绒、燕窝、飞龙、鸵肉、蛇干、蛇皮、蛇粉等，这些都离不开陆栖脊椎动物。单就蛇类而言，1997 年我国消耗各类活蛇约 9 000 吨，价值就达 4 亿元。③观赏价值。很多陆栖脊椎动物具有很高的观赏价值，特别是濒危动物，像老虎、狮子、大象、猴子等。正因为它们的稀少，所以人们更愿意去观赏它们。他们是动物园、森林公园、自然保护区或风景名胜区招揽游客的招牌，是马戏团表演的主角。通过驯养后，一些陆栖脊椎动物也可以供家庭养殖观赏，如猫、狗、龟和各种观赏鸟类等，可以起到一定的娱乐作用。除此以外，许多用动物骨骼、皮毛制作的工艺品，如象牙、河马牙雕刻而成的工艺品，都具有很高的艺术观赏价值。④潜在的开发价值。对于物种的价值，目前人们所了解到的仅仅是其极小的一部分。但是，如果物种在被人们认识之前就已经灭绝，那就更谈不上开发利用价值了。无疑，这对人类来说是极大的遗憾，对生物多样性保护而言也是一个大的损失，生物多样性的未知潜力正展现出一个不可估量，但肯定有很高价值的发展前景。随着科学技术的发展，各个物种的潜在价值将会逐渐被发现和认识。这些都是我国重要的基因库资源，有着重要的科学研究、经济和文化价值。⑤经济价值。现在很多地方已经开展了对陆栖脊椎动物进行驯养繁殖、经营利用的工作。野生动物是我国的一项巨大自然财富，每年不仅可以获得大量的野生动物肉类，还可以获得大量的野生动物毛皮和贵重的药材，如鹿茸、麝香。这些产品对改善人民生活和换取外汇都起到了重要作用。据介绍，宁波市的野生动物养殖单位 2003 年已经发展到了 54 家，虽受“非典”影响，但产值仍然接近亿元。野生动物养殖作为一项新兴的产业已成为效益林业新的经济增长点。⑥外交价值。我国特产动物大熊猫、金丝猴、东北虎等，既是世界级濒危动物，也是各国人民极为喜爱和渴望参观的珍稀动物。对外赠送或赴外展出这些动物，对提高中国知名度、发展国家间政经关系、促进文化交流、增进民间友谊、宣传我国濒危动物保护管理成就、开展濒危动物合作研究、筹集濒危动物保护经费等，可以发挥奇特的作用。⑦娱乐狩猎价值。1998 年我国批准对外狩猎，共捕获了 3 只羚牛、23 只盘羊、61 只猎隼、4 只白唇鹿、57 只岩羊、32 只藏原羚、2 只北山羊、1 只水鹿，共为国家筹集到濒危动物保护管理经费 1 170 万元，还调动了当地政府和老百姓保护濒危动物的积极性，有利于解决当地的扶贫济困问题。

1.2　国内外对于陆栖脊椎动物的研究现状

我国已组织开展全国性陆生野生动物资源调查，也针对生物多样性热点地区（如西南等地）开展了野生动物资源重点考察和多项濒危动物的专项资源调查，如调查大熊猫、金丝猴、长臂猿、白鳍豚等。物种濒危机制十分复杂，受多因素影响。我国学者从生态学、行为学、遗传学、景观生态学、繁殖生物学等多层次，探讨了生态及遗传等因素对濒危物种的影响，以揭示物种受威胁格局及濒危机制，取得了重要的成果。我国科学家提出了生态濒危物种与进化濒危物种的概念，发现过度利用是中国脊椎动物的最大威胁，有别于国际上广泛认为的栖息地破坏是生物多样性的最大威胁的观点。国内已经有较多学者在全国各地多处流域、保护区对陆栖脊椎动物的生物多样性进行调查研究。他们主要是在查阅相关文献资料的基础上对陆栖脊椎动物按目、科、种方式进行汇总整理，整理该区受保护动物的种类和数量，与全国或全省野生动物种类数进行比较和分析。还有研究该地区的陆栖脊椎动物的分布特点和人类活动对陆栖脊椎动物生存的影响，并在此基础上提出保护对策。如盛行军等人的研究表明，茶垭沟湿地两栖动物区系特点是种类多，区域性特有种多，分化剧烈，反映了横断山区是两栖动物分化中心和残遗中心的生物地理特征。时磊等对察布查尔县陆栖脊椎动物生物多样性的调查表明，人类的活动已经大大影响了当地生物的多样性，如过度放牧会使草场退化，牛羊践踏毁坏了地栖鸟类的巢穴，垦区开发直接侵占了荒漠草原鸟类的栖息地。直接捕杀和无节制的利用导致动物资源数量不断减少，甚至绝灭消失。瞿文元的研究表明，河南虽然是我国历史最悠久的农垦区，但随着人口的增加和近代工业、农业、交通运输等各项建设事业的发展以及森林砍伐、环境污染、自然环境和自然资源都发生了很大的变化，野生动物资源受到的影响尤为显著。虎在河南已灭绝，金钱豹和狼在太行山及桐柏山已濒危。

1.3　梅江流域陆栖脊椎动物的研究和保护现状

目前对梅江流域陆栖脊椎动物进行的调查研究还比较少，所能找到的相关文献不多，这次调查在一定程度上可以填补这方面的空白。调查发现梅江流域地处欠发达山区，植被较多，气候温暖潮湿，因此野生动物的生存和发展有得天独厚的区位优势。但是由于当地人民过分注重经济效益而忽略了对环境的保护，如大量砍伐森林、开山种粮、修建梯田等，且当地人民保护野生动物的意识不强，猎杀野生动物的现象时有发生。陆栖脊椎动物主要生活在野外的森林里，森林面积的减少将会直接导致这些陆栖脊椎动物的数目的减少。因为森林是动物生活的环境，为野生动物提供食物和栖息条件。而失去植被的山地，在亚热带暴风雨的冲刷之下，会引起严重的水土流失，这些都能危害野生动物的生存。梅江流域目前的动物资源受到严重破坏，尤其是大、中型兽类资源十分贫乏，有的甚至完全绝迹，如国家一类保护动物华南虎等。一些体形较大、经济价值较高的鸟类，因失去生存环境，种群数量普遍下降。为了摸清和保护梅州陆栖脊椎动物的资源，作者在导师前期工作的基础上，结合导师于2009年获得的广东省普通高校人文社会科学省市共建重点研究基地招标课题（编号：09KYKT01）、梅州市科技计划重点项目（编号：2009A23）的资助，于2009年8月至2011年5月对梅江流域陆栖脊椎动物的资源现状及保护对策甚至开发做一些探讨，从而为更好地保护梅江流域生物资源及生态环境提供科学依据。

2　研究地区概况

2.1　自然概况

梅江流域深处广东东北内陆，北纬 23°17′～25°16′，东经 115°22′～116°33′，北回归线穿越其间，地理位置偏僻，交通闭塞，是一个相对独立的地理单元。区内山地丘陵约占土地面积的 86.7%，台地平原仅占 12.4%，水面占 0.9%，素有“八山一水一分田”之称。流域总面积 14 061 平方千米，约占梅州市总面积的 88.3%（见图 1）。

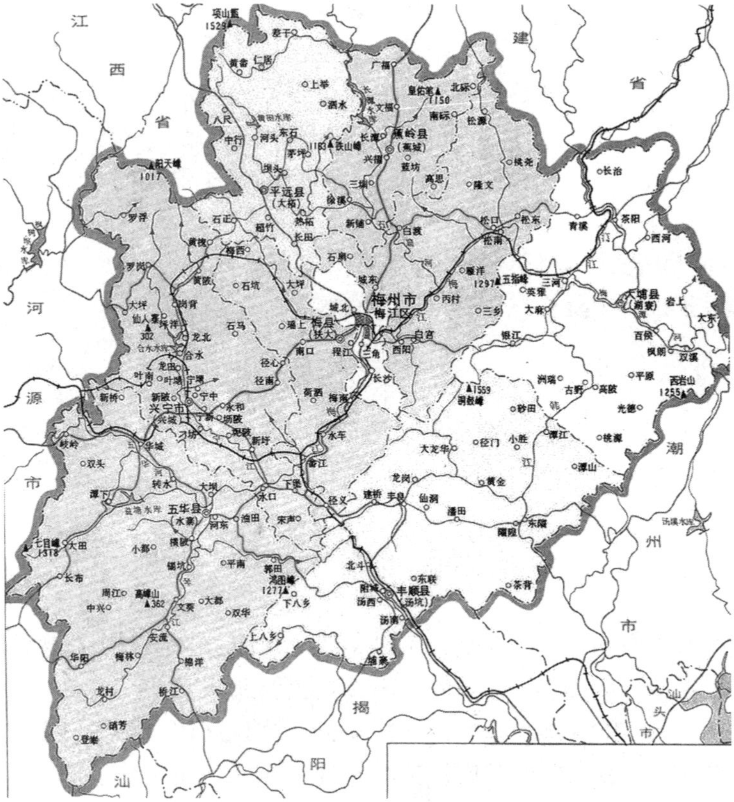

图 1　梅州市地图

2.1.1　地质地貌

梅江流域的地势呈山地丘陵广布，地势起伏较大，岭谷众多，串珠状盆地明显，降雨充沛，因而形成了以梅江为主干流的梳子状水系。流域大部分面积属韩江中上游流域，是韩江流域的主要组成部分。

梅江流域的地貌有台地、丘陵、山地、阶地和平原五大类地貌类型。山地面积占 24.3%；丘陵及台地、阶地面积占 56.6%；平原面积仅占 13.7%；河流和水库等水面积占 5.4%。梅州市的地质环境脆弱，花岗岩、变质岩、强风化区分布范围广，该套岩石抗风化能力较差，其风化所形成的地表土层厚，最厚的超过 50 米，土层风化程度高，含沙量大，黏性差，常风化崩解成碎块碎屑，易造成水土流失。

2.1.2 气候

梅江流域属亚热带季风气候区，是南亚热带和中亚热带气候区的过渡地带。年平均降雨日为 150 天左右，多年平均年降雨量为 1 483 ~ 1 798 毫米。梅江流域的气候属亚热带季风气候，是南亚热带和中亚热带气候区的过渡地带。其气候特点是夏日长、冬日短、气温高、冷热悬殊、光照充足、气流闭塞、雨水充沛且集中，年均气温为 21.13℃，7 月均温为 28.15℃，1 月均温为 11.12℃，年活动积温达 7 000℃，年降水量为 1 400 ~ 1 800 毫米，75% 以上的降雨量集中在 4 ~ 9 月，高温期与多雨期基本一致，形成春末夏初“雨热同步”的气候特征。

2.1.3 土壤

梅江流域地表面主要覆盖着深厚的花岗岩风化层，具有典型的粤东山区的土壤环境特点，大部分是红壤，如赤红壤，主要是由花岗岩发育形成的。

2.1.4 水文

梅江是韩江的主流，是梅州市最主要的河流，发源于广东省汕尾陆丰与河源紫金交界的乌突山七星岽，沿莲花山西北侧，自西南往东北流经五华、兴宁、梅县、大埔，全长为 307 千米，流域面积为 14 061 平方千米，河床比降为 0.4‰，多年平均径流深为 812 毫米，年平均径流量为 128.7 亿立方米。梅江在梅州境内有集雨面积为 10 888 平方千米，河长为 271 千米，具有饮用、发电、防洪、灌溉、游览和航运等功能，是粤东地区的重要河流，其沿岸有水寨、梅城、丙村、松口等较大的盆地平原。

梅江的汛期从每年 4 月开始，10 月结束。梅江的水沙主要来源于五华河和琴江。据广东省水文局梅州分局的资料显示，五华河的平均流量仅是琴江的16%，含沙量是琴江的3.2倍，输沙率是琴江的71.6%，它们的水量是梅江的60%，整个梅江的含沙量大于琴江却小于五华河。

2.1.5　生物资源

梅州境内野生动物种类繁多，经济价值较大的主要兽类和鸟类有200多种，两栖、爬行类动物有100种以上。梅州市境内已被记载的高等植物有231科874属2 268种。这些植物中，有材用、药用、油脂、芳香、蜜源、淀粉、果类、鞣料植物等，极富科研、实用和观赏等价值。

2.2　社会经济概况

2.2.1　行政区域

梅江流域地跨广东省河源市紫金县，以及梅州市五华县、兴宁市、梅县、梅江区、大埔县。梅江流域是梅州市最主要的水系。

2.2.2　人口与地方经济

在广东区域发展格局中属贫困地区的梅州，人均国内生产总值、经济增长速度都落后于广东的平均水平。当地人们的不合理活动，不仅造成环境破坏和恶性循环，而且打乱了资源的有序结构和地域分布，使丰富多样的自然资源被无序开发，在产业上表现为结构单一性和不合理性，其经济、生态和社会效益低下，严重制约了梅州区域经济发展。长期以来，农业在梅州的三大产业结构中居主导地位，工业发展严重滞后于全省平均水平，第三产业也明显落后于全省平均水平。人口约为480万（表1）。

表1　梅江流域内各区市县面积和人口（2008年）

行政区	面积（平方千米）	占全流域比例（%）	总人口（万）
紫金县	3 207	22.80	82
五华县	3 226	22.90	128
兴宁市	2 105	14.97	118
梅县	2 755	19.59	61
梅江区	298	2.12	32
大埔县	2 470	17.57	59
流域合计	14 061	100	480

3 研究方法

3.1 调查范围

对梅江流域的龙村、安流、横陂、水寨、合水、水口、畲江、梅南、长沙、梅城、西阳、丙村、雁洋、松口、蓬辣、三河 16 个典型位点（见图 2）的陆栖脊椎动物进行详细、系统的调查。

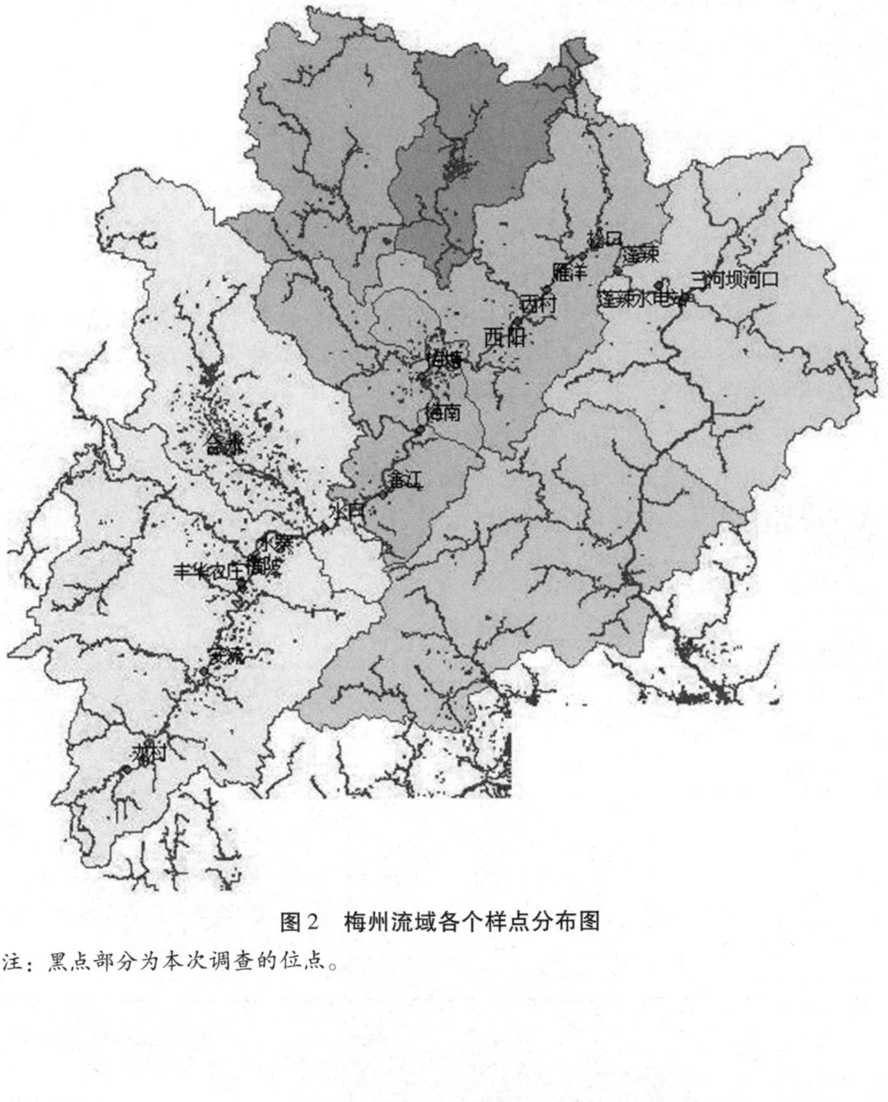

图 2 梅州流域各个样点分布图

注：黑点部分为本次调查的位点。

3.2　调查方法

（1）文献查阅法。通过查阅当地相关的权威性的文献资料，如报纸、期刊、论文，以及相关部门收集到的数据等，了解梅江流域的自然概况和掌握调查地区野生动物物种组成、分布和数量的历史资料，再根据地形图和林相图，进行选点调查。

（2）野外调查法。两栖爬行动物主要采用路线调查法调查数量，并捕捉少量标本鉴定。鸟类主要采用样线法和样点法调查，根据形态特点、羽毛颜色、活动姿势和鸣声等准确迅速地识别，同时应注意对鸟巢的调查，用高倍望远镜野外直接观察鉴别物种。野外调查小型兽类（主要是啮齿动物），以夹日调查为主，以洞口密度调查为辅；翼手目主要用网捕法，并记录生境特征；大型兽类主要通过样带法、痕迹鉴定法，沿样线穿越不同生境时，详细记录所见到的兽类活动遗留下来的痕迹（足迹、采食残迹、卧迹、粪便、毛发等）。

（3）走访调查访问法。主要是深入村寨访问当地的老猎手、护林员和党政干部，还深入集市，了解和调查商贩收购皮张的情况和种类。

3.3　数据统计方法

3.3.1　多样性指数

Shannon – Wiener 指数公式：

$$H = -\Sigma P_i \ln P_i$$

式中：H 为群落多样性指数；P_i 为样品中属于第 i 种的个体比例，即物种 i 的个体数与所有物种的总个体之比；ln 为自然对数。

3.3.2　均匀性指数

Pielou 指数公式：

$$E = H/H_{\max} = H/\ln S$$

式中：E 为均匀性指数，H 为实测群落的多样性指数值，H_{max} 为最大多样性指数值，S 为物种数。

3.3.3　数据处理方法和应用软件

所有调查数据利用 SPSS 17.0 和 Excel 软件进行统计、计算。

4　结果与讨论

4.1　梅江流域陆栖脊椎动物的组成

梅江流域的陆栖脊椎资源十分丰富，本次调查核实该流域共有陆栖脊椎动物 4 纲 27 目 81 科 194 属 302 种（见表 2）。其中两栖纲动物种类较少，约 17 种（见附表 1），分属 2 目 6 科 8 属，约占全国（274 种）的 6.2%，其中以蛙科种类较多；爬行纲有 42 种（见附表 2），分属 2 目 12 科 28 属，约占全国（376 种）的 11.2%；鸟纲有 201 种（见附表 3），分属 16 目 44 科 123 属，约占全国（1 186）的 16.9%；哺乳纲有 42 种（见附表 4），分属 7 目 19 科 35 属，约占全国（636 种）的 6.6%，其中啮齿目数目种类最多（见表 2）。

表 2　梅江流域陆栖脊椎动物分类统计

纲别	目数	科数	属数	种数
两栖纲	2	6	8	17
爬行纲	2	12	28	42
鸟纲	16	44	123	201
哺乳纲	7	19	35	42
合计	27	81	194	302

4.2　梅江流域陆栖脊椎动物多样性研究

通过 Shannon – Wiener 多样性指数公式和 Pielou 均匀性指数公式计算得出梅江流域陆栖脊椎动物科别、属别的多样性和均匀性指数（表 3）。

表 3　不同纲科别、属的多样性和均匀性指数比较

纲别	科 H 值	科 E 值	属 H 值	属 E 值
两栖纲	0.246 3	0.087	0.270 3	0.095 4
爬行纲	0.529 6	0.141 7	0.738 5	0.197 6
鸟纲	2.473 6	0.466 4	3.354 7	0.632 6
哺乳纲	0.648 1	0.173 4	0.775 8	0.207 6

从表3看出，无论是科还是属的多样性指数和均匀性指数，都是鸟纲的最大，由此可见鸟纲的科数和属数是最多的，而两栖纲的多样性指数和均匀性指数是最小的，因此两栖纲的科数和属数是最少的。

4.3　梅江流域重点保护陆栖脊椎动物特征描述

梅江流域的陆栖脊椎动物中列入国家一、二级重点保护动物的有40种，约占该流域陆栖脊椎动物的13.08%，其中国家一级保护动物4种，二级保护动物36种。鸟纲中受国家保护的动物最多，有26种，占全国的保护鸟类（183种）的14.21%，其中一级保护鸟类1种，二级保护鸟类25种。梅江流域列入CITES公约附录的动物有42种，列入附录Ⅰ的有7种，列入附录Ⅱ的有28种，列入附录Ⅲ的有7种（见表4）。当地人民的不合理活动造成了环境破坏及恶性循环，直接导致了物种的减少，甚至是一些国家重点保护动物，如国家一级保护动物华南虎已绝迹。一些体形较大、经济价值较高的动物，因失去生存环境，种群数量普遍下降。

表4　梅江流域珍稀陆栖脊椎动物名录

序号	种名	国家重点保护级别	CITES公约
1	虎纹蛙 *Hoplobatrachus tigerinus*	二	Ⅱ
2	大头平胸龟 *Platysternon megacephalum*		Ⅱ
3	乌龟 *Chinemys reeves ii*		Ⅲ
4	黄缘闭壳龟 *Cuora flavomarginata*		Ⅱ
5	大壁虎 *Gekko gecko*	二	
6	滑鼠蛇 *Ptyas mucosus*		Ⅱ
7	眼镜蛇 *Naja naja atra*		Ⅱ
8	蟒蛇 *Python molurus*	一	Ⅰ
9	花脸鸭 *Anas formosa*		Ⅱ
10	鸳鸯 *Aix galericula*	二	
11	鸢 *Milvus korschun*	二	Ⅱ
12	苍鹰 *Accipiter gentilis*	二	Ⅱ
13	雀鹰 *Accipiter nisus*	二	Ⅱ
14	松雀鹰 *Accipiter virgatus*	二	Ⅱ
15	普通鵟 *Buteo buteo*	二	Ⅱ

（续上表）

序号	种名	国家重点保护级别	CITES 公约
16	白尾鹞 *Circus cyaneus*	二	Ⅱ
17	白头鹞 *Circus aeruginosus*	二	Ⅱ
18	小隼 *Microhierax melanoleucos*	二	Ⅱ
19	游隼 *Falco peregrinus*	二	Ⅰ
20	燕隼 *Falco subbuteo*	二	Ⅱ
21	红脚隼 *Falco vespertinus*	二	Ⅱ
22	红隼 *Falco tinnunculus*	二	Ⅱ
23	白鹇 *Lophura nycthemera*	二	
24	黄腹角雉 *Tragopan caboti*	一	Ⅰ
25	褐翅鸦鹃 *Centropus sinensis*	二	
26	小鸦鹃 *Centropus bengalensis*	二	
27	草鸮 *Tyto capensis*	二	Ⅱ
28	红角鸮 *Otus scops*	二	Ⅱ
29	领角鸮 *Otus bakkamoena*	二	Ⅱ
30	毛脚鱼鸮 *Ketupa flavipes*	二	Ⅱ
31	领鸺鹠 *Glaucidium brodiei*	二	Ⅱ
32	斑头鸺鹠 *Glaucidium cuculoides*	二	Ⅱ
33	短耳鸮 *Asio flammeus*	二	Ⅱ
34	栗头蜂虎 *Merpos leschenauli*	二	
35	蓝翅八色鸫 *Pitta brachyura*	二	Ⅱ
36	黄鼬 *Mustela sibirica*		Ⅲ
37	黄腹鼬 *Mustela kathiah*		Ⅲ
38	青鼬 *Martes flavigula*	二	Ⅲ
39	水獭 *Lutra lutra*	二	Ⅰ
40	大灵猫 *Viverra zibetha*	二	Ⅲ
41	小灵猫 *Viverricula indica*	二	Ⅲ
42	花面狸 *Paguma larvata*		Ⅲ
43	云豹 *Neofelis nebulosa*	一	Ⅰ
44	金钱豹 *Panthera pardus*	一	Ⅱ

（续上表）

序号	种　名	国家重点保护级别	CITES 公约
45	原猫 *Catopuma temminck ii*	二	Ⅰ
46	豹猫 *Prionailurus bengalensis*		Ⅱ
47	獐 *Hydropotes inermis*	二	
48	水鹿 *Cervus unicolor*	二	
49	苏门羚 *Capricornis sumatraensis*	二	Ⅰ
50	穿山甲 *Malayan pangolin*	二	Ⅱ

注：一代表国家一级保护动物，二代表国家二级保护动物；Ⅰ、Ⅱ、Ⅲ代表 CITES 公约保护动物级别。

4.3.1　国家一级保护动物描述

（1）蟒蛇（*Python molurus*）属有鳞目，蟒科。蟒蛇是世界上蛇类品种中最大的一种，长 5～7 米，最大体重在 50～60 千克。分布于广东、海南、广西、云南、福建等省。

（2）黄腹角雉（*Tragopan caboti*）属鸡形目，雉科。黄腹角雉别名角鸡、吐绶鸟，是中国特有的一种鸟。全长 50 厘米（雌）至 65（雄）厘米。雄鸟上体栗褐色，满布具黑缘的淡黄色圆斑。头顶黑色，具黑色与栗红色羽冠。在树上筑巢，在粗大树干的凹窝处或水平枝杈基部以松针、枯叶、苔藓等编成简陋的皿状巢。其主要分布于浙江，在福建、广东、湖南亦有分布。

（3）云豹（*Neofelis nebulosa*）属食肉目，猫科。云豹具有褐黄色皮毛，特色是具有大而形状不一、深色边缘的色块。这些色块形状有些像云，这种独有的毛色形状使这种哺乳动物的学名和一般称谓相同。云豹白天休息，夜间活动。在国内分布于陕西、安徽、江西、贵州、四川、云南、西藏、福建、广东、广西、海南、湖南各省（自治区），以及台湾地区。

（4）金钱豹（*Panthera pardus*）属食肉目，猫科。颜色鲜艳，密布许多圆形或椭圆形黑褐色斑点或斑环和具有金黄色的毛皮，腹面白色，杂有

黑色斑点。在国内分布于广东、江西、湖南、福建等华南地区。

4.3.2 国家二级保护动物描述

（1）虎纹蛙（*Hoplobatrachus tigerinus*）属无尾目，蛙科。虎纹蛙皮肤极为粗糙，头部及体侧有深色不规则的斑纹。背部呈黄绿色略带棕色，有十几行纵向排列的肤棱，肤棱间散布小疣粒。在我国江苏、浙江、湖南、湖北、安徽、广东、广西、贵州、福建、台湾、云南、江西、海南、上海、河南、四川和陕西南部等地均有分布，在国外还见于南亚和东南亚一带。

（2）大壁虎（*Gekko gecko*）属有鳞目，壁虎科。大壁虎多栖息在悬崖峭壁的洞缝，个别也居住在树洞里。在亚洲主要分布于北回归线附近的亚热带地区。除中国有分布外，越南、泰国和老挝亦有分布。

（3）鸳鸯（*Aix galericula*）属雁形目，鸭科。鸳鸯又名乌仁哈钦、官鸭、匹鸟、邓木鸟，栖息于溪流、沼泽、湖泊等处；常见于阔叶树林环绕的沼泽、芦苇丛生的水面。白天常在水面中心处漂浮游荡，夜间常在阔叶树林中活动，晨昏常在水田和岸边的沼泽地活动，在中国东北繁殖，华南地区越冬，可见于中国东部各地。

（4）鸢（*Milvus korschun*）属隼形目，鹰科，又名“老鹰”。属于鹰科中一种小型的鹰，一般独来独往，常见于城镇、乡村附近，多在高树上筑巢。其主食为齿动物，有时也袭击家禽。中国分布几遍及各地，终年留居。

（5）苍鹰（*Accipiter gentilis*）隼形目，鹰科。苍鹰为森林猛禽，栖息于疏林、林缘和灌丛地带，次生林中也较常见。其栖息于不同海拔高度的针叶林、混交林和阔叶林等森林地带，也见于山地、平原和丘陵地带的疏林和小块

林内，是森林中的肉食性猛禽。其分布于北美洲、欧亚大陆，在中国的较多省份均有分布。

（6）雀鹰（*Accipiter nisus*）属隼形目，鹰科。栖息于茂密的针叶林和常绿阔叶林以及开阔的林缘疏林地带，冬季常到山脚和平原地带的小块丛林、竹园与河谷地带。该物种的模式产地在瑞典。其主要分布于欧洲、非洲北部、喜马拉雅山—横断山脉—岷山—秦岭—淮河以北的亚洲地区等，在中国西藏的东南部地区、中南半岛和中国的东南沿海地区均有分布。

（7）松雀鹰（*Accipiter virgatus*）属隼形目，鹰科。雀鹰通常栖息于海拔 2 800 米以下的山地针叶林、阔叶林和混交林中，冬季时则会到海拔较低的山区活动。性机警，人很难接近，常单独生活。喜在 6 ~ 13 米高的乔木上筑巢，以树枝编成皿状。其主要捕食鼠类、小鸟、昆虫等动物。该物种的模式产地在印度尼西亚爪哇，分布于中国南部、南亚和印尼。

（8）普通鵟（*Buteo buteo*）属隼形目，鹰科。栖息于山地森林和林缘地带，从海拔 400 米的山脚阔叶林到 2 000 米左右的混交林和针叶林地带均有分布，以各种鼠类为食，也吃蛙、蜥蜴、蛇、野兔、小鸟和大型昆虫等。其在我国分布较广。

（9）白尾鹞（*Circus cyaneus*）属隼形目，鹰科。白尾鹞栖息于平原和低山丘陵地带，尤其是平原上的湖泊、沼泽、河谷、草原、荒野以及低山、林间沼泽和草地，农田、沿海沼泽和芦苇塘等开阔地区。其主要分布于非洲、古北界、印度、中国北部及小巽他群岛。

（10）白头鹞（*Circus aeruginosus*）属隼形目，鹰科。常见于沼泽中的芦苇丛，分布于北非、欧洲（除不列颠群岛外）、亚洲。该物种的模式产地在瑞典。

（11）小隼（*Microhierax melanoleucos*）属隼形目，隼科。小隼通常栖息于森林、河谷的开阔地带，包括稻田，常立于无遮掩的树枝上。特别喜欢在溪流旁的低山地区活动。其主要以各种昆虫为食，也能捕捉小型鸟兽。小隼繁殖时将卵产于树洞中。在中国大陆，分布于江苏、安徽、江西、福建、广东、广西、贵州、云南等地，多见于平原或有树的低山以及筑巢于树洞。该物种的模式产地在印度阿萨姆。

（12）游隼（*Falco peregrinus*）属隼形目，隼科。游隼栖息于山地、丘陵、荒漠、半荒漠、海岸、旷野、草原、河流、沼泽与湖泊沿岸地带，也到开阔的农田、耕地和村屯附近活动。多见于秦岭—淮河以北的亚洲地区。

（13）燕隼（*Falco subbuteo*）属隼形目，隼科。其多栖息于林地和其中的空地以及稀树草原或牧场，捕食小鸟和大型昆虫。该物种的模式产地在瑞典。其主要分布于中国的北京、河北、山西、内蒙古、辽宁、吉林、黑龙江、上海、福建、江西、山东、湖北、湖南、广东、广西、四川、贵州、云南、西藏、陕西、甘肃、青海、宁夏、新疆、香港地区。

（14）红脚隼（*Falco vespertinus*）属隼形目，隼科。其多见于有少量树木覆盖的开阔的平原。该物种的模式产地在俄罗斯。在我国几乎遍及全国各地，其中在黑龙江、吉林、辽宁、北京、天津、河北、山东、山西、内蒙古、甘肃、宁夏、陕西、四川等地为夏候鸟，在上海、浙江、贵州为旅鸟，在云南为冬候鸟。

（15）红隼（*Falco tinnunculus*）属隼形目，隼科。其一般栖息于林地、草原、有零星树木的牧场、

海岸等，筑巢于悬崖、树木以及旧建筑或废墟的墙上。该物种的模式产地在瑞典。在我国主要分布于北京、河北、山西、内蒙古、辽宁、吉林、黑龙江、上海、浙江、安徽、福建、江西、山东、河南、湖北、广东、广西、海南、四川、贵州、云南、西藏、陕西、甘肃、青海、宁夏、新疆、台湾、香港地区。

（16）白鹇（*Lophura nycthemera*）属鸡形目，雉科。其主要栖息地是中国南方与东南亚地区的中海拔森林，不擅飞行，多在地表结群活动，夜晚栖息于树枝上。它广布于中国南部各省。

（17）褐翅鸦鹃（*Centropus sinensis*）属鹃形目，杜鹃科。其一般栖息于低山坡、平原村边的灌木丛、竹丛、芒草丛、芦苇丛中，以及有水源的地方。在我国分布于浙江、江苏、江西、福建、湖南、广西、广东、云南、贵州、海南等地。

（18）小鸦鹃（*Centropus bengalensis*）属鹃形目，杜鹃科。其栖息于低山丘陵和开阔蚫山脚平原地带的灌丛、草丛、果园和次生林中，常单独或成对活动。在我国分布于安徽、云南、贵州、广东、广西、香港、海南、福建、台湾、河南等地。

（19）草鸮（*Tyto capensis*）属鸮形目，草鸮科。其常见于山坡草地或空旷草原。该物种的模式产地在非洲南部好望角。在我国主要分布于长江流域及其以南的广大地区，如安徽、浙江、江西、湖南、福建、广东、广西、贵州、云南等。

（20）红角鸮（*Otus scops*）属鸮形目，鸱鸮科。其一般生活于靠近水源的河谷森林里以及阔叶树上。该物种的模式产地在意大利。昼伏夜出，主要食物为昆虫；啼声响亮，在繁殖时期常彻夜不休；营巢于树洞中。在我国分布于新疆、甘肃、内蒙古、黑龙江、吉林、辽宁、河北、陕西、河南、江苏、安徽、浙江、福建、广东、广西、四川、云南和台湾等地。

（21）领角鸮（*Otus bakkamoena*）属鸮形目，鸱鸮科。夜间活动，松散的翅膀边缘使它飞行快速无声，会站在显眼的地方，好奇心强，并不怕人。领角鸮有6个亚种分布于我国境内，其中东北亚种除了在上海为旅鸟，以及偶见于重庆外，在其他地区（北京、天津、河北、辽宁、吉林、黑龙江、上海、山东、四川、陕西等）均为留鸟。华南亚种在上海、江苏、浙江、安徽、福建、河南、湖南、广东、广西、四川、贵州、云南等地为留鸟。

（22）毛脚鱼鸮（*Ketupa flavipes*）属鸮形目，鸱鸮科。其栖于山林，常到溪流边捕食，嗜食鱼类，也吃蟹、蛙、蜥蜴和雉类。昼夜活动，白天也能捕食，常在枝叶茂密的大树上停息，直到黄昏才活跃起来，受到惊扰时不轻易飞走，能发出深沉的呼呼声，或“mi—mi—”的猫叫声。其主要分布于我国的东部、中部和南部，见于浙江杭州、临海、温州，江苏南京，安徽，陕西南部，湖北神农架，甘肃文县，四川万源、城口和雷波，贵州遵义、江口以及广东沿海和台湾。

（23）领鸺鹠（*Glaucidium brodiei*）属鸮形目，鸱鸮科。领鸺鹠栖息于山地森林和林缘灌丛地带，除繁殖期外都是单独活动。其主要在白天活动，中午也能在阳光下自由地飞翔和觅食。在我国分布于上海、江苏、浙江、安徽、福建、江西、河南、湖北、湖南、广东、广西、海南、四川、贵州、云南、陕西、甘肃和台湾等地。

（24）斑头鸺鹠（*Glaucidium cuculoides*）属鸮形目，鸱鸮科。斑头鸺鹠为留鸟，栖息于从平原、低山丘陵到海拔2 000米左右的中山地带的阔叶林、混交林、次生林和林缘灌丛，也出现于村寨和农田附近的疏林和树上。其主要以蝗虫、甲虫、螳螂、蝉、蟋蟀、蚂蚁、蜻蜓、毛虫等各种昆虫和其幼虫为食，也吃鼠类、小鸟、蚯蚓、蛙和蜥蜴等动物。在我国分布于上海、江苏、浙江、安徽、福建、江西、山东、河南、湖

北、湖南、广东、广西、四川、重庆、贵州、云南、陕西、甘肃、云南、西藏、海南等地。

（25）短耳鸮（*Asio flammeus*）属鸮形目，鸱鸮科。短耳鸮与一般的鸮类不同，常能在白昼看见，但是在阳光下飞行不稳定。夜间多食田鼠，白天多食昆虫。大多数为冬候鸟或旅鸟，少数为留鸟。在我国繁殖于内蒙古东部、黑龙江和辽宁，越冬时几乎见于全国各地。

（26）栗头蜂虎（*Merpos leschenauli*）属佛法僧目，蜂虎科。其生活于林区，常见从几只到二三十只的群体飞翔于林缘开阔地或河边阔叶林上空，有时栖息于树顶层的无叶枝丫或枯枝上、电线上，或逐只地或几只几只地飞出捕食飞虫。在我国分布于东南沿海地区、香港地区、海南岛以及太平洋诸岛屿，包括中国的台湾、东沙群岛、西沙群岛、中沙群岛、南沙群岛。

（27）蓝翅八色鸫（*Pitta brachyura*）属雀形目，八色鸫科。其多栖息于落叶林、常绿林以及雨林，主要以甲虫、白蚁、鳞翅目、鞘翅目的昆虫和蚯蚓、蜈蚣等小动物为食。该物种的模式产地在朝鲜。在中国分布于云南、安徽、河南、河北、福建、上海、台湾、海南、广东、广西等地。

（28）青鼬（*Martes flavigula*）属食肉目，鼬科。其生活在山地森林或丘陵地带，穴居在树洞及岩洞中，善于攀缘树木陡岩，行动敏捷，主要以啮齿动物、鸟、鸟卵、昆虫及野果为食，酷爱食蜂蜜，故称“蜜狗”。在我国分布于贵州、河南、四川、江苏、福建、浙江、湖北、江西、海南、黑龙江、广东、云南、广西、陕西、甘肃、吉林、湖南、安徽、山西、西藏、辽宁等地。

（29）水獭（*Lutra lutra*）属食肉目，鼬科。水獭是半水栖兽类，喜欢栖息在湖泊、河湾、

沼泽等淡水区。水獭的洞穴较浅，常位于水岸石缝底下或水边灌木丛中。在中国，水獭分布在黑龙江、吉林、辽宁、内蒙古东北部、河南、山西、陕西等地。

（30）大灵猫（*Viverra zibetha*）属食肉目，灵猫科。大灵猫俗名香猫、九江狸、九节狸、灵狸、麝香猫，生性机警，听觉和嗅觉都很灵敏，善于攀登树木，也善于游泳，为了捕获猎物经常涉入水中，但主要还是在地面上活动。在我国广布于热带与亚热带地区，包括甘肃南部、四川、陕西秦岭、安徽南部、浙江、福建、江西、湖北、湖南、广东、海南、广西、贵州、云南以及西藏东南部低海拔地区。

（31）小灵猫（*Viverricula indica*）属食肉目，灵猫科。其主要栖息于高山、森林、平原地区，杂食性。其肛门腺体的分泌物叫作“灵猫香”，是香料工业的重要原料和贵重的中药材。在我国主要分布于上海、江苏、浙江、安徽、福建、江西、湖北、湖南、广东、广西、海南、四川、贵州、云南、西藏、陕西、台湾、香港地区。

（32）原猫（*Catopuma temminckii*）属食肉目，猫科。其喜欢栖息于山岩之间的森林中，在落叶林、亚热带常绿阔叶林及热带雨林里都能见到原猫的身影。原猫偶尔也会出现在相对开阔的地带。在国内分布于秦岭南坡、甘肃舟曲以南、河南伏牛山地及南坡丘陵、安徽大别山以南、四川、湖北、湖南、江西、浙江、广东、广西、贵州、云南，以及西藏南部及东南部的朗县、波密、察隅、定日、昌都等县。

（33）獐（*Hydropotes inermis*）属偶蹄目，鹿科。獐生活于山地草坡灌丛、草坡中，不上高山，喜欢在河岸、湖边等潮湿地或沼泽地的芦苇丛中生活。其常栖息于河岸、湖边、湖中心草滩、海滩芦苇或茅草丛生的环境，也生活在低丘和海岛林缘草灌丛处。其主要分布于中国长江沿岸以及朝鲜。

（34）水鹿（*Cervus unicolor*）属偶蹄目，鹿科。其喜群居，生活在热

带草原、热带森林和高原。在早晨、傍晚和夜晚活动，白天休息。其喜欢在水边觅食，喜欢泡在水中，而且喜欢游泳，故名“水鹿”。在中国主要分布于青海、西藏、四川、贵州、云南、江西、湖南、广西、广东、海南、台湾等地区。

（35）苏门羚（*Capricornis sumatraensis*）属偶蹄目，牛科。其栖于海拔 3 500 米以下的森林茂密、多岩石的山区，以杂草及植物的枝叶为食。其足蹄短而结实，适于在岩石上行走。其喜好单独或成对生活，多晨昏活动，常宿于陡岩底下。秋末交配，初夏产仔。国内的主要分布范围是我国西北的秦岭和青海的湟水河谷一带。

（36）穿山甲（*Malayan pangolin*）属鳞甲目，穿山甲科。其多在山麓地带的草丛中或丘陵杂灌丛较潮湿的地方挖穴而居。昼伏夜出，遇敌时则蜷缩成球状。在国内主要分布于江苏、浙江、安徽、江西、贵州、四川、云南、福建、广东、广西、海南、湖南，以及台湾本岛中低海拔之山麓至海拔 1 000 米左右的山区。

5　梅江流域陆栖脊椎动物保护现状及对策

5.1　梅江流域陆栖脊椎动物保护现状

梅江流域地处山区，有得天独厚的自然条件，陆栖脊椎动物资源相对丰富，但是长期以来对其保护的忽视和其他一些不合理活动，造成了环境破坏和恶性循环，最终导致了当地野生动物的品种和数量减少，野生动物的多样性已受到严重威胁，很多种类的陆栖脊椎动物已是非常罕见。由于当地人民过分追求经济效益，开山伐林，破坏植被，植被长期遭受严重破坏，导致动植物种类不断减少。据有关资料统计，梅州现有植物资源 1 084 种，隶属于 182 科 598 属，与同属山区的韶关市（186 科 787 属1 610种）相比较，各项种属指标明显偏低。植物的减少直接导致动物生存空间的减小，最终导致野生动物资源减少。

但是梅州政府也在保护野生动物方面做出了巨大的努力。梅州政府依托丰富生物资源适度开展生态旅游，持续利用自然资源，建成了53个自然保护区，由环保林业部门联手监管。广东省梅州市近年来认真贯彻自然保护区条例，提出“生态梅州”发展战略，凭借丰富的生物资源建设自然保护区，改善环境质量，实现资源保护与经济发展的双赢。梅州市重视自然保护区的机构建设，落实管理人员和经费。各级林业部门设立了自然保护区管理科（股），自然保护区也建立了相应的管理机构，设立自然保护管理站（处）29个、管理人员200多人，其中专业技术人员80多人。各自然保护区划定了范围、界线，设立了界碑。

梅州市成立了市级自然保护区评审委员会，建立了评审专家库，制定了评审工作制度、程序及评审标准，规范了市级自然保护区的审批、晋级程序，规定凡是没有解决总体规划、机构编制、建设经费问题的新建自然保护区一律不列入晋级程序。

各级林业、环保等部门既分工又合作，联手监管自然保护区，每年开展“野生动物宣传月”、“爱鸟周”等活动，并组织执法检查，将查获的国家一、二级保护动物放归自然保护区。环保部门严格执行环评和“三同时”制度，对涉及自然保护区的开发建设项目严格把关审批，使其符合自然保护区功能要求，对严重危及自然保护区的项目不予批准建设。

在严格保护自然保护区的同时，积极开展科研工作，掌握生物资源变化情况。

5.2 梅江流域陆栖脊椎动物保护存在的问题

尽管近年来当地政府在保护陆栖脊椎动物、贯彻《野生动物保护法》方面做了大量工作，也取得了一定成效，但仍存在着不足，主要表现在：①梅江流域地处欠发达地区，当地百姓的环境保护和陆栖脊椎动物保护意识不强，他们缺乏关于野生动物的知识，认为梅江流域地处山区，地广人稀，草木茂密，捕杀一些动物不会影响到野生动物的生存和繁衍，更不会认为这是危害人类的行为，因而见怪不怪。而像野猪等陆栖脊椎动物，会危害和损毁粮食作物，对当地农业造成一定的危害，甚至会对人畜生命安全造成威胁，因此更加剧了猎杀这部分陆栖脊椎动物的现象。近年来，吃野味成为一种时尚，而那些野味也是以陆栖脊椎动物为主，如蛇、穿山甲、各种鸟类等，导致市场上对陆栖脊椎动物的需求量较大，特别是在沿海地区发达的大城市，那里经营野生动物已具普遍性。巨大的利益致使犯罪分子铤而走险，导致非法猎捕，经营鸟、蛇、蛙等野生动物的现象时有发生。②环境污染严重。“八山一水一分地”的梅州，耕地资源相对较少，化肥就成为提高土地生产力、增加粮食产量的一个重要途径。而青蛙、麻雀等有益动物被大量猎杀，导致农田间害虫因为缺少天敌而繁殖快速，危害农作物的生长，那么只能用农药来控制，但是化肥、农药利用率低，流失率高，流失的化肥和农药会对环境和陆栖脊椎动物造成危害。梅州作为珠三角劳动密集型产业的转移地之一，追逐经济利益的企业和追求经济发展的梅州政府往往会忽视环境污染问题，这些最终也会危害到陆栖脊椎动物的生存。③执法工作没有日常化、广泛化，热一阵，冷一阵，给不法分子有可乘之机，以罚代法、有法难依、执法不严或放弃法定职责的现象时有发生。④动物保护作为一项公益性、专业性、技术性很强的工作，需要大量的资金和专门的人才，在实际工作中缺乏专门的野生动物保护、研究机构和相关的设备、资金和人员，这给野生动物保护和开发的科研工作带来了很大的困难。如果不对野生动物资源进行全面、细致、准确的调查，无法准确取得现有动物资源详细情况及可开发利用的翔实的证据材料，那就更谈不上保护和开发了。⑤经济类野生动物的繁养工作开展得不够，对山区经济的发展没有起到很好的推动作用。饲养经济野生动物基本上也是以陆栖脊椎动物为主，能为当地人民实现“双赢”，野生动物驯养繁殖产业开发利用的用途有工艺制品、观赏、食用、药用、毛皮制革、科研等多种途径。野生动物驯养繁殖业，不但可以满足市场需求，也能更好地保护野生动物资源，减轻对野生动物资源的利用压力。

5.3　梅江流域陆栖脊椎动物保护对策

保护野生动物对维护区域生态平衡起着重要的作用，因此，野生动物保护不应该再是被动消极的保护，而是要积极主动，要付出挽救与持续利用相结合，挽救与恢复重建相结合的积极行动。此举小则涉及一个地区持续发展，大则关系到全球生态系统维持，所以各级政府、社会各界必须重视和联合起来保护野生动物。而陆栖脊椎动物更是与人类生活、生产息息相关，是人类的宝贵资源，梅江流域有着丰富的陆栖脊椎动物资源，但由于上述各种现状的综合作用，正在逐渐地减少，有些珍稀动物种类正在走向绝迹或已经灭亡。为保护梅江流域陆栖脊椎动物资源，同时也为了保护环境，维持生态平衡，应对梅江流域陆栖脊椎动物资源进行详细深入调查，然后提出若干建议和对策。

5.3.1　加大宣传力度，加强民众保护陆栖脊椎动物的意识

现在很多老百姓，特别是偏远农村的老百姓，不理解甚至不知道国家

保护陆栖脊椎动物的政策法规，加之有某些陆栖脊椎动物损坏庄稼及对人畜造成伤害，因而对保护这些野生动物心存疑虑，甚至感到不满，若他们不理解保护野生动物的意义，他们就难有自觉的保护行动。要让他们理解保护陆栖脊椎动物的意义，必须先要加大宣传力度，提高全民素质，强化环保意识，普及相关法规。通过多种渠道，如在社区和中小学校进行野生动物保护的宣传工作，让所有的人都知道《野生动物保护法》，能自觉保护野生动物，特别是儿童，因为纯正的童心更能唤起人们保护野生动物的热情。同时也要大力宣传食用野生动物的危害，让人们知道，其实野生动物并不是真的那么有营养，野生动物体内也是有很多病毒的，比如果子狸就是传播“非典”病毒的“主凶”等，这样能起到很好的震慑作用。除此以外还要加强科普宣传教育，普及野生动物知识。

5.3.2　建立补偿制度，完善补偿机制

单靠宣传还是不够的，要激起人们保护陆栖脊椎动物的热情还需要一套好的补偿制度，毕竟保护陆栖脊椎动物在一定程度上会对当地人们的生活和生产造成一些影响，比如说野猪会毁坏农作物，某些鸟类嗜食谷物等。要让人们自觉地去保护这些野生动物，必须要让他们在保护这些野生动物过程中的损失得到国家的补偿，不然人们特别是广大农民保护陆栖脊椎动物的热情将大大减少，这一点在梅江流域这种相对贫困的地方尤为突出。因此国家必须制定相关的补偿标准，使补偿机制规范化、法制化、制度化，这样才能充分调动广大群众保护陆栖脊椎动物的积极性。

5.3.3　加强执法，打击猎杀贩卖野生动物的行为

当前以盈利为目的的乱捕、滥猎、贩运、宰食野生动物事件时有发生。因此森林公安要加强对陆栖脊椎动物生活的范围进行巡查，从源头上杜绝猎杀野生动物的行为；工商部门应该加强对市场的调查，捣毁贩卖野生动物的市场，执法部门要加强执法，做到有法必依，执法必严，违法必究。积极开展专项治理工作，严厉打击猎杀贩卖野生动物资源的违法犯罪行为。除此以外，还要严格把关野生动物经营证件、狩猎证的发放。

5.3.4　改善生态环境，优化栖息环境

陆栖脊椎动物资源之所以减少，某些种类濒临绝迹的状况，除了源于人类的乱捕滥猎外，还归咎于以下两点：①环境的破坏。大量砍伐森林，开山种粮，修建大量梯田等行为，都会大大减小陆栖脊椎动物生存的空

间。②环境的污染。污水和固体废物都能对陆栖脊椎动物的生存构成危害。改善陆栖脊椎动物的生态环境，优化它们的栖息场所，恢复陆栖脊椎动物原本的生活环境就是一个很好的方法。所以严格控制污染，大量植树造林，提高森林覆盖率，这样才能改善动物生存环境并为它们提供充足的生存空间。

5.3.5　建立野生动物保护研究机构

实践证明，搞好野生动植物保护管理工作，没有一支专业队伍是不行的。保护野生动物是一种生态性、公益性、社会性和专业性很强的工作，所以必须要由大批富有爱心的专业人员来完成。目前，我们对梅江流域陆栖脊椎动物保护的研究还远远不够，所以当地政府要加强相关的投入，引进相关的人才和设备，对该地区的陆栖脊椎动物开展研究工作，提供保护策略。政府要设立野生动植物保护管理站，乡镇、保护区要设立野生动植物保护管理站，配备专职人员；形成野生动物保护网络体系，使野生动植物保护工作逐步走上正规化、规模化、法制化的轨道；利用这些研究保护机构开展对梅江流域现有陆栖脊椎动物资源的详细普查，编制野生动物志及本土检索表，有利于了解野生动物品种迁徙、数量变化，以及其与环境变化的关系，特别是要对动物受威胁的情况进行研究，如选取有代表性的自然保护区和珍稀出没点进行调查，研究其行为生态等，深入探索保护和发展的途径。除此以外，还要加强对该流域有重要经济价值的陆栖脊椎动物的研究，为繁殖经济类野生动物提供智力支持。

5.3.6　加强经济动物繁殖饲养工作

近年来，许多地区和农民为满足社会对具有特殊用途的动物产品的需求，对一些经济价值较高的野生动物进行人工规模化养殖，正在形成一个被称为“特种经济动物养殖”的新产业。而梅江流域的陆栖脊椎动物资源中，有许多动物是被列入《国家保护的有益的或者有重要经济、科学研究价值的陆生野生动物名录》的，当中有很多种类都是有开发价值的。梅江流域地处山区，农民较多，政府如果能积极引导农民开展驯养繁殖野生动物的工作，不但可以保护种群资源，又可以创造社会和经济效益，一举两得，实现“双赢”。取得经验后再推广，以满足各方面日益增长的要求。

5.3.7　筹集资金、加大资金投入力度

野生动物保护，包括陆栖脊椎动物保护的工作，是一项公益性的活

动，必须要有一定的资金作为支持，因此国家、政府在这方面要起到主导的作用。所以，当地政府要把野生动植物保护事业列入国民经济和社会发展计划，给予必要的财政支持。除此以外，还要积极拓宽筹资渠道，鼓励社会各界踊跃捐助，广泛开展国际合作和交流，为野生动植物保护事业的发展争取更多的资金。

5.3.8 制订保护区总体规划

保护陆栖脊椎动物非朝夕之功，因此当地政府应该根据当地的实际情况，制订该地区动物保护的总体规划，以“全面规划，积极保护，科学管理，永续利用”为总方针，以资源和生物多样性保护为前提，以科学研究为手段，以国家的法律法规和政策为依据，积极保护好自然生物资源。

6 结论

陆栖脊椎动物既是自然生态环境的重要组成部分，又是国家宝贵的自然资源，对维护生态平衡、发展经济、开展科学研究都具有重要意义。通过这次调查，基本弄清了梅江流域陆栖脊椎动物的概况，包括国家保护动物、CITES 保护动物的数量等。这些动物的生存一直受到人类的影响，同时它们也不断地影响人类的生存，陆栖脊椎动物数目的减少在一定程度上代表着环境的恶化和变迁，也反映着当地人们的生活环境的恶化和变迁。陆栖脊椎动物是自然界不可或缺的组成部分，保护野生动物就是保护我们人类自己。

参考文献

[1] 曾昭文，李海军．肇东沿江湿地自然保护区脊椎动物物种多样性［J］．黑龙江科技信息，2009（24）：108～210.

[2] 雷红灵．恩施州野生动物资源现状及保护对策研究［J］．湖北民族学院学报（自然科学版），1999，17（2）：55～58.

[3] 赵翀．浅析我国野生动物保护现状及对策［J］．山西林业，2007（6）：4～5.

[4] 张东江．陕西省水生野生动物资源保护现状与对策分析［J］．中国水产，2007（12）：69～80.

[5] 王慧强．浅谈晋城市野生动物资源保护［J］．山西林业，2009（1）：61～65.

[6] 中国野生动物保护协会．保护野生动物的意义［EB/OL］. http：//www.forestry.gov.cn/portal/bhxh/s/711/content－94534.html，2008－04－20.

[7] 双农．论述野生动物资源及其价值与利用［EB/OL］. http：//www.shuangnong.com/a/d/tezhongyangzhi/2011/0302/16020.html，2011－03－02.

[8] 市农办．野生动物养殖业成为宁波市林业经济新的增长点［EB/OL］. http：//www.zjagri.gov.cn/programs/database/agriInformation/view.jsp?id＝72745，2004－10－11.

[9] 魏辅文，娄治平．中国野生动物保护研究现状［J］．中国科学院院刊，2010，25（6）：668～673.

[10] 盛行军，袁万军，张炎周．四川茶垭沟湿地陆栖脊椎动物区系分析［J］．四川林勘设计，2006，2（2）：22～33.

[11] 时磊，周永恒．察布查尔县陆栖脊椎动物生物多样性调查［J］．新疆农业大学学报，2004，27（3）：6～10.

[12] 瞿文元，王才安．河南省野生陆栖脊椎动物资源及其保护［J］．河南大学学报，1986（1）：55～57.

[13] 梁锦梅．梅州生态环境的历史变迁与经济可持续发展对策［J］．地理科学，2001，21（4）：381～383.

[14] 曾玲玉．梅州地质灾害特点及防治措施［J］．自然灾害学报，2009，18（2）：177～195.

[15] 廖富林，胡玉佳，杨期和等．广东梅州珍稀濒危植物资源与保护

[J]. 华南农业大学学报，2005，26（3）：77～81.
[16] 王良平，唐晓春. 粤东山地丘陵区水土流失治理中的植被工程措施研究 [J]. 水土保持通报，1999，19（2）：15～18.
[17] 储雪丹. 梅江水环境质量评价及污染控制方案研究 [J]. 广东水利水电，2009（6）：40～43.
[18] 黄文辉，任成均，陈志勇等. 梅江水沙特性变化分析 [J]. 人民珠江，2007（5）：37～38，45.
[19] 杨道德，黄文娟，陈武华. 江西武功山两栖爬行动物资源调查及评价 [J]. 四川动物，2006，25（2）：289～293.
[20] 李松，田应洲，陈红. 贵州省六盘水市双桥水库脊椎动物资源调查研究 [J]. 六盘水师范高等专科学校学报，2009，21（6）：1～6.
[21] 徐建全，彭秋芬. 依托丰富生物资源适度开展生态旅游　梅州可持续利用自然资源　建成53个自然保护区，环保林业部门联手监管 [EB/OL]. http://news.sina.com.cn/c/2007-08-22/101112429245s.shtml，2007-08-22.
[22] 董小丽. 星子县野生动物保护现状及对策研究 [J]. 现代农业科技，2010（4）：337～342.
[23] 荆彦，张炜尧. 本溪县野生动物资源现状及保护对策 [J]. 内蒙古林业调查设计，2009，32（3）：120～121.
[24] 崔海鸥，单宏臣. 北京松山国家级自然保护区脊椎动物区系初报 [J]. 四川动物，2006，25（4）：776～778.

附表 1　梅江流域两栖动物名录

目别	科别	种类
有尾目	蝾螈科	肥螈 *Pachytriton brevipes*
无尾目	蟾蜍科	黑眶蟾 *Duttaphrynus melanostictus*
	雨蛙科	中国雨蛙 *Hyla chinensis*
		华南雨蛙 *Hyla simplex*
	蛙科	牛蛙 *Rana catesbeiana*
		沼蛙 *Hylarana guentheri*
		日本林蛙 *Rana japonica*
		泽蛙 *Fejervarya limnocharis*
		黑斑蛙 *Rana nigromaculata*
		棘胸蛙 *Quasipaa spinosa*
		虎纹蛙 *Hoplobatrachus tigerinus*
		华南湍蛙 *Amolops ricketti*
	树蛙科	大树蛙 *Rnacophorus dennysi*
		斑腿树 *Polypedates leucomystax*
	姬蛙科	小弧斑姬蛙 *Microhyla heymonsi*
		饰纹姬蛙 *Microhyla ornata*
		花姬蛙 *Microhyla pulchra*

附表 2　梅江流域爬行动物名录

目别	科别	种类
龟鳖目	平胸龟科	大头平胸龟 *Platysternon megacephalum*
	龟科	黄喉水龟 *Mauremys mutica*
	地龟科	乌龟 *Chinemys reevesii*
		黄缘闭壳龟 *Cuora flavomarginata*
	鳖科	中华鳖 *Pelodiscus sinensis*

（续上表）

目别	科别	种类
有鳞目	壁虎科	壁虎 *Gekko japonicus*
		大壁虎 *Gekko gecko*
		铅山壁虎 *Gekko hokouensis*
	石龙子科	石龙子 *Eumeces chinensis*
		蓝尾石龙子 *Eumeces elegans*
		铜蜓蜥 *Sphenomorphus indicus*
	蜥蜴科	北草蜥 *Takydromus septentrionalis*
		南草蜥 *Takydromus sexlineatus*
	蛇蜥科	脆蛇蜥 *Ophisaurus harti*
	游蛇科	钝头蛇 *Pareas chinensis*
		钝尾两头蛇 *Calamaria septentrionalis*
		黄链蛇 *Dinodon flavozonatum*
		赤链蛇 *Dinodon rufozonatum*
		王锦蛇 *Elaphe carinata*
		玉斑锦蛇 *Elaphe mandarina*
		黑眉锦蛇 *Elaphe taeniura*
		翠青蛇 *EuryPholis major*
		颈棱蛇 *Macropisthodon rudis*
		锈链游蛇 *Amphiesma craspedogaster*
		棕黑游蛇 *Amphiesma sauteri*
		草游蛇 *Amphiesma stolata*
		水赤链游蛇 *Sinonatrix annularis*
		乌游蛇 *Sinonatrix percarinata*
		渔游蛇 *Xenochrophis piscator*

（续上表）

目别	科别	种类
有鳞目	游蛇科	小头蛇 *Oligodon chinensis*
		灰鼠蛇 *Ptyas korros*
		滑鼠蛇 *Ptyas mucosus*
		黑头剑蛇 *Sibynophis chinensis*
		乌梢蛇 *Zaocys dhumnades*
		中国水蛇 *Enhydris chinensis*
	眼镜蛇科	银环蛇 *Bungarus multicinctus*
		丽纹蛇 *Calliophis macclellandi*
		眼镜蛇 *Naja naja*
	蝰科	尖吻蝮 *Deinagkistrodon acutus*
		烙铁 *Trimeresurus mangshanensis*
		竹叶青 *Trimeresurus gramineus*
	蟒科	蟒蛇 *Python molurus*

附表3　梅江流域鸟类名录

目别	科别	种类
鸊鷉目	鸊鷉科	小鸊鷉 *Tachybaptus ruficollis*
		凤头鸊鷉 *Podiceps cristatus*
鹈形目	鸬鹚科	鸬鹚 *Phalacrocorax carbo*
鹳形目	鹭科	苍鹭 *Ardea cinerea*
		草鹭 *Ardea purpurea*
		绿鹭 *Butorides striatus*
		池鹭 *Ardeola bacchus*
		牛背鹭 *Bubulcus ibis*
		大白鹭 *Ardea alba*
		中白鹭 *Egretta intermedia*
		白鹭 *Egretta garzetta*
		夜鹭 *Nycticorax nycticorax*
		黄斑苇鳽 *Ixobrychus sinensis*

（续上表）

目别	科别	种类
鹳形目	鹭科	紫背苇鳽 *Ixobrychus eurhythmus*
		栗苇鳽 *Ixobrychus cinnamomeus*
		黑鳽 *Dupetor flavicollis*
		大麻鳽 *Botaurus stellaris*
雁形目	鸭科	赤麻鸭 *Tadorna ferruginea*
		绿翅鸭 *Anas c. crecca*
		花脸鸭 *A. formosa*
		罗纹鸭 *A. falcata*
		绿头鸭 *A. p. platythynchos*
		斑嘴鸭 *A. poecilorhyncha zonorhyncha*
		赤颈鸭 *A. penelope*
		鸳鸯 *Aix galericulata*
		棉凫 *Nettabus c. coromandelianus*
隼形目	鹰科	鸢 *Milvus korschun*
		苍鹰 *Accipiter gentilis*
		雀鹰 *Accipiter nisus*
		松雀鹰 *Accipiter virgatus*
		普通鵟 *Buteo buteo*
		白尾鹞 *Circus cyaneus*
		白头鹞 *Circus aeruginosus*
	隼科	小隼 *Microhierax melanoleucos*
		游隼 *Falco peregrinus*
		燕隼 *Falco subbuteo*
		红脚隼 *Falco vespertinus*
		红隼 *Falco tinnunculus*
鸡形目	雉科	鹧鸪 *Francolinus pintadeanus*
		鹌鹑 *Coturnix coturnix*
		竹鸡 *Bambusicola thoracica*
		白鹇 *Lophura nycthemera*
		环颈雉 *Phasianus colchicus*
		黄腹角雉 *Tragopan caboti*

（续上表）

目别	科别	种类
鹤形目	秧鸡科	普通秧鸡 *Rallus aquaticus*
		小田鸡 *Porzana pusilla*
		红胸田鸡 *Porzana fusca*
		白胸苦恶鸟 *Amaurornis phoenicurus*
		董鸡 *Gallicrex cinerea*
		黑水鸡 *Gallinula chloropus*
		白骨顶 *Fulica atra*
鸻形目	水雉科	水雉 *Hydrophasianus chirurgus*
	彩鹬科	彩鹬 *Rostratula benghalensis*
	鸻科	凤头麦鸡 *Vanellus vanellus*
		灰头麦鸡 *Vanellus cinereus*
		灰斑鸻 *Pluvialis squatarola*
		金斑鸻 *Pluvialis dominica*
		剑鸻 *Charadrius hiaticula*
		金眶鸻 *Charadrius dubius*
		环颈鸻 *Charadrius alexandrinus*
	鹬科	白腰杓鹬 *Numenius arquata*
		红脚鹬 *Tringa totanus*
		青脚鹬 *Tringa nebularia*
		白腰草鹬 *Tringa ochropus*
		林鹬 *Tringa glareola*
		矶鹬 *Actitis hypoleucos*
		针尾沙锥 *Capella stenura*
		扇尾沙锥 *Capella gallinago*
		丘鹬 *Scolopax rusticola*
		长趾滨鹬 *Calidris subminuta*
		乌脚滨鹬 *Calidris temminckii*
		黑腹滨鹬 *Calidris alpina*
	反嘴鹬科	反嘴鹬 *Recurvirostra avosetta*
	燕鸻科	燕鸻 *Glareola maldivarum*

（续上表）

目别	科别	种类
鸥形目	鸥科	红嘴鸥 *Larus ridibundus*
		银鸥 *Larus argentatus*
		白翅浮鸥 *Chlidonias leucoptera*
鸽形目	鸠鸽科	山斑鸠 *Streptopelia orientalis*
		珠颈斑鸠 *Streptopelia chinensis*
		火斑鸠 *Streptopelia tranquebarica*
鹃形目	杜鹃科	红翅凤头鹃 *Clamator coromandus*
		鹰鹃 *Cuculus sparverioides*
		四声杜鹃 *Cuculus micropterus*
		褐翅鸦鹃 *Centropus s. sinensis*
		大杜鹃 *Cuculus canorus*
		中杜鹃 *Cuculus canorus*
		小鸦鹃 *C. toulou bengalensis*
鸮形目	草鸮科	草鸮 *Tyto capensis*
		红角鸮 *Otus scops*
		领角鸮 *Otus bakkamoena*
		毛脚鱼鸮 *Ketupa flavipes*
		领鸺鹠 *Glaucidium brodiei*
		斑头鸺鹠 *Glaucidium cuculoides*
		短耳鸮 *Asio flammeus*
夜鹰目	夜鹰科	普通夜鹰 *Caprimulgus indicus*
雨燕目	雨燕科	小白腰雨燕 *Apus affinis*
佛法僧目	翠鸟科	冠鱼狗 *Megaceryle lugubris*
		普通翠鸟 *Alcedo atthis*
		白胸翡翠 *Halcyon smyrnensis*
		蓝翡翠 *Halcyon pileata*
	蜂虎科	栗头蜂虎 *Merpos leschenauli*
	佛法僧科	三宝鸟 *Eurystomus orientalis*
	戴胜科	戴胜 *Upupa epops*

（续上表）

目别	科别	种类
鴷形目	啄木鸟科	蚁䴕 *Jynx torquilla*
		姬啄木鸟 *Picumnus innominatus*
		黑枕绿啄木鸟 *Picus canus*
		斑啄木鸟 *Dendrocopos major*
		星头啄木鸟 *Picoides canicapillus*
雀形目	八色鸫科	蓝翅八色鸫 *Pitta brachyura*
	百灵科	小云雀 *Alauda gulgula*
	燕科	家燕 *Hirundo rustica*
		金腰燕 *Hirundo daurica*
	鹡鸰科	山鹡鸰 *Dendronanthus indicus*
		黄鹡鸰 *Motacilla flava*
		灰鹡鸰 *Motacilla cinerea*
		白鹡鸰 *Motacilla alba*
		田鹨 *Anthus rufulus*
		树鹨 *Anthus hodgsoni*
		水鹨 *Anthus spinoletta*
	山椒鸟科	暗灰鹃鵙 *Coracina melaschistos*
		灰喉山椒鸟 *Pericrocotus solaris*
	鹎科	绿鹦嘴鹎 *Spizixos semitorques*
		红耳鹎 *Pycnonotus jocosus*
		白头鹎 *Pycnonotus sinensis*
		白喉红臀鹎 *P. aurigaster*
		绿翅短脚鹎 *Hypsipetes mcclellandii*
	伯劳科	红尾伯劳 *Lanius cristatus*
		棕背伯劳 *Lanius schach*
	黄鹂科	黑枕黄鹂 *Oriolus chinensis*
	卷尾科	黑卷尾 *Dicrurus macrocercus*
		灰卷尾 *Dicrurus leucophaeus*
		发冠卷尾 *Dicrurus hottentottus*

（续上表）

目别	科别	种类
雀形目	椋鸟科	灰背椋鸟 *Sturnus sinensis*
		北椋鸟 *Sturnus sturninus*
		丝光椋鸟 *Sturnus sericeus*
		灰椋鸟 *Sturnus cineraceus*
		八哥 *Acridotheres cristatellus*
	鸦科	松鸦 *Garrulus glandarius*
		红嘴蓝鹊 *Urociss aerythrorhyncha*
		喜鹊 *Pica pica*
		灰喜鹊 *Cyanopica cyana*
		大嘴乌鸦 *Corvus macrorhynchos*
		白颈鸦 *Corvus torquatus*
		白喉短翅鸫 *Brachypteryx leucophrys*
	鹟科	红点颏 *Luscinia calliope*
		红胁蓝尾鸲 *Tarsiger cyanurus*
		鹊鸲 *Copsychus saularis*
		北红尾鸲 *Phoenicurus auroreus*
		黑喉石䳭 *Saxicola torquata stejnegeri*
		红尾水鸲 *Rhyacornis fuliginosus*
		灰背燕尾 *Enicurus schistaceus*
		黑背燕尾 *Enicurus leschenaulti*
		蓝矶鸫 *Monticola solitarius*
		紫啸鸫 *Myophonus caeruleus*
		乌鸫 *Turdus merula*
		白腹鸫 *Turdus pallidus*
		斑鸫 *Turdus naumanni*
		小鳞鹛 *Pnoepyga pusilla*
		红头穗鹛 *Stachyris ruficeps*
		棕颈钩嘴鹛 *Ponatorhinus ruficollis styani*
		黑脸噪鹛 *Garrulax perspicillatus*
		画眉 *Leucodioptron canorus*

（续上表）

目别	科别	种类
雀形目	鹟科	白颊噪鹛 *Garrulax sannio*
		黄嘴鸦雀 *Paradoxornis flavirostris*
		棕头鸦雀 *Paradoxornis webbianus*
		灰头鸦雀 *Paradoxornis gularis*
		短翅树莺 *Cettia diphone*
		大苇莺 *Acrocephalus arundinaceus*
		芦莺 *Phragamaticola aedon pallas*
		褐柳莺 *Phylloscopus fuscatus*
		黄眉柳莺 *Phylloscopus inornatus*
		黄腰柳莺 *Phylloscopus proregulus*
		极北柳莺 *Phylloscopus proregulus*
		火尾缝叶莺 *Orthotomus sutorius*
		棕扇尾莺 *Cisticola juncidis*
		褐头鹪莺 *Prinia subflava*
		白喉林鹟 *Rhinomyias brunneata*
		乌鹟 *Muscicapa sibirica*
		斑胸鹟 *Muscicapa griseisticta*
		北灰鹟 *Muscicapa latirostris*
	山雀科	大山雀 *Parus major*
		黄颊山雀 *Parus spilonotus*
	长尾山雀科	红头长尾山雀 *Aegithalos concinnus*
	绣眼鸟科	暗绿绣眼 *Zosterops japonicus*
	麻雀科	树麻雀 *Passer montanus*
		山麻雀 *Passer rutilans*
	梅花雀科	白腰文鸟 *Lonchura striata*
		斑文鸟 *Lonchura punctulata*
		燕雀 *Fringilla montifringilla*
		金翅 *Carduelis sinica*
		普通朱雀 *Carpodacus erythrinus*

（续上表）

目别	科别	种类
雀形目	梅花雀科	黑头蜡嘴 *Eophona personata*
		黑尾蜡嘴 *Eophona migratoria*
		黄胸鹀 *Emberiza aureola*
		灰头鹀 *Emberiza spodocephala*
		三道眉草鹀 *Emberiza cioides*
		赤胸鹀 *Emberiza fucata*
		田鹀 *Emberiza rustica*
		小鹀 *Emberiza pusilla*
		黄眉鹀 *Emberiza chrysophrys*
		白眉鹀 *Emberiza tristrami*

附表 4　梅江流域哺乳动物名录

目别	科别	种类
食虫目	猬科	普通刺猬 *Erinaceus europaeus*
	鼩鼱科	灰麝鼩 *Crocidura attenuata*
		中麝鼩 *Crocidura russula*
翼手目	蝙蝠科	普通伏翼 *Pipistrellus abramus*
		蝙蝠 *Vespertilio murinus*
	菊头蝠科	大蹄蝠 *Hipposideros armiger*
食肉目	犬科	貉 *Nyctereutes procyonoides*
		狐 *Vulpes*
		黄鼬 *Mustela sibirica*
		黄腹鼬 *Mustela kathiah*
		青鼬 *Martes flavigula*
		鼬獾 *Melogale moschata*
		猪獾 *Arctonyx collaris*
		狗獾 *Meles meles*
		水獭 *Lutra lutra*

（续上表）

目别	科别	种类
食肉目	灵猫科	大灵猫 *Viverra zibetha*
		小灵猫 *Viverricula indica*
		花面狸 *Paguma larvata*
	獴科	食蟹獴 *Herpestes urva*
	猫科	云豹 *Neofelis nebulosa*
		金钱豹 *Panthera pardus*
		原猫 *Catopuma temminckii*
		豹猫 *Prionailurus bengalensis*
偶蹄目	猪科	野猪 *Sus scrofa*
	鹿科	獐 *Hydropotes inermis*
		小麂 *Muntiacus reevesi*
		赤麂 *Muntiacus muntjak*
		毛冠鹿 *Elaphodus cephalophus*
		水鹿 *Cervus unicolor*
	牛科	苏门羚 *Capricornis sumatraensis*
鳞甲目	穿山甲科	穿山甲 *Malayan pangolin*
啮齿目	松鼠科	赤腹松鼠 *Callosciurus erythraeus*
		花松鼠 *Tamiops swinhoei*
	豪猪科	豪猪 *Hystrix hodgsoni*
	鼹形鼠科	中华竹鼠 *Rhizomys sinensis*
		黑线姬鼠 *Apodemus agrarius*
		褐家鼠 *Rattus norvegicus*
		黑家鼠 *Rattus rattus*
		黄胸鼠 *Rattus flavipectus*
		小家鼠 *Mus musculus*
	海狸鼠科	海狸鼠 *Myocastor coypus*
兔形目	兔科	华南兔 *Lepus sinensis*

梅江流域鱼类资源现状调查与保护对策

温茹淑，郑清梅，黄勋和，钟福生

摘　要： 2009 年 12 月至 2010 年 5 月，采用实地调查、资料调查、走访调查等方法，对梅江流域开展鱼类资源调查研究，共记录鱼类 73 种，以鲤形目为主，占总种数的 67.12%，其中又以鲤科鱼类为最多（34 种），占鲤形目的 69.39%；其次是鲈形目（14 种）和鲇形目（7 种），分别占总种数的 19.18%、9.58%。此次调查采集到 21 种在《广东淡水鱼类志》梅江流域没有记录的鱼类。梅江鱼类可划分为热带平原、江河平原、中印山区、第三纪和北方平原五个鱼类区系复合体。同时，探讨了梅江流域鱼类资源的合理开发与保护对策。

关键词： 梅江　鱼类资源　调查

潘炯华[1]、李红敬[2]、李金平和郑慈英[3]对韩江水系鱼类资源及区系做过相关研究，但关于梅江流域鱼类资源及区系的专门调查研究较少。[1~4]本文在前期工作[5]的基础上，于 2009 年 12 月至 2010 年 5 月，对梅江流域的鱼类种类、资源状况进行了全面系统的调查，分析淡水鱼类区系划分与组成特点，探讨鱼类资源变动的原因，合理开发、保护鱼类资源的对策。采集到淡水鱼类 52 种，综合《广东淡水鱼类志》对梅江流域的记载，并参考前人的报道和采集，共计 73 种，隶属于 6 目 19 科 60 属。

1　梅江自然概况

梅江位于广东省东部，韩江上游，发源于广东省河源市紫金县的七星峒，沿莲花山由西南向东北方向流动。梅江水系河流众多，主要有五华河、琴江、宁江、程江、石窟河、松源河等，受地质构造作用和流水切割影响，梅江多数支流与主流大体成正交，构成梅江水系网格状的独特分布。梅江流域全长 307 千米，集水面积 14 061 平方千米，属亚热带季风气候，夏日长、冬日短，气温高、阳光充足、气流闭塞、雨水充沛、霜冻期短，年均无霜期306天，年平均气温21.2℃。河水含沙量高，透明度小；上游多峡，水流湍急，因而鱼类种类较少。[6]

2　材料与方法

2.1　实地调查

2.1.1　采集时间

2009年12月至2010年5月。

2.1.2　采集地点

按梅江流域水系的分布特点，按照典型性、代表性、准确性和可行性的原则，选择天然捕捞产量较高处、河流汇合处或湖泊进出水口处，从上游开始，设龙村、安流、横陂、水寨、大坝、水口、畲江、梅南、长沙、程江、梅城、西阳、丙村、雁洋、松南、三河16个采集点。

2.1.3　采集方法

鱼类标本的采集是进行鱼类资源研究的基础性工作。在每个采集点使用撒网、丝网等工具捕捞小型鱼类，联系当地渔民出河捕捞。在有渔业生产的地区，到菜市场、码头购买在当地河段捕获的鱼类。

2.2　资料调查

收集整理现有的历史资料，包括区域地图、水系分布、地形地貌、水文状况以及前人所记录和报道的鱼类种类及分布等资料。[7]

2.3　走访调查

在采集标本时，走访当地畜牧水产局、水利局、居民、渔民、市场上卖河鱼的商人等了解当地的鱼类资源状况。

2.4　标本制作

采集到标本后，用清水洗净黏附在鱼体上的泥沙和黏液等污物，并从口腔冲水，去除口腔内和鳃上的污物和黏液。对黏液丰富的鱼类用软刷从头至尾反复洗刷几次。标本在矫正体形后立即用10%的福尔马林溶液固定。对体形较大的标本，在固定前先用10%或浓度略高的福尔马林溶液作腹腔注射，有些大标本还需在背部肌肉处作适量注射。如标本的鳍条挤在一起，则在浸泡前在鳍下衬垫一些棉花，用镊子将鳍条拨至自然状态，再在鳍上喷洒浓福尔马林溶液，使鳍膜固定。[7]固定后的标本用5%的福尔马林溶液分装在标本瓶内保存。标本现存于嘉应学院生命科学学院标本室。

2.5 标本鉴定

标本的分类鉴定采用纳尔逊分类系统，并参考陈宜瑜等的《中国动物志硬骨鱼纲鲤形目（中卷）》[8]、乐佩琦等的《中国动物志硬骨鱼纲鲤形目（下卷）》[9]、褚新洛等的《中国动物志硬骨鱼纲鲇形目》[10]、中国水产科学院珠江水产研究所等的《广东淡水鱼类志》[11]、郑慈英等的《珠江鱼类志》[12]、广西壮族自治区水产研究所等的《广西淡水鱼类志》[13]、朱松泉的《中国淡水鱼类检索》[14]等国内权威出版物。

3 结果与讨论

3.1 鱼类资源统计

经过此次调查，并参考前人的报道和采集，共获得73种梅江流域水系鱼类（见下表），除日本鳗鲡为降河性洄游鱼类外，其余均为纯淡水鱼类，隶属于6目19科60属。

梅江流域淡水鱼类种类组成表

种类	分布	
	以往记录	本次调查
鳗鲡目 ANGUILLIFORMES		
鳗鲡科 Anguillidae		
1. 日本鳗鲡 *Anguilla japonica*		+
鲤形目 CYPRINIFORMES		
鲤科 Cyprinidae		

（续上表）

种类	分布	
	以往记录	本次调查
鲌亚科 Daioninae		
2. 拟细鲫 *Nicholsicypris normalis*		+
3. 宽鳍鱲 *Zacco platypus*	+	+
雅罗鱼亚科 Leuciscinae		
4. 赤眼鳟 *Spualiobarbus Curriculus*		+
5. 草鱼 *Ctenopharyngodon idellus*	+	+
6. 青鱼 *Mylopharyngodon piceus*	+	+
鲌亚科 Culterinae	+	
7. 青稍红鲌 *Erythroculter dabryi*		+
8. 海南红鲌 *Erythroculter pseudobrevicauda*		+
9. 南方拟餐 *Pseudohemiculter dispar*	+	+
10. 广东鲂 *Megalobrama hoffmanni*	+	+
11. 餐条 *Hemicculter Leuciclus*	+	+
12. 翘嘴红鲌 *Erythroculter ilishaeformis*	+	+
13. 银飘鱼 *Pseudolaubuca sinensis*	+	+
鲴亚科 Xenocyprininae	+	
14. 黄尾鲴 *Xenocypris davidi*		+
15. 银鲴 *Xenocypris argentea*		+
鲃亚科 Barbinae		
16. 温州光唇鱼 *Acrossocheilus wenchowensis*		+
17. 北江光唇鱼 *Acrossocheilus beijiangensis*		+
18. 台湾铲颌鱼 *Varicorhinus barbatulus*	+	
19. 光倒刺鲃 *Spinibarbus hollandi*		+
野鲮亚科 Labeoninae		
20. 鲮 *Cirrhina molitorella*		+
21. 东方墨头鱼 *Garra orientalis*		+
鮈亚科 Gobioninae		
22. 大刺骨 *Hemibarbus macracanthus*		+

（续上表）

种类	分布	
	以往记录	本次调查
23. 长吻骨 *Hemibarbus longirostris*		+
24. 麦穗鱼 *Pseudorasbora parva*	+	
25. 海南黑鳍鳈 *Sarcocheilichthys nigripinnis*		+
26. 银鮈 *Squalidus argentatus*	+	
27. 吻鮈 *Rhinogobio typus*	+	
28. 乐山小鳔鮈 *Microphysogobio kiatingensis*		+
29. 嘉积小鳔鮈 *Microphysogobio kachekensis*	+	
30. 似鮈 *Pseudogobio vaillanti*	+	
31. 无斑蛇鮈 *Saurogobio immaculatus*		+
鲤亚科 Cyprininae		
32. 鲤 *Cyprinus carpio*	+	+
33. 鲫 *Carassius auratus*	+	+
鲢亚科 Hypophthalmichthyinae		
34. 鳙 *Aristichthys nobilis*	+	+
35. 鲢 *Hypophthalmichthys molitrix*	+	+
鳅科 Cobitidae		
花鳅亚科 Cobitinae		
36. 中华花鳅 *Cobitis sinensis*	+	+
37. 泥鳅 *Misgurnus anguillicaudatus*	+	+
沙鳅亚科 Botiinae		
38. 壮体沙鳅 *Botia robusta*	+	
39. 美丽沙鳅 *Botia pulchra*	+	
40. 花斑副沙鳅 *Parabotia fasciata*	+	
41. 大斑薄鳅 *Leptobotia pellegrini Fang*	+	
条鳅亚科 Noemacheilinae		
42. 美丽小条鳅 *Traccatichthys pulcher*	+	
43. 横纹条鳅 *Noemacheilus fasciolatus*	+	
44. 无斑南鳅 *Schistura incerta*	+	

（续上表）

种类	分布	
	以往记录	本次调查
腹吸鳅科 Balitoridae		
45. 平舟原缨口鳅 *Vanmanenia pingchowensis*	+	
46. 少鳞缨口鳅 *Crossostoma paucisquama*	+	+
47. 斑纹缨口鳅 *Crossostoma stigmata*	+	
48. 东坡拟腹吸鳅 *Pseudogastromyzon changtingensis tungpeiensis*	+	
49. 密斑拟腹吸鳅 *Pseudogastromyzon peristictus*	+	
脂鲤科 Charcidae		
锯鲑脂鲤亚科 Serrasalminae		
50. 短盖巨脂鲤 *Colossoma brachypomum*	+	
鲇形目 SILURIFORMES		
鲇科 Siluridae		
51. 鲇 *Silurus asotus*	+	+
胡子鲇科 Claridae		
52. 胡子鲇 *Clarias fuscus*	+	+
鮠科 Bagridae		
53. 瓦氏黄颡鱼 *Pelteobagrus vachelli*	+	+
54. 条纹鮠 *Leiocassis virgatus*	+	+
55. 白边拟鮠 *Leiocassis albomargintus*	+	+
56. 斑鳠 *Mystus guttatus*	+	+
鮡科 Sisoridae		
57. 福建纹胸鮡 *Glyptothorax fukiensis*	+	+
鳉形目 GYPRINODONTIFORMES		
鳉科 Cyprinodontidae		
58. 青鳉 *Oryzias latipes*	+	
合鳃目 SYNBRANCHIFORMES		
合鳃科 Synbranchidae		
59. 黄鳝 *Monopterus albus*	+	+

（续上表）

种类	分布	
	以往记录	本次调查
鲈形目 PERCIFORMES		
鲈亚目 Percoidei		
丽鱼科 Cichlidae		
60. 莫桑比克非鲫 *Oreochromis mossambicus*	+	+
61. 尼罗罗非鱼 *Oreochromis niloticus*	+	+
62. 奥尼罗非鱼 *Oreochromis niloticus* ×*O. aureus*	+	+
脂科 Serranidae		
63. 鲈鱼 *Lateolabrax japonicus*	+	+
64. 鳜鱼 *Siniperca chuatsi*	+	+
鱚科 Sillaginidae		
65. 多鳞鱚 *Sillago sihama*		+
鰕虎鱼亚目 Gobioidei		
塘鳢科 Channidae		
66. 黑美体塘鳢 *Eleotris melanosoma*		+
67. 条纹塘鳢 *Eleotris fasciatus*	+	
攀鲈亚目 Anabantoidei		
攀鲈科 Anabantidae		
68. 攀鲈 *Anabas testudineus*	+	+
斗鱼科 Belontiidae		
69. 香港斗鱼 *Macropodus hongkongensis*	+	+
鳢科 Channidae		
70. 斑鳢 *Channa maculata*	+	+
71. 乌鳢 *Channa argus*		+
72. 月鳢 *Channa asiatica*	+	
刺鳅亚目 Mastacembeloidei		
刺鳅科 Mastacembelidae		
73. 大刺鳅 *Mastacembelue armatus*		+
合计	54	52

3.2　梅江水系鱼类组成特点

梅江流域鱼类与中国淡水鱼类区系组成特点基本一致。此次在梅江流域调查的73种鱼类，组成成分较复杂，其中鲤形目是最大的目（49种），占总种数（注：总种数是指此次调查梅江流域的全部淡水鱼类，下同）的67.12%，其次是鲈形目（14种）和鲇形目（7种），分别占总种数的19.18%、9.58%，鳗鲡目、鳉形目、合鳃目各1种，共占总种数的4.12%。在19个科中，鲤科是最大的类群（34种），占总种数的46.58%；鳅科9种，占总种数的12.33%；腹吸鳅科5种，占总种数的6.85%；鮠科4种，占总种数的5.48%；丽鱼科、鳢科各3种，分别占总种数的4.11%；脂科、塘鳢科各2种，分别占总种数的2.74%；鳗鲡科、脂鲤科、鲇科、胡子鲇科、鮡科、鳉科、合鳃科、鰕科、攀鲈科、斗鱼科、刺鳅科各1种，分别占总种数的1.37%。

梅江水系地质复杂，以山地为主，溪流众多，适应山溪急流生活的鱼类较多，如鲤形目鲤科的鲃亚科、鮈亚科、鳅科以及鲇形目、鲈形目鱼类。鳅科鱼类主要分布于中国西北、西南高原地区，中国鳅科鱼类已超过100种，广东仅有13种，本地区就有8属9种，约占总种数的12.33%。腹吸鳅科鱼类多分布于广西、广东和福建地区，中国约有40种，广东有5属15种，本地区有3属5种，约占总种数的6.85%，这类鱼多营底栖生活，口下位，吻皮下包，在腹面形成吻褶，或盖住上唇，或特化为较多的口须和流苏状结构。野鲮亚科的部分高度特化的种类和平鳍鳅科、鮡科的多数种类，身体趋于扁平，偶鳍扩大，并有吸附器，可在激流岩滩上匍匐生活。[2]

3.3　鱼类区系组成

生物界各大类群在历史发展过程中的迁移灭绝和进化导致了世界上不同地区在区系上的多样性和复杂性。[7]按照动物地理学上的鱼类区系组成以及李思忠[15]对中国淡水鱼区系的分析，梅江流域淡水鱼类划归入东洋界的华南区，具体分为以下五个鱼类区系复合体。

3.3.1　热带平原鱼类区系复合体

这类鱼原产于南岭以南的热带、亚热带平原区各水系，梅州地处亚热带季风区，气候温暖湿润，适于暖水性鱼类生长，包括鲤科的野鲮亚科的大部分属种（墨头鱼除外），雅罗鱼亚科的拟细鲫属、胡子鲇科、鳉科、合鳃科、塘鳢科、攀鲈科、斗鱼科、刺鳅科。

3.3.2 江河平原鱼类区系复合体

此区系鱼类在第三纪由南热带迁入中国长江、黄河流域平原区，并逐渐演化成许多中国特有的地区性鱼类，对氧的要求量较高，体色多为河道色，性凶猛，食鱼类的比例较大，如为温和性种类则主要摄食植物及碎屑；底栖生物食性多为小型鱼类。分批产卵，性成熟较迟，补充群体小。这类鱼在梅江流域包括鲤科的雅罗鱼亚科、鲴亚科、鲢亚科、鮈亚科和鮠科鱼类。

3.3.3 中印山区鱼类区系复合体

该区系是在南方热带亚热带山区急流生活的鱼类，包括野鲮亚科的墨头鱼属、鳅科的条鳅属、鮡科等。这些鱼类分布范围较窄，身体具有特化结构，口多下位或亚下位，有的鱼类的腹鳍甚至愈合成吸盘，能适应本地区的急流环境。

3.3.4 上第三纪鱼类区系复合体

该区系鱼类在第三纪早期在北半球温热带地区形成的鱼类，主要分布在中国北方，个别种类也有全国分布，包括鲤科的鲤亚科，鳅科的泥鳅属及鲇科、胡子鲇科。这类鱼具有适应干旱及水位变动的特性：对水溶氧量需求低，体色多为拟草色，卵多数产在草上，具触须，凶猛种类较多，多为伏击式，温和种类则以底栖生物食性为主。

3.3.5 北方平原鱼类区系复合体

此区系为北半球北部亚寒带地区形成的种类，其特点是耐寒性种类多，凶狠鱼类种类少，其耐氧力强，性成熟早，补充群体不大，种群恢复力强。本地区有鳅科的花鳅属。

3.4 鱼类资源评价

梅江流域鱼类资源发生了很大变动。此次调查共采得 52 种鱼类标本，其中有 21 种以前没有记录，隶属于 3 目 6 科 17 属，分析其原因有二：一是以往采集工作大部分集中在韩江水系下游及河口，没有对梅江流域的鱼类进行系统的统计；二是有外来鱼种的引入，包括相邻水系的种类和引进种，如罗非鱼、光倒刺鲃、丰产鲤、团头鲂、大口胭脂鱼、巴西鲷、高背鲫、土塘虱、河鲶等，对土著种的生存造成了一定的影响。

此次调查还有23种记录种没有采到标本，原因可能有三：一是此次采集标本时间较短；二是有些物种数量并不多，较难采到标本；三是有些鱼类可能已经在本地区消失。在调查过程中发现，梅江流域鱼类虽然种类多，产量却不高。经调查，梅江的渔民平均每天只能捕捞到1千克左右的鱼，并且捕获的个体普遍都很小，以幼鱼为主，成熟个体很少。分析梅江流域鱼类资源变动的原因，概括起来主要有三点。

（1）环境破坏。近年来，随着经济的不断发展，工业废水废渣、生活污水垃圾大量排入江河，多处河段开挖取沙，造成水质污染、环境干扰严重，直接对鱼类的生存环境构成威胁。

（2）水库阻挡。梅江流域沿江多处修建了水利工程，造成了梅江流域的水体连通性下降，破坏了原有自然环境，影响了鱼类的洄游，降低了鱼类对空间环境的利用能力，提高了种类存活、摄食、繁殖和避开不良环境条件的难度。

（3）过度捕捞。渔民捕鱼基本上处于无限制状态，而且渔网网孔小，大小鱼都难逃噩运，尤其是在鱼类的繁殖季节，亲鱼、幼鱼一起被捕捞，更具有破坏性。此外，电鱼、毒鱼等违规行为时有发生，捕捞数量远远大于鱼类自身的补充，造成鱼类资源衰退和物种濒危。

3.5　鱼类资源的保护对策

3.5.1　改善鱼类生存环境

良好的环境是鱼类生存的必备条件，渔业行政主管部门要加强渔业生态环境管理，以管促治来保护渔业资源。对那些危害渔业资源的排污单位采取行政手段，强制其削减排污量，限期达到削减目标，并严禁开挖取沙。另外，在一些重要渔业水域建立监测站，及时发现问题及时报告，以便采取措施，减少污染。当地居民也要提高环保意识，共同保护鱼类的生存环境。自然环境好了，鱼类资源必然丰富。

3.5.2　减小水利工程建设影响

水利工程建设对鱼类资源造成的影响是多方面的、长期的，又是不可逆的。[5]影响的结果反映在鱼类栖息地的变迁、繁殖生态生境的破坏、种群数量的下降和部分种类濒危几方面。在规划兴建水利工程的同时，必须考虑到工程将对鱼类资源带来的不利影响，并对保持水域生态平衡与提高生态效益予以重视，制定有效对策，采取生物与非生物的救鱼措施，尽可能将影响控制和缩小至最低程度。

3.5.3 防止过度捕捞

坚持合理捕捞是稳定渔业产量、保持资源不衰、保护鱼类生物多样性可持续性发展的重要措施。[15]渔业行政主管部门要采取对策，加强执法力度，控制捕捞强度，深入沿河村镇，与当地派出所一起，走访渔民，做好新《渔业法》的宣传工作，加强对无证捕捞和配置电机船的检查和管理，坚决制止酷渔滥捕，宣传、提倡捕大留小，以利资源保护；保护鱼类的幼体，让它们有生长繁殖的机会。只要措施得当，鱼类资源很快就会富足起来。

参考文献

[1] 中国水产科学院珠江水产研究所等．广东淡水鱼类志［M］．广州：广东科技出版社，1991.

[2] 李红敬．华南区系淡水鱼类探讨［J］．信阳师范学院学报（自然科学版），2000，13（2）：239～245.

[3] 李金平，郑慈英．韩江淡水鱼类区系［J］．暨南大学学报（自然科学版），1998，19（3）：100～104，110.

[4] 陈景星，许涛清等．秦岭地区的鱼类区系及其动物地理学特征［A］．中国鱼类学会．鱼类学论文集（第五辑）［C］北京：科学出版社，1986.

[5] 温茹淑，郑清梅，方展强等．梅江水系鱼类资源调查初报［J］．嘉应学院学报，2006，24（6）：59～65.

[6] 曾昭璇，黄伟峰．广东自然地理［M］．广州：广东人民出版社，2001.

[7] 宋延龄，杨亲二，黄永青．物种多样性研究与保护［M］．杭州：浙江科学技术出版社，1998.

[8] 陈宜瑜等．中国动物志硬骨鱼纲鲤形目（中卷）［M］．北京：科学出版社，1998.

[9] 乐佩琦等．中国动物志硬骨鱼纲鲤形目（下卷）［M］．北京：科学出版社，2000.

[10] 褚新洛，郑葆珊，戴定远等．中国动物志硬骨鱼纲鲇形目［M］．北京：科学出版社，1999.

[11] 中国水产科学院珠江水产研究所等．广东淡水鱼类志［M］．广州：广东科技出版社，1991.

[12] 郑慈英等．珠江鱼类志［M］．北京：科学出版社，1989.

[13] 广西壮族自治区水产研究所，中国科学院动物研究所．广西淡水鱼类志［M］．南宁：广西科技出版社，1986.

[14] 朱松泉．中国淡水鱼类检索［M］．南京：江苏科学技术出版社，1995.

[15] 李思忠．中国淡水鱼类分布区划［M］．北京：科学出版社，1981.

[16] 乐佩琦．我国濒危淡水鱼类的保护［J］．淡水鱼业，1995，25（3）：22～24.

梅江流域经济鱼类资源调查及渔业状况分析

郑清梅，温茹淑，钟福生

摘　要：2008 年 9 月至 2009 年 9 月，采用实地调查、走访调查等方法，对梅州六县一市一区首次开展本土经济鱼类资源调查。调查结果表明，梅州地区的经济鱼类有 25 种，隶属于 5 目 13 科 24 属，其中鲤形目是最大的目，占总种数的 52%。同时分析了梅州市经济渔业的发展现状与存在问题，并提出相应的发展对策。

关键词：梅州　经济鱼类　渔业状况　调查

梅州市位于粤东北部，处于闽、粤、赣三省交界处。全境地理坐标位于东经 115°18′～116°56′，北纬 23°23′～24°56′，属中低纬度。该地区临近南海、太平洋，同时受山地特定地形影响，形成夏日长、冬日短、气温高、冷热悬殊、光照充足、气流闭塞、雨水充沛且集中的南亚热带季风性湿润气候。境内江河、溪流纵横交错，水源充足，工业污染少，江河、水库渔业资源丰富，具有良好的环境生态资源，是广东省内适宜发展无公害水产品的地区之一。[1,2]但近年来随着梅州市经济的快速发展，鱼类的生存环境受人类活动及其他诸因素的影响，如生活污水排放与水电站的修建等，加上渔民的滥捕，导致区域性经济鱼类的种类出现了较大的变化。温茹淑等[3]的调查结果表明，梅江水系干流有野生鱼类 65 种，隶属于 6 目 17 科 42 属。野生鱼类以小型的杂鱼为主，部分鱼类具有经济开发价值。为了进一步较全面地了解梅州市的经济鱼类资源现状，笔者于 2008 年 9 月至 2009 年 9 月，首次开展了梅州经济鱼类资源调查，并对其渔业现状进行分析，为合理开发和保护利用梅州经济鱼类资源提供理论依据。

1　材料与方法

1.1　调查时间

2008 年 9 月至 2009 年 9 月。

1.2　调查地点

依照典型性、代表性、准确性和可行性的原则，选择了梅州城区东厢市场、百花洲市场、华建市场、西桥市场、华侨城市场、五洲城市场、三角塘市场、楼下塘市场八个城区市场，以及长沙、兴宁、合水、龙田、转水、华城、水寨、丰顺、大埔、平远、仁居、蕉城等地的一些较大的市场、饭店和餐馆。

1.3　采集方法

在渔业生产地区、菜市场、码头等购买在当地河段捕获的鱼类，并进行记录、检索、鉴定；走访农业局、渔业局、水产研究所、水利局、居民、渔民、市场上卖鱼的商贩等了解当地的经济鱼类资源状况。

标本的制作与鉴定：根据浸制标本制作的方法[4]对采集的标本进行保存，采用纳尔逊分类系统进行分类与鉴定。标本现保存于嘉应学院生命科学学院标本室。

2　结果与分析

2.1　梅州市经济鱼类的组成

通过实地调查、走访调查等方法，对梅州六县一市一区经济鱼类资源进行调查。本次调查所收集的经济鱼类经分类统计，共计 25 种，隶属 5 目 13 科 24 属（见下表）。

梅州市经济鱼类组成表（2008 年 9 月至 2009 年 9 月）

种类	俗名	价格（元/千克）
鳗鲡目 ANGUILLIFORMES		
鳗鲡科 Anguillidae		
1. 日本鳗鲡 *Anguilla japonica*（Temminck et Schlegel）	白鳝、鳗鱼	54～65
鲤形目 CYPRINIFORMES		
鲤科 Cyprinidae		
鲥 亚科 Daioninae		
2. 拟细鲫 *Nicholsicypris normalis*（Nichols et Pope）	土鲫鱼	8～12
雅罗鱼亚科 Leuciscinae		
3. 草鱼 *Ctenopharyngodon idellus*（Cuvier et Valenciennes）	鲩鱼	8～9.6
4. 青鱼 *Mylopharyngodon piceus*（Richardson）		5～8
鲌亚科 Culterinae		
5. 广东鲂 *Megalobrama hoffmanni*（Herre et Myers）	花 扁、真 扁 鱼、河鳊	4
6. 翘嘴红鲌 *Erythroculter ilishaeformis*（Bleeker）	太湖白鱼、白条、白水鱼	7～8
鲃亚科 Barbinae		
7. 光倒刺鲃 *Spinibarbus hollandi*	石 坚、青 棍、坑坚、光眼鱼	10
野鲮亚科 Labeoninae		
8. 鲮 *Cirrhina molitorella*（Cuvier et Valencienne）	甜鱼	4～9
鲤亚科 Cyprininae		
9. 鲤 *Cyprinus carpio*（Linnaeus）	鲤鱼	7～12
10. 鲫 *Carassius auratus auratus*（Linnaeus）	鲫鱼	8～9
鲢亚科 Hypophthalmichthyinae		
11. 鳙 *Aristichthys nobilis*（Richardson）	黑鲢、熊鱼	7～10
12. 鲢 *Hypophthalmichthys molitrix*（Cuvier et Valenciennes）		
鳅科 Cobitidae	鲢鱼	4～5
花鳅亚科 Cobitinae		
13. 泥鳅 *Misgurnus anguillicaudatus*（Cantor）	泥鳅	21～28
脂鲤科 Charcidae		

（续上表）

种类	俗名	价格（元/千克）
锯鲑脂鲤亚科 Serrasalminae		
14. 短盖巨脂鲤 *Colossoma a brachypomum*（Cuvier）	淡水白鲳、淡水鲳	8～10
鲇形目 SILURIFORMES		
鲇科		
15. 鲇 *Siluras asotus*（Linnaeus）	回鱼、鲶鱼	
胡子鲇科 Claridae		
16. 胡子鲇 *Clarias fuscus*（Lacepede）	塘虱鱼	18～24
鲿科 Bagridae		
17. 瓦氏黄颡鱼 *Pelteobagrus vachelli*（Richardson）	黄颡鱼	12～15
合鳃目 SYNBRANCHIFORMES		
合鳃科 Synbranchidae		
18. 黄鳝 *Monopterus albus*（Zuiew）		21～36
鲈形目 PERCIFORMES		
鲈亚目 Percoidei		
脂科 Serranidae		
19. 鲈鱼 *Lateolabrax japonicus*	花鲈	22～26
20. 鳜鱼 *Siniperca chuatsi*（Basilewsky）	桂花鱼	48～64
鱚科 Sillaginidae		
21. 多鳞鱚 *Sillago sihama*（Forskal）	沙钻、沙锥	20
丽鱼科 Cichlidae		
22. 尼罗罗非鱼 *Oreochromis niloticus*（Linnaeus）	罗非鱼、非洲鲫	7～15
23. 奥尼罗非鱼 *Oreochromis niloticus* × *O. aureus*	罗非鱼、非洲鲫	9
鰕虎鱼亚目 Gobioidei		
塘鳢科 Channidae		
24. 黑美体塘鳢 *Eleotris melanosoma*	黑鱼、黑塘鳢	15～20
攀鲈亚目 Anabantoidei		
鳢科 Channidae		
25. 斑鳢 *Channa maculata*（Lacepede）	斑鱼、生鱼	18～25

2.2 梅州市经济鱼类的种类组成分析

调查共采集鱼类356号，计25种（含亚种），隶属5目13科24属。除日本鳗鲡为降河性洄游鱼类外，其他都是土著纯淡水鱼类。鲤形目是梅州地区经济鱼类的主体，有13种，占调查总种数的52%；其次是鲈形目和鲇形目，分别占总种数（注：总种数是指此次调查的梅州市本土生产经济鱼类，下同）的28%、12%。其中鲤科鱼类是13个科中最大的1科，共有11种，占总种数的44%。经济鱼类中约95%来自淡水养殖，而约5%来自淡水捕捞。而人工养殖的经济鱼类以草鱼（*Ctenopharyngodon idellus*）、鳙（*Aristichthys nobilis*）、鲢（*Hypophthalmichthys molitrix*）、鲮（*Cirrhina molitorella*）和奥尼罗非鱼（*Oreochromis niloticus* × *O. aureus*）为主，约占养殖总产量的90%；奥尼罗非鱼产量的比重有所增加，约占总产量的10%，而2004年其产量只占5.7%左右。其次，鲫（*Nicholsicypris normalis*）、斑鳢（*Channa maculata*）、胡子鲇（*Clarias fuscus*）和鲇（*Silurus asotus*）也是常见养殖种类。翘嘴红鲌（*Erythroculter ilishaeformis*）、瓦氏黄颡鱼（*Pelteobagrus vachelli*）、鳜鱼（*Siniperca chuatsi*）是近年来梅州市鱼类引种的主要代表。而淡水捕捞中常见种类有拟细鲫（*Nicholsicypris normalis*）、鲤（*Cyprinus carpio*）、多鳞鱚（*Sillago sihama*）、泥鳅（*Misgurnus anguillicaudatus*）和瓦氏黄颡鱼（*Pelteobagrus vachelli*）等。

2.3 梅州市经济鱼类的来源

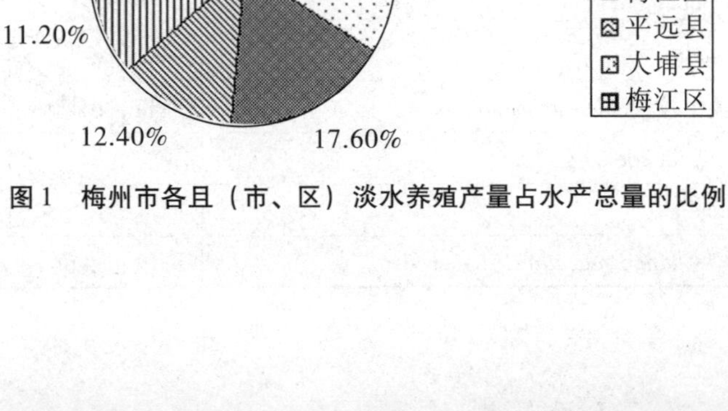

图1 梅州市各县（市、区）淡水养殖产量占水产总量的比例

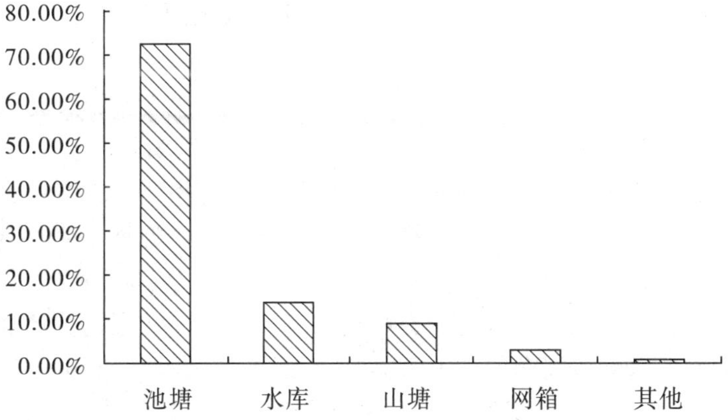

图 2　梅州市各种养殖模式下的产量占水产总量的比例

梅州市经济鱼类的来源以淡水养殖为主，其他来源占小部分。而淡水养殖中又以池塘养殖为主。全市淡水养殖占水产品总量的 95%，其中四大家鱼和罗非鱼占总产量的 80%。2008 年 9 月至 2009 年 9 月，全市的水产品的总量为 81 118. 34 吨。全市渔业水产养殖面积是 22 万亩左右。各县（市、区）淡水养殖产量占水产总量的比例如图 1 所示。其中梅县水产品的产量占梅州总产量的比例最大，为 33. 8%，其产量为 27 417. 00 吨，其次为兴宁市，其产量为 14 276. 83 吨。

各种养殖模式下的产量占水产总量的比例如图 2 所示。池塘、水库、山塘和网箱养殖这四种养殖模式下的产量分别占水产总量的 72. 30%、14. 20%、9. 40% 和 3. 10%，其中以池塘养殖为主。其他养殖模式（主要指河涌、稻田、围栏等水面养殖）占 1%。

全市淡水捕捞产量占水产品总量的 5%。以四大家鱼、罗非鱼、光倒刺鲃、优质鲫鱼等为主的特色养殖已成为梅州渔业发展的“品牌鱼”。目前，全市休闲渔业面积已达 1. 2 万亩，主要以生产经营和休闲垂钓两种形式为主，其利润是常规养殖效益的两倍以上，休闲渔业已成为梅州渔业的特色。

3　梅州市经济渔业发展存在的问题与对策

3. 1　保护和改善渔业水域的生态环境，发展无公害养殖

首先，工业、生活废水导致的环境污染，水利工程及过度捕捞等方面的影响，使梅江水系的水域生态系统，尤其是该地的经济鱼类资源受到一

定的破坏。因此，应做好工业及生活废水排放的管理工作，防治水质污染。同时，通过各级渔业主管部门，加大宣传，使全社会形成一个共识，即保护好渔业资源和渔业水域生态环境，就是保护生态平衡，是实现经济渔业可持续发展的重要战略。其次，水资源利用效率低、渔业养殖成本高、资金投入不够、养殖效率低。经调查发现，梅州还有许多可利用池塘与水库没有充分利用。因此，应投入大量资金，科学规划水库，进行鱼塘整治，加强水产养殖区渔业公共基础设施建设；大力发展与养殖相关的种苗业、流通业，注重养殖效益，提高附加值，推进渔业及相关产业的协调发展。再次，梅州经济鱼类的人工养殖仍处于发展阶段，有的生产单位和养殖户受经济利益的驱使，比较重视产量而忽视产品的质量，过量投饲、滥用饲料添加剂和鱼药，导致鱼类质量下降。但随着人们生活水平的提高，水产品质量现已成为社会关心的问题。提高养殖技术，发展绿色无公害养殖是今后发展的方向。

人工放流是改善渔业水域生态环境的重要措施，是渔业资源可持续发展利用战略的重要组成部分。1989 年以来，梅州各级政府与渔业行政主管部门分别在梅州各县（市、区）的江河、水库实施了人工增殖放流鱼种行动，使全市江河、水库的渔业水产资源逐年增加，捕捞产量逐年提高。

3.2　进一步优化产业产品结构，积极开拓市场

目前，梅州市渔业生产以淡水养殖为主。淡水养殖占水产品总量的 95%，渔业生产结构和产品结构过于单一，经济鱼类种类少，只有 25 种。以四大家鱼与罗非鱼为主的鱼类养殖占总产量的 80%。这与居民水产消费多样化需求的差距较大。

本次调查结果表明，淡水捕捞中常见的野生经济鱼类有拟细鲫、多鳞䱗、泥鳅、瓦氏黄颡鱼、斑鳢等。这些鱼类，肉质细嫩，有较高的营养价值和药用价值，且价格高，需求量大且稳定，颇受广大消费者的欢迎。由于过度捕捞，环境被破坏，生态平衡被扰乱，大批野生经济鱼类数量严重下降，甚至濒危灭绝。与外地引进的经济鱼类相比，本地野生经济鱼类适应性较强，在人工养殖中具有较大优势，病害较少，风险较小。因此，开发野生经济鱼类，建立鱼类种质资源库，并进行人工养殖，扩大种群，改善品种结构，优化渔业产业结构，既可推动淡水渔业的可持续发展，又可保护生态环境及提高渔业经济效益。同时，应对原有的传统养殖品种进行优化，加快良种繁育体系建设。引进外来品种，建立培育规范化、高品质种苗种源的基地，提高种苗品质，为渔业产业化养殖提供种苗保障。

对经济鱼类销售状况的调查表明，梅州经济鱼类销售渠道狭窄，以本地市场销售形式为主，对外市场拓展空间较小。迄今仍无一家省、市级水产业龙头企业，难以实现渔业增收；全市的渔业生产管理水平和科技创新能力还比较低，渔业知名品牌少。经济鱼类的精、深加工还处于空白的状态。因此，积极培育渔业龙头企业，重点扶持资源条件好、科技水平较高、有独创品牌的渔业企业，使之成为无公害农产品生产的龙头，辐射带动周边地区。积极开拓国内国际市场，以特色产品为依托，增强标准化意识，建设一批水产品商品基地；大力发展深加工，提高产品技术含量和附加值。

4　结论

2008 年 9 月至 2009 年 9 月，采用实地调查、资源调查、走访调查等方法，对梅州六县一市一区开展经济鱼类资源调查研究，调查收集到淡水经济鱼类 25 种，隶属于 6 目 13 科 24 属。梅州市面上鱼类的来源主要有人工养殖和天然捕捞两种，人工养殖类的价格一般为 7 ~ 20 元/千克，比较而言，鱼类价格适中，渔业产量基本满足当地人们日常需要。但梅州市渔业的发展状况，从更高的角度看，仍然不容乐观，主要原因是：一方面，水资源的利用效率低、渔业养殖的成本高、资金投入不够、养殖效率低；另一方面，渔业结构不合理，过于单一，野生经济鱼类没有得到开发与利用，导致以池塘渔业为养殖业的主体，其作用和地位未能充分发挥，发展仍处于初级阶段。良好的环境生态资源及优良的水质为梅州市渔业的发展提供了重要的保障，具备得天独厚的以无公害水产品养殖为主的生态渔业发展优势，可以进一步扩大养殖范围，发展城乡休闲渔业，培育渔业龙头企业，创建山区特色水产品牌，使渔业经济真正成为梅州市山区农民致富奔小康的重要途径。

参考文献

[1] 梅州市农业局．关于梅州市渔业发展“十一五”规划的通知［Z］．梅市府办〔2006〕19号．

[2] 梅州年鉴编纂委员会．梅州年鉴［Z］．韶关：韶关二九〇研究所地图彩印厂，2002.

[3] 温茹淑，郑清梅，方展强等．梅江水系鱼类资源调查初报［J］．嘉应学院学报，2006，24（6）：59～65.

[4] 刘凌云，郑光美．普通动物学实验指导（第2版）［M］．北京：高等教育出版社，1998.

梅江流域鸟类群落结构及其多样性

钟福生，李威娜，黄勋和

摘　要：于2009年9月至2011年7月采用固定样带法和样点法对梅江流域的鸟类群落进行了调查研究，共记录到201种，隶属于16目49科127属，其中留鸟81种、冬候鸟67种、夏候鸟40种、旅鸟13种，分别占40.3%、33.3%、19.9%、6.5%；古北界种类95种（占47.3%），东洋界种类64种（占31.8%），广布型种类42种（占20.9%）；国家Ⅰ级保护种类1种，国家Ⅱ级保护种类21种（占10%）；《国际湿地公约》指定种类24种（占12%），《中澳候鸟保护协定》指定种类22种（占11%），《中日候鸟保护协定》指定种类76种（占38%），《濒危野生动植物物种国际贸易公约》（CITES）指定种类19种（占9%），有益的、有重要经济价值的、有重要科学研究价值的物种155种（占77%）。采用统计学方法，根据鸟类的种类和数量记录，计算调查流域内鸟类的丰富度、多样性、均匀度、优势度等，该流域的鸟类群落多样性指数为3.761 7，均匀度指数为0.709 3。

关键词：梅江流域　鸟类群落　多样性

1　前言

1.1　研究的背景和意义

鸟类作为自然界与人类关系密切的动物类群，其保护工作受到国家自然保护组织的广泛关注。绝大多数鸟类是有益于人类的，它们是维护人类的生存环境以及稳定性的重要因素。近年来，生物多样性的保护问题已成为全球关注的热点之一，1992年联合国环境与发展大会上通过了《生物多样性公约》，我国是最早的缔约国之一，承担了保护我国生物多样性的义务，其中当然也包括鸟类群落结构的多样性。[1]

多样性是评价生物资源状况的一个重要依据，我国在动物群落多样性方面的研究已取得了一些成果，在生物群落多样性测度方法方面也做过比较系统的探索。[2]鸟类是野生动物的一个重要组成部分，在生态系统的营养级中处于高层，对环境的改变最为敏感，因此鸟类可作为环境变化的良好指示物种和监测物种。鸟类多样性能够通过食物链影响生态系统的功能，对维持生态系统平衡有不可替代的作用，且一些鸟类数量少，种类一经破坏很难恢复。[3]鸟类对环境条件的恶化常能在较短时间内表现出种类和数量特性，国外一些学者据此开始从宏观上把鸟类作为衡量和评价自然生态平衡及环境保护的指示生物。[4]因此，鸟类的多样性是考察一个地区内的生态平衡的重要指标，能为本地区野生动物保护等工作提供第一手资料。

物种多样性指数是反映生物群落组成特征的参数，多样性指数越高，表明群落中生物种类越多，自动能力越强，群落越稳定。[2]生物多样性作为人类生存与发展的基础，正以前所未有的速度丧失，据国际自然保护联盟（IUCN）报道，在他们评估的 5.2 万个物种中有 36% 正受到严重威胁。[1]鸟类群落结构多样性作为生物多样性的重要组成部分之一，是生物多样性的一个重要参考指标。因此，梅江流域鸟类群落多样性对于维持本流域的生物多样性、生态平衡，稳定环境具有关键性的作用。

梅江流域作为广东地区鸟类资源最为丰富的地区之一，加强保护本区域鸟类不仅是野生动物资源保护工作的一个重要组成部分，而且对本地区、全省、全国乃至全球生物多样性的保护具有重要的意义。梅江流域支流多，流域面积广，梅江两岸植被丰富，有着丰富的自然资源，工矿企业较少，人流量不太密集，具有多样的环境和适宜的气候，为各种鸟类的生存和繁衍提供了天然的条件。鸟类群落结构已经成为监测本地区生态环境的重要指标，对本地区生态环境的保护有着重要的意义。

梅江流域分布的鸟类不仅种类丰富，其中还有很多受国家保护的珍稀濒危物种，具有非常高的保护和科研价值。近年来，随着梅州经济的发展，梅江流域两岸工厂和其他产业的增多，梅江流域生态环境出现了一系列的问题，诸如环境污染、植被破坏、生物多样性减少、梅江水质质量下降等。

因此，调查和研究当地鸟类多样性和群落结构可为梅江流域生物资源的保护与开发利用提供科学依据和理论支持。迄今为止，尚未发现对梅江流域的鸟类资源及鸟类群落结构进行调查研究的系统报道。我们对广东梅江流域鸟类群落结构进行调查研究，并对其鸟类资源进行多样性分析，其成果对梅江流域的生态保护具有重要意义。另外，该成果还可以作为监测梅州这个宜居城市环境变化的一项生态指标。因此，笔者在导师前期工作的基础上，结合导师在2009年获得的广东省普通高校人文社会科学省市共建重点研究基地招标课题（编号：09KYKT01）、梅州市科技计划重点项目（编号：2009A23）资助下，于2010年9月至2011年7月对梅江流域鸟类群落结构及多样性进行的全面调查和研究，为政府决策保护梅江流域生物资源及生态环境提供科学依据。

1.2　国内外研究现状与发展趋势

我国现代鸟类学研究起始于20世纪20年代末，中国鸟类生态学研究起步较晚，纵观我国的鸟类生态学研究历史，丁平[5]结合郑光美[6]对我国鸟类生态学研究历史的分析，认为中国鸟类生态学的发展有三个阶段：第一阶段是20世纪30年代至50年代末的萌芽期；第二阶段是20世纪60年代初至70年代末的成长期；第三阶段是20世纪80年代以来的蓬勃发展期。1979—2012年国内《动物学报》、《动物学杂志》、《动物学研究》、《生态学杂志》、《生态学报》、《生物多样性》等专业期刊和各主要大学学报，以及各种学术会议论文集中发表的鸟类生态学代表性论文总共615篇。其研究内容主要集中在以下几个方面：①群落组成和结构，主要是对群落的多样性、丰富度、均匀度和相似性的分析，以及对群落组成影响因素的研究，还包括现存生物量的研究；②群落的集团结构、生态位及种间关系；③群落与栖息地（生境）关系的研究；④群落动态变化；⑤机场鸟撞防范研究等。鸟类群落的研究内容广泛，涉及不同的生境类型，包括城市鸟类群落、湿地鸟类群落、森林鸟类群落、荒漠鸟类群落及草原鸟类群落。其中，有关城市化对鸟类群落影响的研究在逐年增多。随着近年来景观生态学的发展，越来越多人从不同的景观水平对鸟类群落进行研究。

早在20世纪初，国外已经开始了有关鸟类群落生态学的研究，经过几十年的发展，研究的内容和方法不断丰富和改进，[7]已经形成比较成熟和系统的科学理论。与国内的研究内容相似，国外的研究也大多集中在群落组成和结构、群落的集团结构及生态位与种间关系、群落与栖息地关系、群落动态与演替、城市化对鸟类群落的影响等方面的研究。[8]除此之外，对鸟类群落在环境监测上的应用、鸟撞危害及其防治[9,10]等应用价值方面也进行了全面的研究。

王勇[12]等对过去20年的鸟类学研究作了回顾，指出中国鸟类学研究发展很快，专业研究人员数量在1991—2010年增长了近四倍，在国际上发表的研究论文的数量近几年年均增长25%；论文数量占世界的比例已经由1991—2000年的0.46%上升到2001—2010年的1.53%，世界排名由第27

位上升至第16位，并且研究领域更加多元化，论文水平不断提高。在鸟类系统发育与演化、合作繁殖和婚配、禽流感、巢寄生等领域的许多成果开始在国际相关领域的高水平刊物上发表，在古鸟类以及雉类和鹤类等濒危鸟类的保护研究方面位居世界前列。但从整体而言，中国鸟类学研究与世界上一些发达国家相比还有很大的差距。

综上所述，国内的论文基础性研究较多，与国外相比，论文的总体水平不高。虽然近30年来我国学者在该领域开展了大量工作，亦有不少相当出色的研究成果，但与国际鸟类生态学研究相比总体上仍存在一定的差距。国外在鸟类群落生态学方面的研究发展十分迅速，并非常注重基础理论和方法的创新。相比之下，我国应该加强理论性研究和对方法的改进，对研究对象进行长时间的系统研究，注重多学科的交叉应用并积极拓展新兴领域的研究。

2 自然概况

梅江流域（东经115°32′21. 4″～116°34′34. 5″，北纬23°33′09. 8″～24°24′22. 5″）位于广东省东部，是韩江的主流及梅州市最主要的河流，发源于广东紫金县的七星岬，经五华、兴宁、梅县，于大埔三河坝汇入韩江，全长为307 千米，流域面积14 061 平方千米。流域大部分面积属韩江中上游流域，是韩江流域的主要组成部分。梅江流域的气候属亚热带季风气候，是南亚热带和中亚热带气候区的过渡地带，其气候特点是夏日长、冬日短、气温高、冷热悬殊、光照充足、气流闭塞、雨水充沛且集中。梅江流域山地丘陵广布，地势起伏较大，岭谷众多，串珠状盆地明显，形成以梅江为主干流的梳子状水系。

梅江流域内地貌有台地、丘陵、山地、阶地和平原五大类型。地形以山地为主，有少数盆地，大部分山地植被覆盖较好，河岸湿地生态完整，植物资源十分丰富。近年来，因受地区工业影响，部分河流水质受不同程度的污染，工业区的空气质量较差。有些地区的开发造成植被破坏，导致鸟类及其他生物的生境遭到破坏，不利于良好生态环境的维持。

梅州市是中国广东省的一个地级市，位于广东省东北部，是历史上客家民系的最终形成地、聚居地和繁衍地，更是全世界客家华侨的祖籍地和精神家园，被尊称为“世界客都”。梅江是梅州市的母亲河，其生态环境的好坏直接影响到梅州市的经济发展。因此，保护好梅江流域的生态环境和物种多样性至关重要。

3　研究方法

3.1　调查时间和地点

作者于2009年9月至2011年7月每月中旬的2~3天选择梅江流域的龙村、安流、横陂、水寨、合水、水口、畲江、梅南、长沙、梅城、西阳、丙村、雁洋、松口、蓬辣、三河16个典型位点（见图1），对不同生境的鸟类群落进行详细、系统的调查。

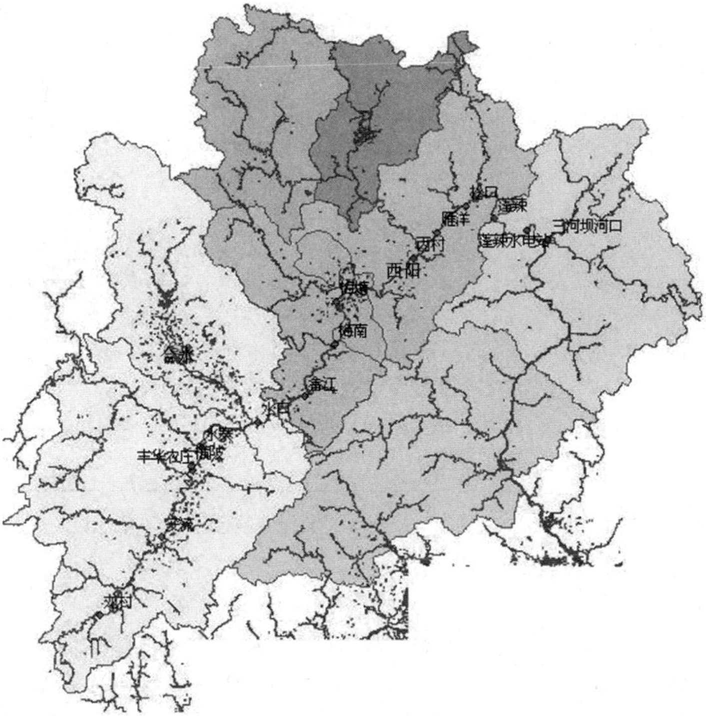

图1　梅江流域各个位点分布图

注：黑点部分为本次调查的位点。

3.2　生境类型的划分

根据各位点自然环境、社会经济状况将梅江流域划分为六个生境类型

（见表1）。

表1　梅江流域生境类型划分

编号	生境类型	环境特点	位点分布
1	农田村庄	山地分布为主，河路两岸分布农田和村庄；植被覆盖率高，生态系统保持完整	龙村、蓬辣
2	河岸湿地	河岸分布农田、竹林、果树；周围以低山分布为主，山地植被覆盖较好；河床间有裸露	安流、横陂、松口、三河
3	城镇郊区	都市环境，人群流量大，工业较多；河岸多为人工生态林和经济林	水寨、长沙、梅城
4	山区乡村	河岸两侧分布山丘，以马尾松为主夹杂桉树，植被覆盖丰富；河床湿地生态保持完好	合水、水口、西阳
5	山区乡镇	山地植被覆盖较好，以马尾松为主，河岸湿地有竹林和农田分布，生态较完整	畲江、梅南、雁洋
6	工矿盆地	工矿企业较多，空气质量差，山地多裸露；盆地内间以果树分布为主，夹杂居民点	丙村

3.3　调查方法

采用定期直接目测法、固定样带法和样点法在对鸟类进行定点观察，选择天气晴朗、风力小的时段，每天早晨6：30～10：00、下午14：30～18：30进行调查，调查中3～5人为一组，每个位点分别设1条样带、2个样点进行调查。样带长3千米，以1.5千米/小时的行走速度观察记录两侧50米内的鸟类种类和数量；样点法以0.5千米为半径，观察固定范围内的鸟类种类和数量。在调查过程中，主要借助望远镜（20－50X单筒和10X双筒镜）、摄像机，记录所观察到的固定范围内的种类和数量，对于重点保护鸟类采用GPS进行定位。

3.4　统计方法

根据鸟类的种类和数量记录，计算调查流域内鸟类的丰富度、密度、多样性、均匀度。[2]

3.4.1　丰富度指数

物种丰富度指数 S：即群落中的物种数。

3.4.2　频率指数

频率指数公式：

$$RB = (d/D) \times (n/D)$$

其中：RB 为频率指数；d 为遇见该种鸟类的天数；n 为该种鸟类的总数量；D 为工作总天数。频率指数 $RB > 10$ 时为优势种；$1 < RB \leqslant 10$ 时为普通种；$RB \leqslant 1$ 时为稀有种。

3.4.3　群落多样性指数

采用 Shannon – Wiener 指数公式：

$$H = -\sum P_i \ln P_i$$

式中：H 为群落多样性指数；P_i 为样品中属于第 i 种的个体比例，即物种 i 的个体数与所有物种的总个体之比；ln 为自然对数。

3.4.4　均匀度指数

采用 Pielou 指数公式：

$$E = H/H_{max} = H/\ln S$$

式中：E 为均匀度指数，H 为实测群落的多样性指数值，H_{max} 为最大多样性指数值，S 为物种数。

3.4.5　物种优势度指数[12]

采用 Simpson 物种优势集中性指数公式：

$$D = \sum P_i^2$$

式中：P_i 即物种 i 的个体数与所有物种的总个体之比。

所有调查数据利用 Excel 软件进行统计、计算。

4　结果与分析

4.1　鸟类群落组成与特点

4.1.1　种类组成

本次调查记录梅江流域境内的鸟类201种，隶属于16目49科127属，调查总数量35 043只（见附表）。其中雀形目鸟类有23科52属93种，占全部鸟类总种数的46.3%，为优势类群，其中雀科、鹟科、椋鸟科、画眉科、燕科鸟类较多；其余非雀形目鸟类中鸻形目8科14属25种，鹳形目1科9属13种，隼形目2科5属11种分别占全部鸟类总种数的12.4%、6.5%、5.5%，其中鹭科、鸭科、雉科、鸻科鸟类较多。有关该流域鸟类群落组成名录、数量级、分布生境、居留类型、区划类型和保护类型见附表。在这201种鸟类中，优势种39种、普通种96种、稀有种66种分别占总种数的19.4%、47.8%、32.8%。[13]由此可见，梅江流域鸟类群落的组成特点是雀形目鸟类为该群落的优势类群，鸻形目、鹳形目和隼形目为常见类群。

4.1.2　居留类型

梅江流域所有鸟类中留鸟有81种，占总种数的40.3%；[13,14]冬候鸟有67种，占总种数的33.3%；夏候鸟有40种，占总种数的19.9%；旅鸟有13种，占总种数的6.5%（见表2）。可见该区鸟类中，留鸟种类最多，同时，候鸟的种类也十分丰富，冬候鸟比夏候鸟种类多，说明梅江流域是我国候鸟迁徙的重要场所，这与梅江流域优越的地理位置、良好的生态环境和适宜的气候条件密不可分。

表2　梅江流域鸟类群落居留类型统计

居留类型	种数	百分比（%）
留鸟	81	40.3
冬候鸟	67	33.3

（续上表）

居留类型	种数	百分比（%）
夏候鸟	40	19.9
旅鸟	13	6.5

4.1.3　生活类型

我国鸟类的六个生活型[13,14]在梅江流域均有分布（见表3），目前发现鸣禽93种（占总种数的46.2%），攀禽20种（占总种数的10.0%），陆禽9种（占总种数的4.5%），涉禽46种（占总种数的22.8%），游禽13种（占总种数的6.5%），猛禽20种（占总种数的10.0%）。由此可见，鸣禽种类所占比例最大，与梅江流域内以山地分布为主的生境类型相适应。它们分布在群落中各个不同层次，以林鸟为主，水鸟相对较少，说明梅江流域的植被类型丰富多样，为各种生活类型的鸟类提供适宜的栖息地，也是该区物种多样性的重要体现之一。

表3　梅江流域鸟类群落生活类型统计

生态类型	目	科	属	种	比例
鸣禽	1	20	56	93	46.2%
攀禽	4	8	14	20	10%
陆禽	2	2	8	9	4.5%
涉禽	3	11	28	46	22.8%
游禽	4	4	9	13	6.5%
猛禽	3	5	11	20	10%

4.1.4　区系特征

本次调查记录201种鸟类中古北界物种[13,14]有95种，占鸟类总数的47.3%；东洋界物种有64种，占鸟类总数的31.8%；广布种有42种，占鸟类总数的20.9%（见图2）。

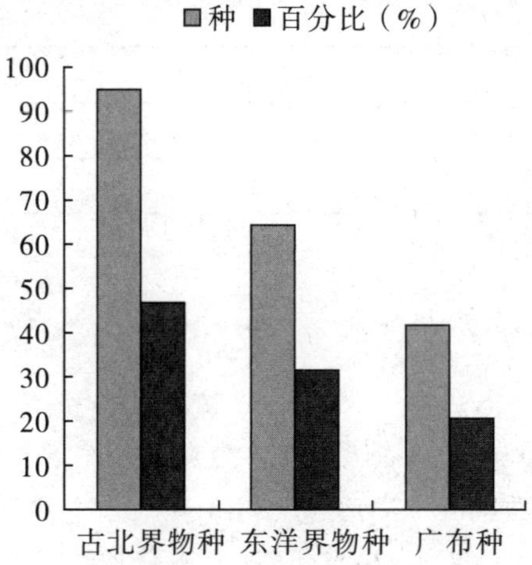

图2　梅江流域鸟类群落区系特征

4.1.5　重点保护鸟类

重点保护鸟类用GPS进行定位，共观察到国家Ⅰ级保护鸟类[15]仅黄腹角雉1种；国家Ⅱ级保护鸟类21种（见表4和附表）（占总种数的10.4%）；国际湿地公约指定种类24种（占总种数的11.9%）；《中澳候鸟保护协定》指定种类22种（占总种数的10.9%）；《中日候鸟保护协定》指定种类76种（占总种数的37.8%）；《濒危野生动植物物种国际贸易公约》（CITES）指定种类19种（占总种数的9.5%）；其中“三有”种类，即有益的、有重要经济价值的、有重要科学研究价值的物种155种（占总种数的77.2%）。可见，本流域的大多数鸟类为“三有”鸟类，对该区生态环境的稳定贡献很大，鸟类科研资源也十分丰富。

表4　梅江流域国家Ⅰ、Ⅱ级保护鸟类

保护级别	种类
Ⅰ级	黄腹角雉
Ⅱ级	鸳鸯、鸢、苍鹰、雀鹰、松雀鹰、普通鵟、白尾鹞、白头鹞、小隼、游隼、红脚隼、红隼、白鹇、褐翅鸦鹃、草鸮、红角鸮、领角鸮、毛脚鱼鸮、斑头鸺鹠、短耳鸮、蓝翅八色鸫

4.2 鸟类群落多样性分析

4.2.1 不同生境鸟类群落多样性和均匀度

从不同生境分布来看（见表 5），鸟类多样性指数农田村庄 > 山区乡村 > 河岸湿地 > 工矿盆地 > 山区乡镇 > 城镇郊区，均匀度指数农田村庄 > 山区乡村 > 河岸湿地 > 工矿盆地 > 山区乡镇 > 城镇郊区。农田村庄的物种丰富度和多样性指数以及均匀度指数都是最高的，而山区乡村和河岸湿地次之，城镇郊区和山区乡镇最低，比工矿盆地还要低。由此可见，因各个生境类型的环境特点不同，从而出现上述的差异，农田村庄样点周围不但生态环境保持完整，而且村落分布零散，几乎没有人为因素干扰当地的鸟类。据调查，村民们的护鸟、爱鸟意识也很强，最重要的是鸟类食源丰富，特别在秋季农田生境中有大量的食物可得，村庄内还有鱼塘、溪流、丘陵等各种小生境类型，鸟类生存条件优于其他各生境。因此，农田生境为鸟类保护的重点。至于工矿盆地，虽然空气质量较差，山地多为裸露，但盆地内有果园，且人流量少，有的山地植被并不单一。因此，相对于人多、嘈杂喧嚣的城镇和乡镇仍然具有一定的鸟类生存优势。

从优势度指数看，农田村庄 < 山区乡村 < 河岸湿地 < 工矿盆地 < 山区乡镇 < 城镇郊区，可见，城市郊区的鸟类优势度远高于其他生境，个别种类的鸟类过于集中分布，优势种现象明显，鸟类群落结构的稳定性相对较差，这与城镇内树种单一的人工经济林的种植直接相关，还与人工鸟巢的建立有关。

表 5　不同生境鸟类群落多样性和均匀度

生境类型	鸟类种类 (S)	优势度指数 (D)	多样性指数 (H)	均匀度指数 (E)
农田村庄	201	0.038 31	4.123 4	0.777 5
河岸湿地	201	0.051 52	3.850 2	0.726 0
城镇郊区	156	0.091 38	3.260 1	0.645 6
山区乡村	196	0.048 94	3.893 8	0.737 7
山区乡镇	185	0.080 29	3.517 4	0.673 7
工矿盆地	150	0.066 18	3.565 8	0.711 6

4.2.2 不同位点鸟类群落多样性和均匀度

从表6中可知，蓬辣的鸟类多样性指数和均匀度指数以及鸟类种数是16个位点中最高的，其次是水口，鸟类种数都占调查总数的90%以上，即几乎涵盖了梅江流域的所有鸟类，说明这两个位点的鸟类群落稳定性相对较强。除梅城外，其他各位点的鸟类多样性和均匀度都相差不大，且都保持在较高的多样性水平。在梅城位点的调查中发现灰椋鸟、家燕、树麻雀等雀形目鸟类的遇见率很高，而其他鸟类很少遇见，可能是与这些鸟类的活动特点有关，城市的噪音对它们不会造成太大的影响，人们不会捕捉，加上它们的适应能力、繁殖能力较强，食源容易满足，故数量比其他鸟类多。同样设点在城镇的水寨观察点是所有样点中建筑用地面积最广的，自然林相对较少，故种类最少，只有69种。

表6 不同位点鸟类群落多样性和均匀度

位点	多样性指数（*H*）	均匀度指数（*E*）	鸟类种类（*S*）
龙村	3.847 2	0.754 3	164
安流	3.756 0	0.749 6	150
横陂	3.636 8	0.734 8	141
水寨	3.029 5	0.715 5	69
合水	3.913 0	0.768 2	162
水口	4.001 2	0.769 6	181
畲江	3.771 2	0.736 8	167
梅南	2.892 4	0.567 1	164
长沙	3.539 5	0.703 6	153
梅城	2.921 7	0.650 9	89
西阳	3.623 9	0.694 2	185
丙村	3.565 8	0.711 6	150
雁洋	3.876 1	0.751 3	174
松口	3.798 8	0.721 8	193
蓬辣	4.265 8	0.805 1	200
三河	3.867 7	0.750 5	173

4.2.3　冬、夏两季鸟类群落结构及多样性

从表7可知，调查到梅江流域的冬季鸟类的种类和数量都比夏季鸟类多，多样性指数和均匀度指数都比较高且比较接近，说明此流域的自然资源和物种资源相对丰富，生态系统尚处于较为良好和稳定的状态，是冬夏候鸟迁徙停留的重地，全年的环境气候较适宜，特别在冬季，梅江流域能为冬候鸟提供越冬栖息的良好条件，流域内山地林大，以留鸟为主，种类数量多，绝大多数集中栖于自然林间。

表7　梅江流域冬、夏两季鸟类群落结构及多样性

季节	种数	个体数量	多样性指数（*H*）	均匀度指数（*E*）
夏季	134	25 040	3. 512 1	0. 717 0
冬季	161	30 208	3. 545 3	0. 697 7

4.2.4　梅江流域鸟类群落与南方几个地区鸟类群落多样性比较

梅江流域鸟类的多样性指数是3. 761 7，稍低于西洞庭湖（4. 886 5）和东洞庭湖（4. 400 0），但略高于汕头海岸湿地（3. 230 0）、广州南沙湿地（3. 425 0）、厦门滨海湿地（3. 660 0）。梅江流域的均匀度指数是0. 709 3，反而高于西洞庭湖（0. 594 9）、东洞庭湖（0. 540 0），但稍低于汕头海岸湿地（0. 800 0 以上）、广州南沙湿地（0. 871 1）、厦门滨海湿地（0. 800 0）。可见，梅江流域虽然不是以湿地生境为主，但与南方几个主要湿地的鸟类多样性指数相比仍有较大的可比性，甚至比沿海地区的几个湿地的鸟类多样性要高。均匀度指数和多样性指数都处在中间位置，种类数量分布均匀，群落稳定性较强。这主要是因为梅江流域广阔的流域面积中，大部分山地植被覆盖广且分布较均匀、河岸湿地生态保持完整，流域内因工业区少、污染少、工矿业相对比较落后，受人为干扰强度不大。因而，也为这里的鸟类提供了天然的适宜栖息、觅食、繁衍和越冬的优越场所。

5 结论与进一步的研究设想

5.1 结论

调查研究结果表明，共记录到鸟类201种，隶属于16目49科127属，调查总数共计35 043只。从种类和数量来看，梅江流域鸟类资源十分丰富。

按居留类型分，有留鸟81种，冬候鸟67种，夏候鸟40种，旅鸟13种。候鸟所占比例有一半以上，说明梅江流域是鸟类越冬、繁殖的重要场所。

按区系特征分，有古北界种类95种，东洋界种类64种，广布型种类42种。古北界与东洋界物种相混杂，梅江流域虽然从动物地理分区上看属东洋界，但却是古北界东部候鸟的越冬地，故古北界种类较多。

按生态类型分，有鸣禽93种，攀禽20种，陆禽9种，涉禽46种，游禽13种，猛禽20种。六种生活类型均有分布，且鸣禽占绝大多数。

根据重要保护鸟类分类，有国家Ⅰ级保护鸟类1种，国家Ⅱ级保护鸟类21种，国际湿地公约指定种类24种；《中澳候鸟保护协定》指定种类22种，《中日候鸟保护协定》指定种类76种，《濒危野生动植物物种国际贸易公约》（CITES）指定种类19种，其中“三有”种类，即有益的、有重要经济价值的、有重要科学研究价值的物种为155种。

经多样性分析，整个梅江流域的鸟类群落多样性指数为3.761 7（较高），均匀度指数为0.703 9（较高）。其中不同生境鸟类群落的多样性和均匀度以及优势度都不一样，农田村庄的多样性指数及均匀度指数最高，但优势度最低。不同位点鸟类群落多样性和均匀度也有差异，其中梅城的多样性指数和均匀度指数最低，其他位点相差不大。冬、夏两季鸟类群落结构多样性较接近且较高。总的来说，梅江流域的鸟类群落结构较稳定，鸟类对梅江流域的生态稳定及物种多样性具有重大贡献。

近年来，随着梅州经济的发展，梅州地区日渐变成珠三角产业转移的对象，梅江流域的工厂、工业园的建设逐渐增多，于是，一系列生态环境问题随之而来。植被破坏首当其冲，工业污水和工业垃圾随之而来，导致当地生态被破坏，如河水水质下降，生物多样性减少。对鸟类多样性的影响主要是通过食物链效应破坏其栖息林地，其中丙村位点（工矿企业较多）就是最好的例子。

5.2　进一步的研究设想

由本次调查结果可知，梅江流域有着丰富的鸟类资源。但与鸟类科学研究相关的成果报道甚少。目前所知，钟福生等[10,16]已对本地区梅县机场和梅州流域冬季鸟类群落结构及多样性进行了研究。在此基础上，本次的鸟类调查以钟福生教授为指导老师，本文着重在梅江流域鸟类群落结构和多样性上作了系统的分析，而其他的相关部分，如鸟类资源的消长动态、濒危鸟类的观测与保护、鸟类的繁殖、鸟害的防治等仍未做深入研究，由此也反映出本地区对鸟类保护研究不够重视。因此，希望政府及相关的科研单位能足够重视鸟类资源调查工作，加强对鸟类的科学研究。

随着科学技术的进步，3S 技术（GIS、GPS、RS）、分子生物学技术、无线电遥测技术、温度记录仪、声谱分析和电子微芯片技术、视频技术等一系列现代技术在鸟类生物学研究中得到了广泛的应用，为提高鸟类生物学研究水平和研究领域拓展发挥了重要作用。作者认为，梅江流域内拥有优越的生态环境及丰富的自然资源，尤其是鸟类资源，是十分庞大而又有科研价值的资源。如果能得到当地政府和企事业单位的大力资助，组建科研团队，引进先进技术，大力开发鸟类科研资源及其他生物资源，也许可以为发展本区特色经济提供契机。更重要的是，此举将会为整个鸟类学研究领域的进步发展做出很大的贡献，从而有助于推动人类社会不断向前发展。

最后，由于梅江流域的生态环境是时刻处于动态变化之中的，鸟类群落结构也相应地时刻处于动态变化之中。本文所进行的问题调查、分析和提出的研究对策都要随着流域内实际情况的变化而相应地发生改变，因而具有很大的修正和补充空间。

参考文献

[1] 马克平. 未来十年的生物多样性保护目标 [J]. 生物多样性, 2011, 19 (1): 1~2.

[2] 马克平, 刘玉明. 生物群落多样性的测度方法 Iα 多样性的测度方法 (下) [J]. 生物多样性, 1994, 2 (4): 231~239.

[3] 张恒军. 鸟类在环境监测中的作用 [J]. 生物学通报, 1992, 5 (3): 176~178.

[4] 赵洪峰, 雷富民. 鸟类用于环境监测的意义及研究进展 [J]. 动物学杂志, 2002, 37 (6): 323~326.

[5] 丁平. 中国鸟类生态学的发展与现状 [J]. 动物学杂志, 2002, 37 (3): 71~78.

[6] 郑光美. 我国鸟类生态学的回顾与展望 [J]. 动物学杂志, 1981, 4 (1): 63~68.

[7] 潘艳秋, 刘菲. 3S 技术在鸟类生态学研究中的应用 [J]. 内蒙古环境科学, 2009, 6 (2): 48~54.

[8] 崔鹏, 邓文洪. 鸟类群落研究进展 [J]. 动物学杂志, 2007, 12 (4): 149~158.

[9] 杨荣. 鸟撞危害及其防治 [A]. 第八届中国动物学会鸟类学分会全国代表大会暨第六届海峡两岸鸟类学研讨会论文集 [C], 2005.

[10] 钟福生, 沈秋云, 叶婷等. 梅县机场鸟类群落结构及鸟击防治对策 [J]. 嘉应学院学报 (自然科学版), 2010, 14 (8): 55~62.

[11] 栾晓峰, 徐玲, 徐宏发等. 上海郊区冬季鸟类群落特征及多样性研究 [J]. 华东师范大学学报 (自然科学版), 2010, 10 (4): 76~80.

[12] 王勇, 张正旺, 郑光美等. 鸟类学研究: 过去二十年的回顾和对中国未来发展的建议 [J]. 生物多样性, 2012, 20 (2): 119~137.

[13] 汪松, 郑光美, 王岐山. 中国濒危动物红皮书——鸟类 [M]. 北京: 科学出版社, 1998.

[14] 张荣祖. 中国动物地理 [M]. 北京: 科学出版社, 1999.

[15] 郑作新. 中国鸟类种和亚种分类名录大全 [M]. 北京: 科学出版社, 2000.

[16] 钟福生, 黄勋和, 李威娜等. 梅江流域冬季鸟类群落结构及多样性 [J]. 嘉应学院学报 (自然科学版), 2012, 30 (2): 53~62.

附表　梅江流域鸟类群落组成

序号	动物名称	种群数量△		分布生境	居留类型*	区域类型	保护类型☆
		数量级	数量				
1	小鸊鷉 *Podiceps ruficollis poggei*	＋＋	68	①②④⑤⑥	R	W	3，湿
2	凤头鸊鷉 *P. cristatus*	＋	22	①②④⑤	WM	P	3，湿，日
3	鸬鹚 *Phalacrocorax carbo sinensis*	＋	30	①②	WM	P	3，湿
4	苍鹭 *Ardea cinerea rectirostris*	＋＋	17	①②③④⑤	WM	O	3，湿
5	草鹭 *A. purpurea manilensis*	＋＋	25	①②③④⑤⑥	SM	W	3，日
6	绿鹭 *Butorides striatus connectens*	＋＋	77	①②③④⑤⑥	R	W	3
7	池鹭 *Ardeola bacchus*	＋＋＋	317	①②③④⑤⑥	SM	O	3
8	牛背鹭 *Bubbclcus ibis coromandus*	＋＋	119	①②③④⑤⑥	SM	O	3，日，贸
9	大白鹭 *Egretta alba modestus*	＋＋	54	①②③④⑤⑥	WM	O	3，日，澳，贸
10	中白鹭 *E. intermedia*	＋＋＋	159	①②③④⑤⑥	SM	O	3，日
11	白鹭 *E. garztta garztta*	＋＋＋	199	①②③④⑤⑥	WM	O	
12	夜鹭 *Nycticorax nycticorax*	＋＋	97	①②③④⑤	R	O	3，湿，日
13	黄斑苇鳽 *Ixobrychus sinensis*	＋＋	33	①②③④⑤	SM	O	3，日，澳
14	紫背苇鳽 *I. eurhythmus*	＋＋	38	①②③④⑤⑥	SM	O	3，日
15	栗苇鳽 *I. cinnamomeus*	＋＋	47	①②③④⑤⑥	SM	O	3
16	黑鳽 *Dupetor fiavicollis*	＋	12	①②④⑤	SM	O	3
17	大麻鳽 *Botaurus stellaris*	＋	27	①②④⑤	WM	P	3，日
18	赤麻鸭 *Tadorna ferruginea*	＋	18	①②④	WM	P	3，日
19	绿翅鸭 *Anas c. crecca*	＋＋	107	①②④	WM	P	3，湿，日，贸
20	花脸鸭 *A. formosa*	＋＋	50	①②④	WM	P	3，日，贸
21	罗纹鸭 *A. falcata*	＋	36	①②④	WM	P	3，湿，日
22	绿头鸭 *A. p. platythynchos*	＋＋	160	①②④	WM	P	3，湿，日
23	斑嘴鸭 *A. poecilorhyncha zonorhyncha*	＋	21	①②④	WM	W	3
24	赤颈鸭 *A. penelope*	＋	16	①②④	WM	P	3，日，贸
25	鸳鸯 *Aix galericulata*	＋	20	①②④	WM	P	Ⅱ，日
26	棉凫 *Nettabus c. coromandelianus*	＋＋	52	①②④	SM	O	3

（续上表）

序号	动物名称	种群数量△		分布生境	居留类型*	区域类型	保护类型☆
		数量级	数量				
27	鸢 *Milvus korschun lineatus*	+	10	①②③④⑤	WM	O	II，湿，贸
28	苍鹰 *Accipiter gentilis*	+	13	①②③④⑤⑥	WM	P	II
29	雀鹰 *A. nisus nisosimilis*	+	13	①②③④⑤⑥	WM	W	II，湿，贸
30	松雀鹰 *A. virgatus*	+	14	①②③④⑤	R	W	II，贸
31	普通鵟 *Buteo buteo burmamcus*	+	11	①②④⑤⑥	WM	P	II，湿，贸
32	白尾鹞 *Circus cyaneus*	+	12	①②③④⑤	WM	P	II，日，贸
33	白头鹞 *C. aeruginosus spilonotus*	+	11	①②③④⑤	PM	P	II，日，贸
34	小隼 *Microhierax melanoleucos*	+	10	①②③④⑤	PM	O	II
35	游隼 *Falco peregrinus calidus*	＋＋	15	①②③④⑤⑥	R	W	II，贸
36	燕隼 *F. subbuteo streichi*	+	10	①②③④⑤⑥	SM	P	3，湿，日，贸
37	红脚隼 *F. vespertinus amurensis*	+	14	①②③④⑤⑥	WM	P	II，贸
38	红隼 *F. tinnunculus*	+	16	①②③④⑤⑥	R	W	II，贸
39	鹧鸪 *Francolinus pindadeans*（*Sclpoli*）	＋＋＋	140	①②③④⑤⑥	R	W	
40	鹌鹑 *Coturnix coturnixjaponica*	＋＋	117	①②③④⑤⑥	R	P	3，日
41	竹鸡 *Bambusicola sclpoli thoracica*	＋＋＋	179	①②③④⑤⑥	R	P	3
42	黄腹角雉 *Tragopan caboti*	+	6	①②	R	P	I
43	白鹇 *Lophura nycthemera*	＋＋	34	①②③④⑤	R	O	II
44	环颈雉 *Phasianus colochicus torquatus*	＋＋＋	218	①②③④⑤⑥	R	P	
45	普通秧鸡 *Rallus aquaticus indicus*	＋＋	119	①②③④⑤⑥	WM	P	3，日
46	小田鸡 *Porzana pusilla*	＋＋	27	①②③④⑤	SM	W	3，日
47	红胸田鸡 *P. fusca erythrothorax*	+	18	①②④⑤	SM	P	3
48	白胸苦恶鸟 *Amaurornis chinens*	＋＋	21	①②③④⑤⑥	SM	O	3，日
49	董鸡 *Gallicrex cinerea*	＋＋	37	①②③④⑤⑥	SM	O	3
50	黑水鸡 *Gallimula chlropus indica*	＋＋	36	①②③④⑤⑥	R	W	3，日
51	白骨顶 *Fulica atra*	＋＋	38	①②③④⑤⑥	WM	P	3
52	水雉 *Hydrophasianus chirurgus*	＋＋	23	①②③④⑤⑥	SM	O	3
53	彩鹬 *Rostratula benghalensis*	+	13	①②③④⑤⑥	R	O	
54	凤头麦鸡 *Vanellus vanellus*	＋＋	43	①②③④⑤⑥	WM	P	3，湿，日

（续上表）

序号	动物名称	种群数量△		分布生境	居留类型*	区域类型	保护类型☆
		数量级	数量				
55	灰头麦鸡 *Microsarcops cinereus*	＋＋	38	①②③④⑥	R	O	3，日，澳，
56	灰斑鸻 *Pluvialis squatarola*	＋＋	84	①②③④⑤⑥	PM	P	3，日，澳，
57	金斑鸻 *P. dominica fulva*	＋＋	93	①②③④⑤⑥	PM	P	3，日，澳，
58	剑鸻 *C. hiaticula placidus*	＋＋	82	①②③④⑤	WM	P	3，澳，
59	金眶鸻 *C. dubius curonicus*	＋＋	97	①②③④⑤⑥	PM	P	3，日，澳
60	环颈鸻 *C. alexandrinus dealbatus*	＋＋＋	158	①②③④⑤⑥	WM	P	3
61	白腰杓鹬 *Numenius arquata orientalis*	＋＋	21	①②③④⑤	WM	P	3，日，澳
62	红脚鹬 *Tringa totanus*	＋	13	①②③④⑤	WM	P	3，日，澳
63	青脚鹬 *T. nebularia*	＋	14	①②③④⑤⑥	WM	P	3，湿，日，澳，
64	白腰草鹬 *T. ochropus*	＋＋	26	①②③④⑤⑥	WM	P	3，湿，日
65	林鹬 *T. glareola*	＋	13	①②③④⑤⑥	WM	P	3，日，澳
66	矶鹬 *T. hypoleucos*	＋＋	42	①②③④⑤⑥	WM	P	3，湿，日，澳
67	针尾沙锥 *Capella stenura*	＋＋	69	①②③④⑤⑥	WM	W	3，澳
68	扇尾沙锥 *C. gallinago*	＋＋	73	①②③④⑤⑥	WM	P	3，日
69	丘鹬 *Scolopax risticola*	＋	16	①②③④⑤⑥	WM	P	3，日
70	长趾滨鹬 *Calidris subminutus*	＋	14	①②③④⑤	PM	W	3
71	乌脚滨鹬 *C. temminckii*	＋	13	①②③④⑤	PM	W	3，日
72	黑腹滨鹬 *C. alpinus sakhalinus*	＋	13	①②③④⑤	WM	P	3，日，澳
73	反嘴鹬 *Recurvirostra avosetta*	＋	18	①②④⑥	WM	P	3，日
74	燕鸻 *Glareola maldivarum*	＋＋	46	①②③④⑤⑥	SM	P	3，日，澳
75	红嘴鸥 *Larus ridibundus*	＋	16	①②	WM	P	3，日
76	银鸥 *L. argentatusvegae*	＋	6	①②	WM	P	3，日
77	白翅浮鸥 *Chlidonias leucoptera*	＋	6	①②	SM	W	3
78	山斑鸠 *Streptopelia o. orientalis*	＋＋＋	490	①②③④⑤⑥	R	W	3，湿
79	珠颈斑鸠 *S. c. chinensis*	＋＋	114	①②③④⑤⑥	R	O	3
80	火斑鸠 *Oenopopelia tranquebarica humilis*	＋＋	28	①②④⑤	R	O	3
81	红翅凤头鹃 *Clamator colomendus*	＋	12	①②③④⑤⑥	SM	O	3

（续上表）

序号	动物名称	种群数量△		分布生境	居留类型*	区域类型	保护类型☆
		数量级	数量				
82	鹰鹃 *Cuculus sparverioides*	+	9	①②④⑤	R	P	3
83	四声杜鹃 *C. m. micriopterus*	+ +	32	①②③④⑤⑥	SM	W	3
84	褐翅鸦鹃 *Centropus s. sinensis*	+ +	20	①②③④⑤⑥	R	P	3,Ⅱ
85	大杜鹃 *C. canolus fallax*	+ +	28	①②③④⑤⑥	SM	W	3,日
86	中杜鹃 *C. saturatus*	+ +	26	①②③④⑤⑥	SM	O	3
87	小鸦鹃 *C. toulou bengalensis*	+ +	21	①②③④⑤⑥	SM	O	3,日
88	草鸮 *Tyto capensis chinensis*	+	11	①②④⑤⑥	R	O	3, Ⅱ, 湿,日
89	红角鸮 *Otus scops malayanus*	+	9	①②④⑤⑥	R	O	3,Ⅱ
90	领角鸮 *O. bakkamoena glabripes*	+	11	①②③④⑤⑥	R	O	Ⅱ
91	毛脚鱼鸮 *Ketupa flavipes*	+	5	①②④	R	O	Ⅱ,贸
92	领鸺鹠 *Glaucidium b. brodiei*	+	11	①②③④⑤⑥	R	P	
93	斑头鸺鹠 *G. cuculoides whiteleyi*	+ +	15	①②③④⑤⑥	R	O	Ⅱ,贸
94	短耳鸮 *Asio flammeus*	+	13	①②③④⑤⑥	WM	P	Ⅱ, 日,贸
95	普通夜鹰 *Caprimulgus indicus jotaka*	+ +	14	①②③④⑤⑥	SM	O	3,日
96	小白腰雨燕 *Apus affinis subfurcatus*	+ +	86	①②③④⑤⑥	SM	O	3,日,澳
97	冠鱼狗 *Ceryle lugubris guttulata*	+ +	46	①②③④⑤⑥	R	O	
98	普通翠鸟 *Alcedo atthis bengalensis*	+ +	162	①②③④⑤⑥	R	W	3,湿
99	白胸翡翠 *Halcyon smyrnensis perpulchra*	+ +	30	①②③④⑤⑥	R	O	3
100	蓝翡翠 *H. pileata*	+ +	32	①②③④⑤⑥	SM	O	3
101	栗头蜂虎 *Merops v. viridis*	+ +	82	①②③④⑤⑥	R	P	
102	三宝鸟 *Eurystomus orientalis*	+	12	①②④⑤	SM	W	3
103	戴胜 *Upupa epops*	+ +	55	①②③④⑤⑥	R	W	3,湿
104	蚁䴕 *Jynx torquilla chinensis*	+	7	①②④⑤	WM	P	3
105	姬啄木鸟 *Picumnus innominatus chinensis*	+	7	①②④⑤	R	W	3
106	黑枕绿啄木鸟 *Picus canus sobrinus*	+	14	①②③④⑤⑥	R	O	
107	斑啄木鸟 *Dendrocopos major mandarinus*	+	13	①②③④⑤⑥	R	W	3

（续上表）

序号	动物名称	种群数量△		分布生境	居留类型*	区域类型	保护类型☆
		数量级	数量				
108	星头啄木鸟 *D. canicapillus nagamichii*	+	14	①②③④⑤⑥	R	O	3
109	蓝翅八色鸫 *Pitta nympha*	+	6	①②④	SM	W	3,II
110	小云雀 *Alauda gulgula coelivox*	+ + +	414	①②③④⑤⑥	R	O	3,湿
111	家燕 *Hirundo rustica gutturalis*	+ + +	2488	①②③④⑤⑥	SM	W	3,日,澳
112	金腰燕 *H. daurica japonica*	+ + +	185	①②③④⑤⑥	SM	W	3,日
113	山鹡鸰 *Dendronanthus indicus*	+ + +	122	①②③④⑤⑥	SM	W	3,日
114	黄鹡鸰 *Motacilla flava*	+ +	97	①②③④⑤⑥	PM	P	3,日,澳
115	灰鹡鸰 *M. cinerca robusta*	+ + +	241	①②③④⑤⑥	WM	W	3,澳
116	白鹡鸰 *M. alba leucopis*	+ + +	536	①②③④⑤⑥	R	W	3,湿,日,澳
117	田鹨 *Anthus novaeseelandiae sinensis*	+ + +	503	①②③④⑤⑥	WM	W	3,湿,日
118	树鹨 *A. hodgsoni hodgsoni*	+ + +	181	①②③④⑤⑥	PM	P	3
119	水鹨 *A. spinoltta japonicus*	+ + +	678	①②③④⑤⑥	WM	P	3,日
120	暗灰鹃鵙 *Coracina melaschistos intermedia*	+	8	①②④⑤	R	P	3
121	灰喉山椒 *Pericrocotus solaris grseigularis*	+	5	①②④⑤	PM	P	3,日
122	绿鹦嘴鹎 *Spizixos semitorques*	+	9	①②④⑤	R	P	
123	红耳鹎 *Pycnonotus jocosus*	+ +	117	①②③④⑤⑥	R	P	
124	白头鹎 *P. sinensis*	+ + +	3596	①②③④⑤⑥	R	W	3
125	白喉红臀鹎 *P. aurigaster*	+ +	101	①②③④⑤⑥	R	O	3
126	绿翅短脚鹎 *Hypsipetes mcclellandii*	+ +	50	①②③④⑤⑥	R	O	
127	红尾伯劳 *Lanius ceistatus*	+ + +	363	①②③④⑤⑥	SM	W	3,日
128	棕背伯劳 *L. schach*	+ + +	296	①②③④⑤⑥	R	O	3
129	黑枕黄鹂 *Oriolus chinenesis diffusus*	+ +	20	①②③④⑤⑥	SM	W	3
130	黑卷尾 *Dicrurus macrocercus cathoecus*	+ +	36	①②③④⑤⑥	SM	W	3
131	灰卷尾 *D. lencophaeus salangensis*	+ +	30	①②③④⑤⑥	SM	O	3
132	发冠卷尾 *D. hottentottus brevirostris*	+ +	30	①②③④⑤⑥	SM	O	3

（续上表）

序号	动物名称	种群数量△		分布生境	居留类型*	区域类型	保护类型☆
		数量级	数量				
133	灰背椋鸟 *Sturnus sinensis*	＋＋	148	①②③④⑤⑥	SM	O	3
134	北椋鸟 *S. sturninus*	＋＋	100	①②③④⑤⑥	WM	W	3
135	丝光椋鸟 *S. sericeus*	＋＋＋	279	①②③④⑤⑥	R	O	3
136	灰椋鸟 *S. cineraceus*	＋＋＋	5299	①②③④⑤⑥	WM	P	3
137	八哥 *Acridotheres c. cristatellus*	＋＋＋	970	①②③④⑤⑥	R	O	3
138	松鸦 *Garrulus glandarius sinensis*	＋＋	25	①②④⑤⑥	R	P	3，日
139	红嘴蓝鹊 *Cissa e. erythrorhyncha*	＋	16	①②④⑤	R	O	3
140	喜鹊 *Picap serica*	＋＋	26	①②③④⑤⑥	R	W	3
141	灰喜鹊 *Cyanopica cyana swinhoei*	＋＋＋	223	①②③④⑤⑥	R	P	3
142	大嘴乌鸦 *Corvus macrorhynchus colonorum*	＋	6	①②④⑤⑥	R	O	3
143	白颈鸦 *C. torquatus*	＋	8	①②④⑤⑥	R	O	3
144	白喉短翅鸫 *Brachypteryx leucophrys*	＋＋	27	①②④⑤⑥	R	P	
145	红点颏 *Luscinia calliop*	＋＋	34	①②③④⑤⑥	WM	O	
146	红胁蓝尾鸲 *Tarsiger c. cyanurus*	＋＋	38	①②③④⑤⑥	WM	W	3，日
147	鹊鸲 *Copsychus saularis prosthopellus*	＋＋＋	542	①②③④⑤⑥	R	O	3
148	北红尾鸲 *Phoenicurus auroreus*	＋＋	32	①②③④⑤⑥	WM	W	3，日
149	黑喉石䳭 *Saxicola torquata stejnegeri*	＋＋	32	①②③④⑤⑥	WM	W	3，日
150	红尾水鸲 *Rhyacornis fuliginosus*	＋＋	19	①②③④⑤⑥	R	O	
151	灰背燕尾 *Enicurus schisttaceus*	＋＋	17	①②③④⑤⑥	WM	P	
152	黑背燕尾 *E. leschenaulti*	＋＋	35	①②③④⑤⑥	WM	P	
153	蓝矶鸫 *Monticola solitaria*	＋＋	28	①②③④⑤⑥	WM	P	
154	紫啸鸫 *Myophonus c. caeruleus*	＋＋	29	①②③④⑤⑥	SM	O	3
155	乌鸫 *Turdus merula mandarinus*	＋＋	72	①②③④⑤⑥	R	W	3
156	白腹鸫 *T. pallitus obscurus*	＋	10	①②③④⑤⑥	WM	P	3，日
157	斑鸫 *T. naumanni eunomus*	＋＋＋	159	①②③④⑤⑥	WM	P	3，日
158	小鹪鹛 *Pnoepyga p. pusilla*	＋	10	①⑤	R	P	

（续上表）

序号	动物名称	种群数量△		分布生境	居留类型*	区域类型	保护类型☆
		数量级	数量				
159	红头穗鹛 *Stachyris ruficeps davidi*	+	10	①②④⑥	R	P	
160	棕颈钩嘴鹛 *Ponatorhinus ruficollis styani*	+ +	60	①②③④⑤⑥	R	O	3
161	黑脸噪鹛 *Garrulaxpers perspicillatus*	+ +	73	①②③④⑤⑥	R	O	3
162	画眉 *G. canorus*	+ + +	505	①②③④⑤⑥	R	O	3
163	白颊噪鹛 *G. sannio*	+ +	44	①②③④⑤⑥	R	O	3，贸
164	黄嘴鸦雀 *Paradoxornis flavirostris*	+ + +	404	①②③④⑤⑥	R	O	3
165	棕头鸦雀 *P. webbianus suffusus*	+ + +	354	①②③④⑤⑥	R	O	3
166	灰头鸦雀 *P. gularis fokiensis*	+ + +	185	①②③④⑤⑥	R	O	3
167	短翅树莺 *Cettia diphone*	+ +	62	①②③④⑤⑥	WM	O	
168	大苇莺 *Acrocephalus arundinaceus orientalis*	+ +	22	①②④⑤	SM	P	3,湿,日,澳
169	芦莺 *Phragamaticola aedon rufescens*	+ +	29	①②④⑤⑥	PM	P	
170	褐柳莺 *Phylloscopus fuscatus*	+	16	①②③④⑤⑥	WM	P	3
171	黄眉柳莺 *P. inornatus*	+	17	①②③④⑤⑥	PM	W	3,日
172	黄腰柳莺 *P. proreculus*	+ +	30	①②③④⑤⑥	PM	W	3,日
173	极北柳莺 *P. borcalis*	+ +	28	①②③④⑤⑥	WM	P	3
174	火尾缝叶莺 *Orthotomus sutorius longicaudus*	+ +	26	①②③④⑤⑥	R	O	
175	棕扇尾莺 *Cisticola juncidis tinnabulans*	+	13	①②③④⑤⑥	SM	O	
176	褐头鹪莺 *Prinia inornata extensicauda*	+	11	①②③④⑤⑥	R	O	
177	白喉林鹟 *Rhinomyias brunneata*	+	5	①②④⑤	R	O	3
178	乌鹟 *Muscicapa sibirica*	+	9	①②④⑤⑥	R	P	3,日
179	斑胸鹟 *M. griseisticta*	+ +	20	①②③④⑤⑥	WM	O	3
180	北灰鹟 *M. latirostris*	+ +	22	①②③④⑤⑥	WM	P	3
181	大山雀 *Parus major commixtus*	+ + +	931	①②③④⑤⑥	R	W	3
182	黄颊山雀 *P. xanththogenys rex*	+ +	143	①②③④⑤⑥	R	O	3

（续上表）

序号	动物名称	种群数量△		分布生境	居留类型*	区域类型	保护类型☆
		数量级	数量				
183	红头长尾山雀 *Aegithalos concinnus*	+	12	①②④⑤	R	O	3
184	暗绿绣眼 *Zosterops japonica simplex*	+ +	22	①②③④⑤⑥	SM	O	3，澳
185	树麻雀 *Passer montanus saturattus*	+ + +	3822	①②③④⑤⑥	R	W	3
186	山麻雀 *P. rutilans*	+ + +	192	①②③④⑤⑥	R	O	3
187	白腰文鸟 *Lonchura striata*	+ + +	940	①②③④⑤⑥	R	W	
188	斑文鸟 *L. punctulata topela*	+ +	116	①②③④⑤⑥	R	O	
189	燕雀 *Fringilla montifringilla*	+ + +	513	①②③④⑤⑥	WM	W	3，日
190	金翅 *Carduelis sinica*	+ + +	1059	①②③④⑤⑥	R	W	3
191	普通朱雀 *Carpodacus erythrinus roseatus*	+ +	134	①②③④⑤	R	P	3，日
192	黑头蜡嘴 *Eophona personata magnirostris*	+ + +	548	①②③④⑤⑥	R	P	
193	黑尾蜡嘴 *E. migratoria sowerbyi*	+ + +	361	①②③④⑤⑥	R	W	3，日
194	黄胸鹀 *Emberiza aureola*	+ + +	228	①②③④⑤⑥	WM	O	3
195	灰头鹀 *E. spodocephala*	+ +	32	①②③④⑤⑥	WM	P	3，日
196	三道眉草鹀 *E. cioides castaneiceps*	+ +	84	①②③④⑤⑥	R	P	3
197	赤胸鹀 *E. fucata*	+ +	87	①②③④⑤⑥	WM	P	日
198	田鹀 *E. rsutica*	+	17	①②③④⑤⑥	WM	P	3，日
199	小鹀 *E. pusilla*	+ +	22	①②③④⑤⑥	WM	P	3，日
200	黄眉鹀 *E. chrysophrys*	+ +	69	①②③④⑤⑥	WM	P	3
201	白眉鹀 *E. tristrami*	+ +	31	①②③④⑤⑥	WM	P	3，日
总数				35 043			
多样性指数				3.761 7			
均匀性指数				0.709 3			

注：△：“+++”优势种；“++”普通种；“+”稀有种。

①农田村庄；②河岸湿地；③城镇郊区；④山区乡村；⑤山区乡镇；⑥工矿盆地；

*R：留鸟 Resident；SM：夏候鸟 Summer migrant；WM：冬候鸟 Winter migrant；PM：旅鸟 Passing migrant；O：东洋界物种 Oriental species；P：古北界物种 Palaearctic species；W：广布种 Widespread species。

☆："Ⅰ、Ⅱ"：国家级一类、二类保护动物；"3"：有益的、有重要经济价值的、有重要科学研究价值的物种；"湿"：《国际湿地公约》指定种类；"贸"：《濒危野生动植物物种国际贸易公约》（CITES）指定种类；"日"：《中日候鸟保护协定》指定种类；"澳"：《中澳候鸟保护协定》指定种类。

梅江流域水质监测与分析

张丰如，钟福生，王开峰

摘　要：近年随着梅州经济的快速发展，工厂废水和生活污水排放量明显增多，区域经济发展和区域环境容量不相适应，梅江流域多处都受到污染，水质的污染对生态环境和人类生活都造成了严重的影响。因此，对梅江流域的水质进行监测、分析和防治是必需的。为了找出梅江的主要污染物和污染源，从而更有针对性地改善梅江水质量和治理梅江水环境，作者于 2010 年 3 月至 2011 年 2 月对梅江流域的五华琴江桥、梅南大桥、西阳水电站、松口蓬辣、梅江下游五处进行实地调查和监测，结合广东省水环境监测中心梅州分中心的水质监测数据，将测定出来的水温、粪大肠菌群等 12 项污染指标数据，按照水质性质变化分为四组，运用综合污染指数法，计算出梅江流域各污染物和各监测断面的污染指数。分析结果显示，梅江水系的主要污染物为挥发酚和石油类，污染指数分别是 1.63 和 1.44。污染比较严重的河段是西阳水电站和松口蓬辣河段，污染指数分别是 1.23 和 0.94，污染分担率分别为 29% 和 23%。而 2011 年的梅江流域水质相比于 2004 年得到改善，主要原因是石油类污染得到有效控制，但是挥发酚和有机物的污染加重了，应引起政府相关部门的重视。
关键词：梅江流域　综合污染指数法　污染物　污染源　水环境评价

1　前言

1.1　研究背景

水在自然环境和社会环境中，都是极为重要而活跃的因素。山清水秀，风调雨顺，五谷丰登，是人类的追求和向往。水在不停地运动，在人体里，在农田，在工厂，使世界充满生机和活力。但是，水多了，水少了，水脏了，也会对人类造成极大伤害。江河横溢，陆地行船；赤地千里，禾苗枯槁；水体腐臭，满目疮痍，都严重威胁到人类的生存与发展。

随着工业的快速发展，现今世界各国对水的需求日益增大，水体的污染日益严重，下面是国外河流面临的情况。2004 年数据显示，每年有 1 400万吨工业废水排入尼罗河，河水中的细菌、病毒和其他微生物的含量超过正常标准数十倍，铅、汞、砷等有毒物质的含量也大大超过世界卫生组织规定的标准，甚至发生过因食用尼罗河鱼而中毒和饮用尼罗河水引发肝炎和肾衰竭的事件。多瑙河因大坝众多和挖泥过度，其周边的沼泽地和平原已消失了 80%。格兰德河过度抽水灌溉农田导致河床变得很浅，引发海水倒灌，海洋鱼类侵入河中，使河内土生土长的 69 种独有的鱼类受到生存威胁。2011 年日本福岛地震核电站事故，从当年 4 月 4 日开始，东京电力公司已向海中排放了约 9 000 吨低放射性污水，而其 2 号机组周围尚有 2 万吨高放射性污水，存在泄漏入海的风险。30 年后，福岛第一核电站排入海水中的放射性物质将扩散至整个太平洋。

我国水环境面临着水体污染、水资源短缺和洪涝灾害等多方面压力。水体污染加剧了水资源短缺，水生态环境破坏促使洪涝灾害频发。据 1999 年《中国环境状况公报》显示，目前我国七大水系、主要湖泊、近岸海域及部分地区的地下水受到不同程度的污染。河流以有机污染为主，主要污染物是氨氮、生化需氧量、高锰酸盐指数和挥发酚等；湖泊以富营养化为特征，主要污染指标为总磷、总氮、化学需氧量和高锰酸盐指数等；近岸海域主要污染指标为无机氮、活性磷酸盐和重金属。这些因素构成了水环境问题影响范围广、危害严重、治理难度大等特征。七大水系中的海河污染尤其严重，各断面的水质均在Ⅳ级和Ⅴ级的水平。[1]20 世纪 80 年代以来，珠江水生生物已渐绝迹，江水黑臭油腻。松花江严重的水体污染亦早已引起了人们的注意，在松花江水系被监测到的污染物有 480 种之多。[2]辽河流域污水排放量在 100 万吨以上的工厂有 532 家，工业污水排放量占辽宁省的 2/3。辽河成为一条巨大的“排污沟”，致使辽河流域受到严重污染。石羊河、黑河和疏勒河三大内陆河的下游，普遍遭遇严重的生态危机。

对梅江水质的研究，虽然有早期科学的理论和方法指导梅江的水质污染治理，但是随着城市建设和工业化的快速进展，梅江的治理远远赶不上污染的速度，梅江的污染严重影响了沿岸居民的生活，而且对梅江流域附近的生态环境造成恶劣的影响，水中的鱼类日益减少，往日清澈的河水，现在却不复存在。因此，为了保护梅州的母亲河，防止梅江继续受到污染，有必要定期监测梅江的污染情况，找出主要污染物和污染源，尊重自然规律、尊重科学、加强污染治理研究。笔者在前期工作的基础上，结合 2009 年获得的广东省普通高校人文社会科学省市共建重点研究基地招标课题（编号：09KYKT01）、梅州市科技计划重点项目（编号：2009A23）资助，拟于2010年3月至2011年2月对梅江流域的五华琴江桥、梅南大桥、西阳水电站、松口蓬辣、梅江下游五处进行监测，同时结合广东省水环境监测中心梅州分中心监测的水质资料，与2004年的梅江水质进行比较分析，其中水质资料包括水温、粪大肠菌群等12项污染指标数据。文中将污染项目按照水质性质变化分为四组，然后运用综合污染指数法，计算出梅江流域各污染物和各监测断面的污染指数。

1.2 国内外流域水环境质量研究概况

1.2.1 国外流域水环境质量研究情况概述

北美五大湖之一的伊利湖，20世纪70年代以前，由于洗涤剂工业的迅速发展，大量的含磷洗涤剂被毫无节制地排入湖中，同时大量的工业废水和生活污水的排入以及一些化肥的大量使用，都导致伊利湖中的磷超标。伊利湖富营养化问题在当时尚未明确，政府组织科学家进行探索性研究，最后发现了针对富营养化问题，控制面源污染非常重要，所以限制磷排放是控制伊利湖富营养化的关键所在，美加两国共同签署了《大湖区管理协议》。此外，两国建立了大量的城市污水的集中系统和污水处理厂，采用物理、化学法处理大部分的工业废水，并建设水截流沟。

18世纪，泰晤士河是一个著名的鲑鱼产地，河水清澈见底。19世纪上半叶，随着英国现代化工业的发展，泰晤士河水质日益恶化，水生生物几乎灭绝，从河流汲取的水更导致了疾病的传播，引发了霍乱。科学家把泰晤士河的治理方案设计为两个阶段，20世纪50年代末，开始研究用数学方法来预测泰晤士河污染趋势及其对河流水质的影响，从而制定了河流的水质标准，在这一过程中，提出了有效氧负荷和污染预算的概念。所谓有效氧负荷是指沿河口某处排放有机污染物，其在潮汐河口中回荡时间较长，在抵达海水前所消耗的氧量。它与排放口到海口的距离有关，距离越远，耗氧越多。污染预算是指在达到港湾水质标准的前提下，水质可接纳的最高污染负荷。此外，还建立了稳态水质模型，其最大价值是用于规划新厂发展时，能使投资收到最大的效益，它已被用于计算直接排放到泰晤士河的发电厂冷却水对河口的影响。经过相关领域专家的参与，借助现代化科学技术方法和国家的政策治理，泰晤士河污染得到了根本控制。

莱茵河是一条国际大河，位于欧洲中部，至1971年，水质污染已极其严重，有些河段几乎丧失了自净能力。针对莱茵河的污染情况，科学家们采取加强污染物监测的方法，德国设立了综合性的完整连续的监测系统，这个系统包括15个水质监测站，分布在莱茵河以及它的一些主要支流上。每个监测站取样的方法是每次连续取样2小时，然后保存在-18℃的环境中，通过这些单独的试样就可以获得与流量有关的24小时总样和14天总样。在14天总样中测量下列参数：COD值、有机碳、总氮、氮平衡、氯化物、硫酸盐浓度、钠离子浓度、钾离子浓度、镁离子浓度、总α放射性、总β放射性。在8周总样中测量重金属离子镍、锌、铜、铬、铅、镉、铁、锰、砷的浓度。对上述参数的记录和分析结果将以报告的形式保存下来。每个支流的检测项目是根据当地的条件而设计的，它既包括对河水水质的连续监测，又包括对试样的实验分析。监测工作每年大概需要做四次，除了对化学项目进行监测外，还对医学生物学指数进行测定，以此来对水质进行全面监测。[3]

1.2.2　国内流域水环境质量研究情况概述

“九五”以来，我国重点流域水污染防治以淮河治理为先导，太湖、巢湖、滇池以及海河、辽河相继开展。通过采取工业污染源的末端治理，以及在产业结构调整和压缩过剩生产力中，取缔、关闭和淘汰生产工艺落后、设备陈旧、污染严重的企业等一系列措施，治理工作取得了一定成效。部分水域已经接近实现第一阶段的污染防治目标。“九五”水污染防治作为我国历史上第一次大规模的流域水污染防治，积累了大量宝贵经验，对于开拓我国的环境可持续发展道路具有长远的战略意义。但是，从总体上看，重点流域的水污染防治工作进展还比较缓慢，取得的成果十分微弱。在实践中暴露出来的一些问题也充分说明，我国当前和今后一段时期，流域水污染防治仍面临严峻挑战。目前，全国的工业污染已经开始得到有效控制。到2000年底，全国所有工业污染源都已实现达标排放。城市污水处理正在逐步加快步伐。但是，农村经济发展带来的农药、化肥、畜禽养殖污染量大而广，有一定治理难度。从20世纪50年代到90年代，我国农药施用量增加近100倍，成为世界上农药用量最大的国家。我国每年因农药中毒的人数占世界同类事故中毒人数的50%。而且农药的大量流失，造成了严重的水体污染。全国化肥使用量也在成倍增加，1995年是1978年的4倍。目前，偏施化学氮肥，使氮、磷、钾比例失调的现象比较严重。而且，化肥的利用率只有30%左右，大量化肥流失，进入河流、湖泊、海洋成为水体面源污染的主要来源。同时，由于大量使用化肥，农村畜禽粪便的农业利用减少，畜禽业的集约化程度提高，加重了养殖业与种植业的脱节。畜禽粪便的还田率只有30%多，大部分未被利用。1998年全国畜禽粪便产生量是当年全国工业固体废物产生量的3.4倍。这些畜禽粪便大部分未经处理便直接排入江河湖海。同时，乡镇企业作为农村经济的重要组成部分，其发展也一直是农村环境保护工作的一大难题。据1991年和1997年两次全国乡镇工业污染源调查，乡镇工业二氧化硫、烟尘、化学耗氧量和固体废物排放量分别增长了22.6%、56.5%、246.6%和552%；在全国主要工业污染物排放总量有所控制的情况下，乡镇企业排污量却在增长，这将对水环境构成严重威胁。

1.3 梅江流域水环境质量研究情况

人们对梅江流域水环境质量的研究早在20世纪90年代就开始了。1999年，赵莹雪老师就提出了梅江水污染现状评价的指标体系（包括性状污染指标、有机污染指标、富营养化污染指标、毒性污染指标、重金属污染指标），而且在此基础上建立了评价的数学模型，给出了相应的等级划分标准，通过计算各监测面单因子污染指数和综合污染指数，对梅江河水进行了现状分析和评价，结果显示，梅江流域的主要污染物为需氧污染物、悬浮物、挥发酚、石油类等。[4]

张丰如、吴馥萍、郭远凯等也于2002年到2003年对梅江水系进行了水质监测分析，监测结果表明，各监测断面的受污染程度为西阳水电站 > 松口蓬辣 > 梅江下游 > 大麻大桥 > 汀江下游 > 梅南大桥 > 琴江桥，主要污染因子的污染程度排序为总氮 > 挥发酚 > 石油 > COD_{Cr} > BOD_5 > 氨氮 > 总磷 > COD_{Mn} > LAS > 粪大肠菌群 > DO。而且在监测基础上提出了相应的污染防治措施，为治理改善梅江水环境质量提供了科学依据。[5]

2007年，黄文辉、任成均、陈志勇、钟振森通过对梅江上下游控制站的水沙分析，揭示河流水沙沿程的变化情况并反映了河流的变化趋势，为进行水土保持、防止水土流失决策提供参考。分析结果显示，五华河的平均含沙量从0.884千克/米下降到0.392千克/米，可见梅江水土流失的治理成效是显著的，但近年来农林开发、公路铁路建设、城镇建设、露天煤矿挖掘、水利水电建设等造成的水土流失依然严重。[6]

唐兆民、陈伟、吴海斌根据2007年调查的实测资料，分析多宝水库及松源河的水质现状，并讨论水质恶化的原因，根据水质变化的特点，提出水质保洁及科学管理的对策。结果显示，多宝水库及上游闽粤省界水质已受到严重污染，非汛期达到超V类水体，属于异常营养化，主要的点污染源是位于闽粤省界的较多养猪场产生的点污染源，象洞乡生活污水未经处理直接排放及随意处置的垃圾场、农村居民零散养殖等也对水质造成了不小的污染。[7]

陈伟、唐兆民、黄勇坚根据2004—2006年清凉山水库及取水口棉地坑的水质实测资料，分析了梅州市饮用水源保护区的水质变化特点，讨论了锰等微量元素超标的原因，并根据锰的特点，提出了保洁治理的对策。监测结果表明，梅州市清凉山水库饮用水水源水质状况良好，符合国家规定的饮用水水源水质标准，但棉地坑三级电站水质的部分项目（铁、锰等微量元素）与水库地表水相差较大；水质变化跟水文问题密切相关，还跟大气、土壤环境以及剧烈的人类经济活动等有关。微量元素可以在几种环境中扩散、迁移、降解等，如梅城酸雨频率高，梅城富含铁矿、锰矿、铜矿等，在市政府、库区单位、公众等高度关注这一水质个别时间差异现象的同时，建议加强对不同水质的净化处理技术、保洁工艺和输送管道问题的攻关和调查，并重点考虑处理的费用和效益。[8]

2009年，储雪丹根据广东省水环境监测中心梅州分中心2004—2008年对梅江八个监测断面的水质监测资料，运用综合污染指数法对梅江流域水环境进行了综合评价，并对水质变化趋势进行分析，分析结果显示，根据污染分担率，各监测断面的受污染程度为西阳水电站>水口>尖山>大坝>梅州桥>横山>留隍>高陂；主要污染因子的污染程度排序为铁>高锰酸盐>锰>氨氮>总磷>挥发酚>BOD_5>硝酸盐氮。据此，提出了相应的污染防治对策，为治理梅江水环境、改善梅江水质量、进行水环境保护及其可持续发展提供科学依据。[9]

1.4　开展对梅江流域水质监测的目的和意义

随着梅州经济的发展，流域内水资源的开发利用不断扩大，直接排入河道的工业废水及生活污水与日俱增，生活垃圾、工业垃圾、建设施工弃土不断地倒入，以及其他一些人为因素的影响，梅江水质污染日益严重，直接影响到梅州工农业生产及人民群众生活用水安全。如梅江上游五华河，铁、锰超标严重，含沙量较多，水体存在有机污染，造成水生生物的种类和数量也在不断减少。开展梅江水质监测，可以及时了解到梅江水质的状况，从而能预报水质长期性及短期性的污染趋势。在水源利用方面，可为梅州不同的用水单位提供不同的水源，从而能高效利用各类水源，减少水源浪费，节约用水量。在环境科学研究方面，进行水质变化趋势分析后，可以针对梅江现实状况提出科学的调控防治对策，为治理梅江水环境，改善梅江水质量，进行水环境保护及其可持续发展提供科学依据。另外，还可鉴定生产工艺和净化设备的经济效益和环境效益。

2 梅江流域概况

2.1 自然概况

梅江发源于广东省河源市紫金县七星岽，自西南往东北流经五华、兴宁、梅县、大埔，全长307千米，流域面积14 061千米，[10]年平均径流量12 817千米。[11]梅江流域属亚热带季风气候，夏日长、冬日短，气温高、阳光充足、气流闭塞、雨水充沛、霜冻期短，年均无霜期306天，年平均气温21.2℃。境内多年平均降雨量250.3亿立方米，多年平均径流量128.7亿立方米，产水量259.7亿立方米，水力资源理论发电量77.5万千瓦，地下温泉多、水温高、水量大，还有丰富的矿泉水资源。梅江是一条含沙量较大的河流，据多年不完全统计，梅江中上游河段多年平均输沙量为505.4万吨，多年平均含沙量为0.66千克/立方米，[12]具有饮用、发电、防洪、灌溉、游览和航运等功能，是粤东地区的重要河流。梅州地质复杂，以山地为主，溪流众多，适应于山溪急流生活的鱼类较多，如鲤形目鲤科的鲤亚科、鮈亚科、鳅科以及鲇形目、鲈形目鱼类。[13]

2.2 社会经济状况

随着梅州地区以高速公路为主的道路建设全面铺开，梅州市经济得到前所未有的迅速发展。城建与水利成为新的亮点。梅城“一江两岸”工程被国家水利部誉为城市堤防建设“梅州模式”，被国家建设部授予2002年度“人居环境范例奖”。梅州是广东省的重要电力基地之一，全市水火电装机容量达250万千瓦，年发电量超过80亿千瓦·时。同时，梅州市大力培育和发展了烟草、电力、建材、电子信息、机电制造和矿冶加工六大支柱产业。2008年，梅州以“山洽会”为龙头，以打好经济攻坚战和过好社会稳定关为重点，经济社会在困难中得到新的发展。全年生产总值477.88亿元，比上年增长10.2%。生产总值中三大产业构成为21.9∶42.5∶35.6，第一产业比重下降，第二、三产业比重上升。2009年全市生产总值509.51亿元，人均生产总值12 321元，分别是1987年的8.1倍和6.3倍。其中，第一产业增加值105.98亿元，增长6.3%；第二产业增加值205.92亿元，增长9.3%；第三产业增加值197.61亿元，增长11.9%。对比2005年，第一、二产业比重分别下降2.3个百分点和1.1个百分点，第三产业比重上升3.4个百分点，产业结构得到了一定程度的优化。[14]

3　研究内容与方法

3.1　研究位点与项目

为了深入了解梅江水系水环境质量现状，调查梅江河流、水文、水体资料，了解河流的环境背景特征，本文拟参照省控水质监测断面的设置以及梅江流域上梯级水电站的分布，结合梅江支流特点，同时考虑梅州将来的发展，分析梅江水系的具体情况，确定监测点位和监测项目。

3.1.1　研究位点的设置

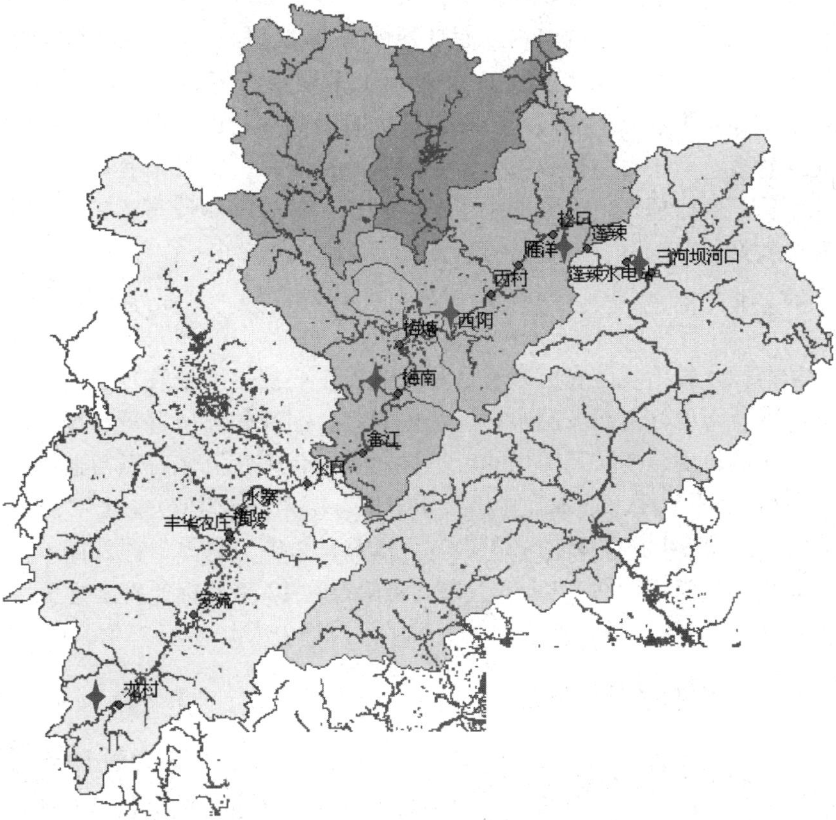

图1　梅江流域水质监测断面设置（◇为采水点）

根据监测目的、水的用途、水和废水的均匀性及人力物力等因素，同时也照顾到采样断面的代表性，对梅江水系的监测区域共设置五个监测断面（见图1），即五华琴江桥、梅南大桥、西阳水电站和松口蓬辣（这两点附近均有生活污水排污口）、梅江下游，这五个断面均采取河道中间水面下0.5米深处的水样，于2010年3月至2011年2月间逢单月对所设置的断面进行采水监测。

五华琴江河处于梅江上游，其河道顺直，无支流汇入，采样断面处河道形状多年来无明显变化，为梅江上游控制断面；梅南大桥两岸程江、三角、长沙等城镇的工业废水及生活污水直接排入河道，因此可作为梅江进入梅城后的水质情况的控制断面；西阳水电站测验河段长约10千米，范围是水电站水库蓄水区，丰水期闸门基本敞开如天然流态，平、枯水期蓄水发电，回水至梅州桥断面。由于水坝闸门开闭的影响，在闸门关闭时采样垂线在右岸主流道；在闸门敞开时，采样垂线选在坝上中间主流道。测验河段区有周溪河、程江河汇入，而且是梅州市城区居民生活污水和工矿企业废水集中排放区间。此监测断面基本上掌握梅江梅城段的河流水质状况；松口蓬辣附近有生活污水排污口，而且受到丙村的工业污染。丙村工矿企业较多，其中有荷树园发电厂、梅县旋窑水泥厂、明珠冶炼（铜矿）、大型石粉厂等。梅江下游断面设于三河坝桥，该处水网分布密集，山地植被覆盖较好。

3.1.2 监测项目

按照国家技术规范和广东省水环境监测中心规定的地表水水质监测项目，并综合考虑梅江河流的水文、水体资料，河流的环境背景特征和水质现状评价的目的、要求及数据的可得性，再结合梅江流域特点与监测项目的可行性与科学性，选取了水温、pH值、溶解氧（DO）、化学需氧量（COD_{Cr}）、五日生化需氧量（BOD_5）、氨氮、总磷、总氮、挥发酚、石油类、阴离子表面活性剂（LAS）、粪大肠菌群这12项指标，对上述五个监测断面进行采样、监测。

3.2 取样时间与方法

取样时间为2010年3月至2011年2月，逢单月对所设置的1~5号断面进行采水监测。取样方法：采取河道中间水面下0.5m深处的水样，每个取样点用水质分析取样器采水，现场测定水温及pH值，取其中部分水样用聚乙烯塑料瓶装好，加10mL1：1的HNO_3，使pH<2.4，低温保存，

用于分析测定高锰酸盐指数、化学需氧量、氨氮、总磷、总氮和 LAS；另用一塑料瓶盛装部分水样，加 NaOH 使 pH 为 12，用于测定挥发酚；用两个溶解氧瓶装满水样，一瓶用碱性 KI 和 $MnSO_4$ 现场固定溶解氧后带回实验室，测定溶解氧，另一瓶于 4℃低温保存带回实验室，于培养箱中 20℃ ± 1℃条件下培养 5 天后测定溶解氧。剩余水样用两个玻璃瓶盛装，一瓶加 HCl 使 $pH < 2$ 用于测定石油类，另一瓶于 4℃低温保存带回实验室测定大肠菌群。

3.3　数据统计和处理方法

3.3.1　数据统计方法

对采集回来的水样，根据《地表水环境质量标准基本项目分析方法》(见表 1)[15]所提示的方法进行测量分析，为了减少实验测量误差，所有项目分析重复 3 次，取平均值。按照采样监测点分组，将分析的项目数值按照时间顺序利用表格形式一一列出各项目的平均值。又因梅江水系丰、平及枯水期特征不明显，所以对五个断面的监测结果再取平均值，利用表格再次列出，进行数据分析。

表 1　地表水环境质量标准基本项目分析方法

序号	基本项目	分析方法	最低检出限	方法来源
1	水温	温度计法		GB 13195—91
2	pH	玻璃电极法		GB 6920—86
3	溶解氧	碘量法	0.2mg/L	GB 7489—87
4	化学需氧量	重铬酸盐法	10mg/L	GB 11914—89
5	五日生化需氧量	五日培养法	2mg/L	GB 7488—87
6	氨氮	纳氏试剂分光光度法	0.05mg/L	GB 7479—87
7	总磷	钼酸铵分光光度法	0.01mg/L	GB 11893—89
8	总氮	碱性过硫酸钾消解—紫外分光光度法	0.05mg/L	GB 11894—89
9	挥发酚	蒸馏后 4—氨基安替比林分光光度法	0.002mg/L	GB 7490—87
10	石油类	红外分光光度法	0.01mg/L	GB 19488—1996
11	LAS	亚甲蓝分光光度法	0.05mg/L	GB 7494—87
12	粪大肠菌群(个/L)	多管发酵法、滤膜法		HJ/T 347—2007

3.3.2 数据处理方法

运用综合污染指数法对梅江流域水环境进行综合评价，采用《地表水环境质量标准》（GB 3838—2002）（见表2）的Ⅲ类水质标准作为依据，对水质监测结果进行超标情况统计。监测数据来源于广东省水环境监测中心梅州分中心和嘉应学院化学与环境学院。依据地表水水域环境功能和保护目标，按功能高低依次将地表水环境质量标准基本项目标准值划分为以下五类：Ⅰ类主要适用于源头水、国家自然保护区；Ⅱ类主要适用于集中式生活饮用水地表水源地一级保护区、珍稀水生生物栖息地、鱼虾类产场、仔稚幼鱼的索饵场等；Ⅲ类主要适用于集中式生活饮用水地表水源地二级保护区、鱼虾类越冬场、洄游通道、水产养殖区等渔业水域及游泳区；Ⅳ类主要适用于一般工业用水区及人体非直接接触的娱乐用水区；Ⅴ类主要适用于农业用水区及一般景观要求水域。不同功能类别分别执行相应类别的标准值。[16] 由于温度、DO、pH 的特殊性，其只参与水质类别的定类，不参与污染指数评价。在水质评价中，分级标准列于表3中，计算公式如下：

污染指数：

$$P_{ij}=\frac{C_{ij}}{C_{io}}$$

综合污染指数：

$$P_j=\sum_{i=1}^{n_1}P_{ij}$$

$$P_i=\sum_{j=1}^{n_2}P_{ij}$$

平均污染指数：

$$\overline{P_j}=\frac{1}{n_1}P_j$$

$$\overline{P_i}=\frac{1}{n_2}P_i$$

污染分担率：

$$K=\frac{P_{ij}}{P}\times 100\%$$

式中，P_{ij}为j断面i污染物的污染指数；P_j为j断面水污染综合污染指数；P_i为i污染物水污染综合污染指数；$\overline{P_j}$为j断面水污染平均综合污染指数；$\overline{P_i}$为i污染物平均综合污染指数；C_{ij}为j断面i污染物的多年平均值；

C_{io}为 i 污染物的评价标准；n_1为参加评价的污染物项目数；n_2为参评断面个数。[17]

表 2　地表水环境质量标准基本项目标准限值

项目	Ⅰ类	Ⅱ类	Ⅲ类	Ⅳ类	Ⅴ类
水温（℃）	人为原因：周平均最大温升≤1，周平均最大温降≤2				
pH（无量纲）	6～9				
溶解氧（mg/L）≥	溶解度 90%	6	5	3	2
化学需氧量（COD_{Cr}）（mg/L）≤	15	15	20	30	40
BOD_5（mg/L）≤	3	3	4	6	10
氨氮（NH_3-N）（mg/L）≤	0.15	0.5	1.0	1.5	2.0
总磷（P）（mg/L）≤	0.02	0.1	0.2	0.3	0.4
总氮（N）（mg/L）≤	0.2	0.5	1.2	1.5	2.0
挥发酚（mg/L）≤	0.002	0.002	0.005	0.01	0.1
石油类（mg/L）≤	0.05	0.05	0.05	0.5	1.0
LAS（mg/L）≤	0.2	0.2	0.2	0.3	0.3
粪大肠菌群（个/L）≤	200	2 000	10 000	20 000	40 000

表 3　综合污染指数分级标准

标准	<0.2	0.2～0.4	0.4～0.7	0.7～1.0	1.0～2.0	>2.0
级别	清洁	较清洁	轻污染	中污染	重污染	严重污染

4　结果与讨论

根据水体 pH 和物理变化、植物营养物质含量变化、耗氧有机物的变化、粪大肠菌群和其他污染物质的变化这四方面的水质性质变化[18]，将各断面的污染物监测结果分组分别列于表 4 和表 7。

4.1　水体 pH 和物理变化

水体悬浮物情况：五华琴江河上游有上坝水电站，河水流量少，大部分河床裸露，有的已经被开垦为旱地，用于种植蔬菜，同时受上游安流沿河采沙点较多的影响，水质浑浊。梅南大桥流域，附近有塔牌水泥厂，水质稍显浑浊。西阳水电站水质清澈，河中漂浮水浮莲。松口水质浑浊，有少量泥沙。蓬辣河流经山间，且弯道较多，水质得到净化显得清澈。梅江下游水质清澈，但流量小。

由原始数据得：梅江流域水温变化最大幅度为18.6℃，最低水温不低于10℃，最高水温为31℃，五华琴江桥流域10.5℃ ~29.1℃，梅南大桥流域12℃ ~31℃，西阳水电站13℃ ~30℃，松口蓬辣11.5℃ ~ 30℃，梅江下游12.5℃ ~30℃，平均值为21.9℃，利于鱼类生长和水中微生物分解有机物。五个监测断面pH均大于7，最高值达7.76，平均值为7.32，水质呈弱碱性，有利于污染物凝聚沉降。

表4　监测断面水质水温和pH值指标的监测结果

项目	标准值	监测值（平均值）				
		五华琴江桥	梅南大桥	西阳水电站	松口蓬辣	梅江下游（三河）
水温（℃）		20.78	22	22.25	21.93	22.38
pH	6 ~9	7.01	7.39	7.76	7.43	7.01

4.2　植物营养物质含量变化

总氮其主要来源是生活污水、农田排水或含氮工业废水的排入。总氮含量高峰出现在西阳水电站、松口蓬辣、梅江下游，均超出地表水环境质量标准Ⅲ类标准，流域平均值为1.04，污染指数是1.04，属于重污染，这容易造成生物和微生物类的大量繁殖，消耗水中溶解氧，使水质恶化。磷是藻类生长的必需营养盐，它是判断水体富营养化程度及治理效果的最重要的水质指标。天然水中磷酸盐含量很少，而受生活污水和工业废水污染的水体中磷含量较高。由表5得出，五个监测点的监测平均值均没有超出地表水环境质量标准Ⅲ类标准，污染较严重的是西阳水电站、松口蓬辣，污染最轻的是五华琴江河，总体水质评价属于轻污染。污水中的有机氮首先被转化、矿化成还原性无机氮，即氨氮（NH_3-N）。因此有机氮及NH_3-N是代表水体受氮污染的程度指标。分析数据表明，NH_3-N含量最高值出现在西阳水电站、松口蓬辣，各监测点平均值为0.52，污染指数为0.52，污染等级属于轻污染。

梅江水系中五个监测断面水样的氨氮、总磷全年测定平均值全部符合Ⅲ类水质标准，但是总氮测定值在西阳水电站和松口蓬辣监测点处均超出了Ⅲ类标准。总体来看，三项污染物测定平均值高峰均出现在西阳水电站、松口蓬辣两处，而对于五华琴江桥、梅南大桥、梅江下游三处，氨氮、总氮、总磷含量都相对降低。这些情况说明，西阳水电站、松口蓬辣流域基本处于富营养化状态，这两处流域基本处于富营养化状态的原因是梅城大部分常住居民的生活污水排放最后都未经处理就直接汇入了梅江，然后再汇合东升工业园的工业废水，一同流向西阳水电站处，而松口蓬辣处有水泥、冶炼、采矿企业等，其上游的丙村、雁洋等乡镇，也有不少水泥、电镀、冶金等工厂。

表 5　监测断面氨氮、总磷、总氮指标的监测结果

项目	标准值（mg/L）	监测值（平均值）（mg/L）					污染指数 $\overline{P_i}$	污染等级
		五华琴江桥	梅南大桥	西阳水电站	松口蓬辣	梅江下游（三河）		
氨氮	1.0	0.29	0.26	0.73	0.72	0.62	0.52	轻污染
总磷	0.2	0.04	0.07	0.14	0.14	0.07	0.46	轻污染
总氮	1.0	0.87	0.93	1.11	1.30	1.00	1.04	重污染

4.3　耗氧有机物的变化

COD_{Cr}、BOD_5是水质评价的主要指标，在一定程度上可以说明水体有机物污染状况，在水质监测中广泛使用。BOD_5值越高，表示水中含有机物越多。表 6 为五个监测断面 DO、COD_{Cr}、BOD_5指标的监测平均值。从五个监测断面水样的测定数据看，五华琴江桥处水样中 DO 值较高，而 COD_{Cr}、BOD_5值较低，说明该监测点水质较好，这主要是由于该监测点附近排放生活污水较少。西阳水电站、松口蓬辣水样中 DO 值中等，但 COD_{Cr}、BOD_5值均较高，松口蓬辣 COD_{Cr}值超过Ⅲ类标准值 11.09，其次西阳水电站 COD_{Cr}值超Ⅲ类标准值 1.67，其余监测点都在Ⅲ类标准以内，即这两处水体中有机物含量均较高，说明这两处江段水体存在一定程度的有机污染。梅江下游水样测定中 COD_{Cr}、BOD_5值偶有偏高，说明这一处江段水体偶尔有污染。

表 6　监测断面 DO、COD_{Cr}、BOD_5 指标的监测结果

项目	标准值（mg/L）	监测值（平均值）（mg/L）					污染指数 $\overline{P_i}$	污染等级
		五华琴江桥	梅南大桥	西阳水电站	松口蓬辣	梅江下游（三河）		
DO	>5	8.54	7.74	6.85	6.92	7.15		
COD_{Cr}	20	12.96	14.99	21.67	31.09	14.57	0.95	中污染
BOD_5	4	1.06	2.16	3.02	3.54	3.17	0.64	轻污染

4.4　粪大肠菌群和其他污染物质的变化

大肠杆菌是人类及哺乳动物肠道中的伴生菌，与食物消化后的残渣共同构成了粪便的主要成分。粪大肠菌群的主要来源是下水粪便、杂排水等生活污水。另外包括降雨流经农田土壤造成的废水，畜牧和食品、化学和造纸工业等废水。由表 7 可得，所有监测点大肠菌群监测值都在国家地表水Ⅲ类标准以内，五华琴江桥、西阳水电站处的粪大肠菌群有比较高的测定值，原因是这两处沿岸有一些私人养殖场直接向河中排放污水。

表 7　监测断面挥发酚、石油类、LAS、粪大肠菌群指标的监测结果

项目	标准值	监测值（平均值）					污染指数 $\overline{P_i}$	污染等级
		五华琴江桥	梅南大桥	西阳水电站	松口蓬辣	梅江下游（三河）		
挥发酚（mg/L）	0.005	0.004 13	0.004 525	0.018 5	0.008 9	0.004 883	1.63	重污染
石油类（mg/L）	0.05	0.06	0.10	0.09	0.02	0.09	1.44	重污染
LAS（mg/L）	0.2	0.15	0.14	0.19	0.20	0.17	0.85	中污染
粪大肠菌群（个/L）	10 000	<4 171.67	<633.33	<6 216.67	<323.33	<298.33	0.23	较清洁

从表 7 中可以看出，梅江流域 12 种污染物中超标最严重的污染物为挥

发酚，污染程度属于严重污染。这项指标在五个断面中有两个断面是超标的，尤其在西阳水电站，超标达 3.7 倍，松口蓬辣超标 1.8 倍。造成流域中下游挥发酚超标的根本原因是梅江中下游有多个工业园，尤其是西阳水电站正是在东升工业园的下游，东升工业园里的企业主要是电路板生产企业，厂家排放含酚废水。

而石油类在多个监测断面除松口蓬辣处外均超标，总体污染程度为重污染，应引起注意。原因可能是生活污染源排放、江上运行的船舶泄露以及沿岸一些油库、洗车修车行业排污。

LAS 在松口蓬辣、西阳水电站两处监测数值较高，但未超出地表水Ⅲ类标准，说明此处家庭和工厂排放的洗涤剂较其他监测点多。总体而言，LAS 在梅江水系中污染程度属于中污染。

主要污染因子的污染程度排序为挥发酚 > 石油类 > 总氮 > COD_{Cr} > LAS > BOD_5 > 氨氮 > 总磷 > 粪大肠菌群。

4.5　不同生境条件下水质差别

将 2004 年[5] 和 2011 年梅江流域五个监测断面污染指数列于图 2 和表 8，各断面污染分担率列于图 3。由图 2、图 3、表 8 可知：两个年份各监测断面的受污染程度均为西阳水电站 > 松口蓬辣 > 梅江下游 > 梅南大桥 > 五华琴江桥。

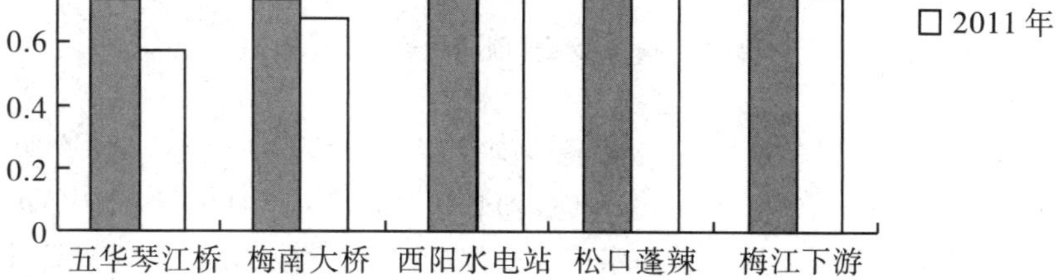

图 2　梅江流域各断面水质综合污染指数

表 8　梅江流域各断面水质综合污染指数

污染指数	五华琴江桥	梅南大桥	西阳水电站	松口蓬辣	梅江下游
2004 年	0.74	0.74	1.34	1.03	0.93
2011 年	0.57	0.67	1.23	0.94	0.76

琴江，从龙村镇吉祥村流入五华，是五华县内第一大河，经水寨镇，于河口与五华河交汇成梅江。结合表4、表5、表6、表7可以看出五华琴江桥监测断面水质良好，没有一项监测指标超出地表水Ⅲ类标准，是五个监测断面中污染程度最轻的，污染分担率最低值为14%；溶解氧含量较高，水体自净能力强；水质评价为轻污染，主要以农田污水、两岸居民生活污水、农村牲畜等方面污染为主。相对于2004年，琴江大桥的水质得到改善，污染指数减少了0.17，2004年琴江的石油类污染平均数为0.156，超出地表水Ⅲ类水质标准三倍。2011年石油类污染平均数为0.06，虽然还是超出地表水Ⅲ类标准，但是相对于2004年污染程度下降了将近200%。由此我们可以得出，梅江上游石油污染得到了有效控制。

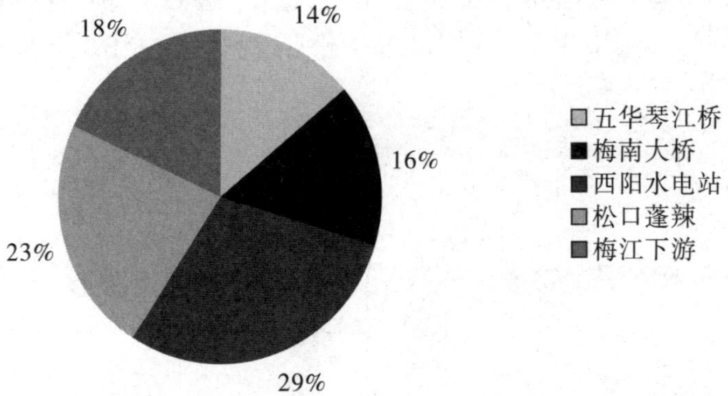

图 3　梅江流域各断面污染分担率

梅南大桥监测点水质评价为轻污染，污染分担率为16%。结合表4、表5、表6、表7可得：梅南大桥DO值较五华琴江桥DO值低，但COD_{Cr}、BOD_5值较高，说明进入梅城后水质有机物的污染开始加重。同时，石油类指标超出地表水Ⅲ类标准，原因可能是五华琴江桥至梅南大桥之间两岸生活污染源排放、江上运行的船舶泄露以及沿岸一些洗车修车行业排污。但是，此处粪大肠菌群的监测值较五华琴江桥的监测值有明显下降，说明此处下水粪便的排放量有明显减少，私人养殖场较少。相对于2004年，梅南大桥水质得到改善，污染指数下降了 0.07，石油类污染同样是降低了，但是挥发酚的污染加重了。

从梅南大桥到西阳水电站，水质变化明显，污染指数上升明显，数值为 1.23，是梅南大桥污染指数的近两倍，污染分担率也是五个监测点的最高值，即 29%。结合表 4、表 5、表 6、表 7 可以得出：西阳水电站水质 pH 值升高，有机物污染明显加重，水体富营养化加重。西阳水电站监测点 COD_{Cr}、总氮、挥发酚、石油类污染指标都超出了地表水Ⅲ类标准，污染程度为重污染，是五个监测点污染程度最高的，污染分担率远高于其他位点，原因可能是梅州桥到西阳水电站 10 千米段中有大量的工业废水和生活污水的排入。虽然梅城建有一个城市污水处理厂——梅州市江南水质净化厂，但其收集的生活污水仅为梅城中江南靠东片的一小部分城区的污水，那片城区的居民密度并不大。而梅江从西南向东北穿过梅城，梅城大部分常住居民的生活污水排放最后都未经处理就直接汇入了梅江，然后再汇合东升工业园的工业污水，一同流向西阳水电站处，导致该处河段成为重污染河段。其中，挥发酚超标最为严重，原因是梅江中下游有多个工业园，排放一些含酚废水。西阳水电站正是在东升工业园的下游，东升工业园里的企业主要是电路板生产企业，电路板生产过程产生碱性废水，这也是西阳水电站 pH 值较高的原因。同时，河岸对面有西阳工业区，以及污染较重的周溪河、程江河的汇入。相对于 2004 年，总体污染指数下降了 0.11，主要是因为石油类污染在西阳水电站得到进一步控制。但是 2011 年挥发酚污染指数增加了 0.002，这说明从 2004 年至 2011 年梅江沿岸的不少油库、洗车档，直接将废水排入河水中的情况并没有得到有效控制。同时，2004 年的粪大肠菌群为 6 220 个/L，2011 年的是 6 216.67 个/L，这说明近年此处附近私人养殖场直接向河水排放污水的情况没有得到改善。2011 年 BOD_5 监测平均值增高，导致有机污染加重。总氮的监测平均数也增加了，这说明生活污水、农田排水或含氮工业废水排入水体的情况没有得到很好的遏制。

松口蓬辣总体污染指数为 0.94，为中度污染，污染分担率为 23%。结合表 4、表 5、表 6、表 7 的数据得出：此断面 COD_{Cr} 值超标 1.6 倍，总氮超标 1.3 倍，是有机物污染和富营养化污染最为严重的断面。另外，挥发酚的监测值也超过地表水Ⅲ类标准。污染原因是松口镇作为梅县的老工业乡镇，工业比较发达，主要有水泥、冶炼、采矿等，其上游的丙村、雁洋等乡镇，也有不少水泥、电镀、冶金等工厂，而且这几个乡镇又都是梅县的人口大镇，水泥厂和采矿工厂排放出的氮氧化物，冶金厂排放的多环芳烃，居民生活排放的大量生活污水和农田废水是造成有机物污染和富营养化的重要原因。值得注意的是，粪大肠菌群数量相比于西阳水电站减少了许多，原因是私人养殖场的排放物减少，河水的自净能力增强。相比于2004年水质污染情况，总体水质污染指数下降了0.09，同样也是因为石油类污染得到明显改善。但是挥发酚和总氮的污染情况加重了。

梅江下游相对于松口蓬辣而言，水质有好转的趋势，污染指数下降了0.17，污染分担率下降了5%。分析表4、表5、表6、表7的数据得出，此断面有机物污染和富营养化污染得到减轻，DO值较上两个监测点高，也说明水体的自净能力增强。虽然梅江下游的水质经过自净能力增强得到好转，但是由于上游西阳水电站和松口蓬辣的水质污染严重，严重地影响到梅江下游的水质，其污染程度为中污染。2011年梅江水质情况与2004年水质情况对比，大部分污染因子的污染平均数都比较接近，其中石油类污染由于政府重点治理而得到减轻，但是BOD_5污染平均值上升了0.64，说明有机物污染加重了。

5 结论及进一步研究设想

5.1 结论

总体而言，梅江流域水质总体污染情况随着政府对梅江的治理得到减轻，但是梅江水质还是存在明显污染问题：

（1）综合表4、表5、表6、表7可得：挥发酚、石油类、总氮都属于严重污染，是梅江流域的主要污染物。挥发酚是12种污染物中污染最为严重的，西阳水电站超标3.7倍，松口蓬辣超标1.8倍；其次是石油类，在四个监测断面均超标，只有松口蓬辣没有超出标准；总氮的污染指数为1.04，可见西阳水电站、松口蓬辣两处处于富营养化状态。这些数据应引起我们的注意，政府相关部门应重点治理这些污染物。

（2）结合表4、表5、表6、表7和图3可得：12项污染物的污染指数最高值都出现在西阳水电站或松口蓬辣。西阳水电站和松口蓬辣的污染分担率共占了整体污染分担率的52%，是梅江流域的主要污染源。政府应依照这些数据，对西阳水电站和松口蓬辣两处流域进行重点整治。

（3）结合图2、表8可得，2011年梅江流域相比于2004年，每一个断面的污染程度都得到明显减轻，主要是因为石油类污染得到有效的治理，石油类污染虽然得到减轻，但是还有部分监测点没达到地表水Ⅲ类标准。

而且挥发酚和有机物污染明显加重，应引起水利部门的高度重视。

5.2　进一步研究设想

本文取水样时间为2010年3月至2011年2月，逢单月对所设置的断面进行采水监测。因时间关系，没有逐年采水监测，数据亦没有按照水体的丰、平、枯三个水期进行分别测量。水体在这三个时期的理化性质可能不同，取样时间应该按照水体的丰、平、枯三个水期分别取样。但由于在取样和检测过程中存在一些技术上的问题，故在监测分析中没有系统地进行对逐年和年内丰、平、枯三个水期的分析比较，有待进一步调查监测和分析。

参考文献

[1] 刘国华，傅伯杰，杨平海．河水环境质量及污染物入海通量［J］．环境科学，2001，4（22）：46～49.

[2] 申丽敏，张传凯，王宏坤．松花江水系水体污染问题分析［J］．黑龙江水利科技，2007，2（35）：116～117.

[3] 汪秀丽．国外典型河流湖泊水污染治理概述［J］．水利电力科技，2005，1（31）：14～22.

[4] 储雪丹．梅江水环境质量评价及污染控制方案研究［J］．广东水利水电，2009（6）：41～43.

[5] 张丰如，吴馥萍，郭远凯．梅江水系水环境质量评价及污染防治对策［J］．嘉应学院学报（自然科学版），2004，22（6）：43.

[6] 陈伟，唐兆民，黄勇坚．梅州市清凉山水库水质变化及影响因素分析［J］．广东水利水电，2007（5）：47～50.

[7] 唐兆民，陈伟，吴海斌．梅州市多宝水库水质现状及环境管理对策［A］．中国环境科学会．中国环境科学学会学术年会优秀论文集（2008）［C］．北京：中国环境科学出版社，2008. 1332～1336.

[8] 陈伟，唐兆民，黄勇坚．梅州市清凉山水库水质变化及影响因素分析［J］．广东水利水电，2007（5）：47～50.

[9] 储雪丹．梅江水环境质量评价及污染控制方案研究［J］．广东水利水电，2009（6）：41～43.

[10] 国家环保局．总量控制技术手册［M］．北京：中国环境科学出版社，1990.

[11] 程胜高，张聪辰．环境影响评价与环境规划［M］．北京：中国环境科学出版社，1999.

[12] 黎长龙．浅谈连山小水电发展对生态环境的影响及建议［J］．广东环保科技，2004，14（4）：30～31.

[13] 温茹淑，郑清梅，方展强等．梅江水系鱼类资源调查初报［J］．嘉应学院学报，2006，24（6）：63～64.

[14] 刘培明．论产业转移与欠发达地区经济发展动力的转变［J］．广东技术师范学院学报，2008（11）：33～34.

[15] 国家环保局．水和废水监测分析方法（第三版）［M］．北京：中国

环境科学出版社，1989.
[16] 国家环境保护局．地表水环境质量标准（GB 3838—2002）[M]．北京：中国环境科学出版社，2002.
[17] 储雪丹．梅江水环境质量评价及污染控制方案研究 [J]．广东水利水电，2009（6）：41～43.
[18] 赵雪莹．梅江河水污染现状评价模型研究 [J]．嘉应大学学报，1999（6）：67.

梅江流域水质污染现状分析与治理对策研究

张丰如，钟福生，王开峰

摘　要： 近年来，梅州水污染日益成为影响经济发展的重大问题。笔者根据监测目的、水的用途、水和废水的均匀性及人力物力等因素，同时也照顾到采样断面的代表性，对梅江水系的监测区域共设置了五个监测断面，即五华琴江桥、梅南大桥、西阳水电站和松口蓬辣以及大埔县三河坝三条河流交汇处（即梅江下游）这五个监测断面，于2010年3月至2011年2月逢单月对所设置的断面进行采水监测，调查梅江流域水质污染的现状。调查结果显示，各监测断面的受污染程度为西阳水电站＞松口蓬辣＞梅江下游＞梅南大桥＞五华琴江桥，主要污染因子的污染程度排序为石油类＞挥发酚 ＞COD_{Cr}＞总氮 ＞BOD_5＞氨氮＞总磷＞粪大肠菌群 ＞DO＞ LAS。在梅江水系的整体水质中，某些河段的总氮、COD_{Cr}、挥发酚值较高，石油类测定值则全部超过Ⅲ类标准，而其他项目指标则在较低值范围。梅江水系水质基本达到地面水环境质量标准Ⅱ、Ⅲ类水质标准，但是在某些河段存在富营养化倾向，且受到一些有机污染。最后，文中根据梅江流域水质污染现状调查的结果，提出相应的防治对策。

关键词： 梅江流域　水质　污染因子　防治对策

1　前言

1.1　研究背景

人类对河水污染的研究兴起于工业革命时期，关于梅江流域研究的文献最早出现在20世纪90年代。20多年来，我国经济高速发展，造成水污染问题集中爆发，表现出复合性、结构性、流域性和综合性等特征。美国、日本和欧洲一些国家从20世纪70年代开始相继开展了水环境治理和修复工作，并取得了显著成效。近20年来，我国除了对"三湖"、"三河"进行重点治理外，对其他河流、湖泊也开展了水环境治理和修复工作，获得了许多成功的经验，但仍存在许多不足。

随着梅州经济的发展，人类活动给水环境带来沉重的负担，学术界对梅江流域水污染和治理的问题相当重视，对其进行了大量的研究。下面从水污染来源、水污染危害、水污染治理这三个角度对关于梅江水污染的研究进行回顾。

梅江，是养育客家人的母亲河，具有饮用、发电、防洪、灌溉、游览和航运等功能，是粤东地区的重要河流。随着梅州经济的发展，流域内水资源的开发利用不断扩大，直接排入河道的工业废水及生活污水与日俱增，生活垃圾、工业垃圾、建设施工弃土的不断倒入，以及其他人为污染，使梅江流域污染日益严重，直接影响到梅州工农业生产及人民群众的生活用水。

梅江流域的生态破坏与水污染状况日渐变成制约区域经济社会可持续发展的主要因素之一。梅州市委、市政府对此高度重视，要求流域内各级政府都要把梅江流域水环境综合治理提上议事日程，强化措施，加快综合整治流域水污染和生态环境破坏的进程。在“十一五”规划中要求结合经济结构战略性调整，实行污染全过程控制，加大技术改造力度，关停落后企业和淘汰落后生产工艺设备，推进清洁生产，实施全面达标工程；结合农业产业结构调整，大力发展生态农业、有机农业和节水农业，积极发展机能食品、绿色食品和无公害食品，对公路、铁路等基础设施建设带来的水土流失、生态破坏，应抓紧治理和绿化，建设沿线绿色通道。

目前所做的工作主要集中在污染治理方面，对整个梅江流域生态环境现状的综合调查研究未见系统报道，为了深入摸清梅江流域生态环境现状、变化趋势及其与环境变化的关系，在前期工作的基础上，结合课题组于2009年获得的广东省普通高校人文社会科学省市共建重点研究基地招标课题（编号：09KYKT01）、梅州市科技计划重点项目（编号：2009A23）资助，对梅江流域生态环境现状进行全面系统的调查和研究。在弄清楚生态环境、本地资源的基础上，分析梅江流域水污染现状，提出治理对策，从而为更好地保护梅江流域水资源及生态环境提供科学依据。

1.2　研究概况

1.2.1　开展梅江流域水污染现状研究

1999年，赵莹雪[1]采用数学模型综合评价梅江流域水质污染现状，在单因子污染指数的计算结果基础上，建立综合污染指数评价模型。从结果来看，1998年梅江流域水体污染属于微污染水体，主要是有机污染和富营养化污染，重金属污染不明显。此阶段的水平污染主要是上游的平远电站和平远造纸厂排放的含有污染物的废液及沿岸排放的城镇生活污水所致。五华大坝新断面由于位于五华造纸厂旁，含酚废水未经稀释，浓度高，造成有毒物质污染相对较严重，毒理性污染指数高。梅县西阳氮肥厂、西阳水电站的工业废水的大量排放造成梅县西阳断面综合污染指数最高。随着工业的发展和城市人口的剧增，不断排放的工业废水和生活污水使梅江受到了污染。在19世纪，城市河流污染成为十分普遍的现象。虽然早期梅江流域水体已经遭受污染，但较为严重的水污染一直到梅州招商引资和各工业园区建立才真正出现。

2002—2003年，张丰如、吴馥萍、郭远凯[2]对梅江水系进行了水质监测分析，提出梅江某些河段存在富营养化倾向，并受到一些有机污染，受城镇工业、生活污染源影响。唐兆民等[3]认为随着经济的发展，流域内水资源的开发利用不断扩大，直接排入河道的工业废水及生活污水与日俱增，生活垃圾、服务业垃圾的不断倒入，以及其他人为污染，使梅江水质污染日益严重。黄燕恋、黄立民[4]对梅江近十年水质变化进行了趋势分析，从经济发展角度指出梅江流域水质污染的原因，经济发展缓慢的流域上游（尖山水文站和河子口水文站断面）的河流污染物主要来自面源，城市下游（西阳水电站和兴南桥断面）人口的增长和经济的发展是梅江流域出现水污染的主要原因，梅江下游（横山水文站）的河水污染主要来自城镇生活污水和化肥施用、畜禽养殖、农村生活的污水等。

1.2.2　开展梅江流域水质污染治理措施研究

张丰如、吴馥萍、郭远凯[2]提出治理梅江流域水污染问题应做到：①依法治水，强化水资源管理。水资源属于国土资源，应结合国土整治通盘考虑。在开发水资源时，应会同有关部门做好对水环境质量的评价，建立和健全水资源管理机构，加强对水资源的统一管理和规划。[5]②加快城市污水处理厂建设，提高污水处理率。梅州市境内目前只有一个江南水质净化厂，而制止污水排入河流是治理点源污染的根本途径，因此必须因地制宜地加快兴建各种规模的污水处理厂，逐步提高污水处理率，力争污水全部净化处理，在梅城、兴宁县城应以建设大、中型污水处理厂为主，小城镇以建设小型污水处理厂为主，而在农村可推广无动力污水处理系统或土地处理系统。③禁用含磷洗涤剂，采取生活垃圾袋装化和统一填埋的措施，以减少对水体的污染。对梅江水系富营养化的调查显示，梅江水中的磷约36%来自城乡生活污水。专家根据对地面水中磷的来源及比例的分析，认为地面水中的磷有30%来源于家庭洗涤剂，30%来源于生活污水及生活垃圾浸出物。由此可以认为磷的主要来源是含磷洗涤剂和生活污水及生活垃圾浸出物。因此全面禁用含磷洗涤剂，采取生活垃圾袋装化和统一填埋的措施，是达到控制总磷浓度，防止水体富营养化的主要手段。④加强对梅江水系周边地区的管理，禁止餐饮废水直排入水体。随着梅州经济的发展和梅州旅游城市的兴起，梅江水系周边地区的餐饮、娱乐、航运、商住和旅游业等行业的开发活动迅速兴起，大量的废水、垃圾、油污直接排入水体中。因此加强对梅江沿岸餐饮、娱乐、航运、商住和旅游业的管理，实行含油污水回收，严禁将饮食垃圾、生活垃圾直排水体，是达到控制总氮，防止水体富营养化的手段之一。⑤制订水污染防治规划。做好水污染防治工作要根据梅江流域的经济发展、工业布局、人口增长、环境容量、水体功能及治理情况等因素，制订水污染防治规划；同时加强水质监测、污染源调查及水质评价工作，严格执行环境保护法并实行污染物排放许可证制度；梅江水系水资源保护要坚持预防为主、防治结合的原则；坚持生态建设和经济开发并举的原则，要做到既保护梅江水系水资源，又能合理地、有步骤地发展经济，结合梅州地区的资源条件，因地制宜发展山区特色经济；坚持新污染源控制与生态建设相结合的原则，对污染严重，暂时又无治理措施的污染源，采取关闭和取缔措施；坚持资源开发与控制损害相结合，谁污染谁治理、谁利用谁补偿的原则。[6]总的目标是力争做好整个梅江水系的水污染防治工作。

2007 年，黄文辉等[7]通过对梅江上下游控制站的水沙分析，揭示河流水沙沿程的变化情况及变化趋势，为进行水土保持，防止水土流失的决策提供参考。唐兆民、陈伟、吴海斌根据 2007 年的实测资料，分析多宝水库及松源河的水质现状，并讨论水质恶化的原因，根据水质变化的特点，提出水质保洁及科学管理的对策。陈伟、唐兆民、黄勇坚[8]根据 2004—2006 年清凉山水库及取水口棉地坑的水质实测资料，分析了梅州市饮用水源保护区的水质变化特点，讨论了锰等微量元素超标的原因，并根据锰的特点，提出了保洁治理的对策。2009 年，储雪丹[9]根据广东省水环境监测中心梅州分中心 2004—2008 年对梅江流域八个监测断面的水质监测资料，运用综合污染指数法对梅江流域水环境进行了综合评价，对水质变化趋势进行分析，并提出了相应的污染防治对策，为治理梅江水环境，改善梅江水质量，进行水环境保护及其可持续发展提供了科学依据。2011 年，程洁如、罗锦红、钟福生[10]根据琴江流域（梅江上游流域）五华县城段 2003—2007 年水质监测资料，对琴江水系主要环境问题进行了分析研究，并提出相应的水污染治理对策。

1.3 研究目的与意义

梅江流域是梅州第一大河，是维系全流域500多万人口生存发展的生命线，是养育客家人的“母亲河”和梅州城乡的饮用水源，对梅州市的生态和经济发展具有极其重要的作用。千百年来，她以清澈的江水，滋润了粤东大地，构成了一幅山清水秀、花繁果硕的美丽风光。然而，近年来随着社会的进步、生产的发展，沿江城区经济日益繁荣，人们在享受现代文明的同时，也遭受了日趋严重的水环境污染的侵扰。梅州天然地表水和地下水的水质都较好，随着招商引资、生活用水的增加和工业化力度的加强，以及全市经济快速发展，水污染问题特别是梅江流域水污染已成为制约经济发展的主要环境问题，亟待从源头解决，从制订和实施环保规划的过程中控制。从历年研究状况来看，该流域的水质污染与生态破坏以及水土流失相当严重，不仅制约了该流域社会经济的可持续发展，而且还威胁着下游韩江、汕头及附近航道的安全。有关资料表明，该流域每年接纳的城市污水和工业废水达2亿吨，造成严重的水质污染和水体富营养化，长年不断的水土漂浮物使汕头海域的海洋保洁不堪重负，河口流沙淤积严重。在流域两岸，主要工业企业有化工、电力、煤炭、水泥、制糖等，对资源进行无序开采，严重破坏了山坡绿化和沿江环境，造成大量的水土流失，形成严重的污染源；在梅江水系两岸，各类养殖场星罗棋布，长期以来，养殖清洗的污水任意排向梅江；沿江城市垃圾与日俱增，加上医院及居民生活污水的排放，形成梅江三大污染源，严重影响梅江流域生态环境。因此，调查、评价梅江水系水质状况，分析水质变化趋势，研究调控防治对策，探索解决梅江流域水污染问题，对于梅江流域水资源的可持续利用、社会经济的可持续发展，具有重要的理论和现实意义。

为了客观反映2010—2012年梅江流域水质现状，本文结合梅江流域特点与监测项目的可行性与科学性，根据《中华人民共和国地表水环境质量标准》[11]中规定的基本项目：水温、pH值、溶解氧（DO）、化学需氧量（COD_{Cr}）、五日生化需氧量（BOD_5）、氨氮、总磷、总氮、挥发酚、石油类、阴离子表面活性剂（LAS）、粪大肠菌群这12个指标，对2010—2012年梅江流域五个主要监测断面进行采样、监测。以年平均值为代表评价流域总体的污染状况及总结水质演化规律，从而进一步有效地制定出治理梅江流域水质污染状况的对策，为水资源环境管理、决策提供科学依据。

2　梅江流域水质污染现状调查

2.1　梅江流域概况

2.1.1　梅江的起源和区位环境

梅江旧时曾名恶溪、鳄溪、梅溪，发源于广东省陆丰、紫金县交界处的乌突山七星峒，沿莲花山西北侧自西南向东北穿流至五华县河口，汇五华河称梅江，流经梅州城区时将城区分为南、北区，至大埔县三河坝止，全长307千米。

梅江流域是梅州市最主要的水系，是韩江的两条主要支流之一。流域面积14 061平方千米，其中梅州城区以上集水面积8 152平方千米。梅江的支流主要有五华河、琴江、宁江、程江、石窟河、松源河、柚树河等，于大埔三河坝与汀江、梅潭河汇合，形成韩江。上游建有五华益塘水库（库容1.589×10^8立方米）、岩前水库（库容1.715×10^7立方米）、桂田水库（库容1.620×10^7立方米）、东方红水库（1.350×10^7立方米）兴宁合水水库（库容1.185×10^8立方米）、温公水库（库容2.200×10^7立方米）、石壁水库（1.197×10^7立方米）、和山岩水库（库容2.048×10^7立方米）等大中型水库。梅江具有饮用、发电、防洪、灌溉、游览和航运等功能，是粤东地区的重要河流。

2.1.2　自然概况

2.1.2.1　气候

梅江流域的气候属亚热带季风气候，是南亚热带和中亚热带气候区的过渡地带，日照、雨量充足。在复杂地形的作用下，形成多层次非地带性气候，有利于发展立体生态农业和各种商品生产基地。以大埔县茶阳至梅县松口、蕉岭县蕉城、平远县石正、兴宁市岗背为分界线，平远、蕉岭、梅县北部为中亚热带气候区，五华、兴宁、大埔和平远、蕉岭、梅县南部为南亚热带区。

梅江流域年平均气温20.5℃～21.7℃，五华与历年平均值持平，梅县、丰顺偏高0.2℃，其余各县（市）偏低0.1℃～0.3℃。年内各月平均气温起伏大，2月气温明显偏低，3月、9月、10月气温明显偏高。年极端最低气温0.3℃、最高气温38.7℃。日照时数为1 669.4～2 059.2h，接近常年同期平均值。年内降水时空分布不均匀，龙舟水明显，热带气旋影响大，降雨相对集中，旱涝交替出现。年降水量 1 247.0 ~ 1 583.3 毫米，丰顺较常年偏多 10%，梅县偏少 18%，其余各县（市）偏少 10% 以内。年雨日为 131 ~ 143 天。

梅州地处低纬，临近南海，受太平洋和山地的特定地形影响，形成夏日长、冬日短、气温高、冷热悬殊、光照充足、气流闭塞、雨水丰盈且集中的气候，无霜 300 天以上，年降水量 1 247.0 ~ 1 583.3 毫米，75% 以上的降雨量集中在 4—9 月，高温期与多雨期基本一致，形成春末夏初“雨热同步”的气候特征。有利于发展立体生态农业和多种商品生产。但因此形成的干旱、暴雨、强对流天气和冻害等又成为影响梅州市的主要灾害性天气。梅州山多，受台风影响较沿海平原要小，然而台风带来的暴雨降水，又往往造成山洪暴发、山体滑坡、河水泛滥，水灾成为主要灾害。同时，寒露风、低温阴雨和干旱也是主要自然灾害。

2.1.2.2　地质地形

梅州素有“八山一水一分田”之称，全市 85% 左右的面积为海拔 500 米以下的丘陵山地，土地肥沃，含钾丰富。地处五岭山脉以南的赤红壤地带，土壤类型复杂多样，成土母岩多为花岗石，小部分为玄武岩。梅州地质构造比较复杂，主要由花岗岩、喷出岩、变质岩、砂页岩、红色岩和灰岩六大岩石构成台地、丘陵、山地、阶地和平原五大地貌类型。山地面积占 24.3%；丘陵及台地、阶地面积占 56.6%；平原面积仅占 13.7%；河流和水库等水面积占 5.4%。

梅江流域的地势山地丘陵广布，地势起伏较大，岭谷众多，串珠状盆地明显，降雨充沛，因而形成以梅江为主干流的梳子状水系。流域大部分面积属韩江中上游流域，是韩江流域的主要组成部分。

韩江三角洲平原主要为水稻土，练江、榕江下游的潮阳区受地形地貌的影响，垂直分布不大明显，山地为赤红壤，平原为河流冲积土，坑廊为谷底冲积土，台岗阶地为洪积土。

流域内河道的主要特点是盆地的河道河床坡降小，洪峰流量大，沿河两岸是当地政治、经济、文化中心和工农业生产主要基地；山区河流河床坡降陡，天然落差大，水力资源丰富，是发展小水电的有利条件，但局部地区水土流失严重，河水含沙量大，淤积了下游水库和河床，易造成洪泛，还影响航运和水利水电工程效益。[12]

2.1.2.3　土壤

梅江流域土地表面主要覆盖着深厚的花岗岩风化层，具有典型的粤东山区的土壤环境特点，大部分是红壤（如赤红壤），主要是由花岗岩发育形成的。[6]赤红壤的主要特点是其分布的地区干湿季节交替，有利于土壤胶体的淋溶，并在一定的深度凝聚，因而土壤普遍具有明显的淀积层。黏粒矿物组成比较简单，土壤呈酸性，阳离子交换量较低。因而赤红壤所处的地理位置具有较为优越的生物气候条件。

2.1.2.4　水系水文

梅江是韩江的主流，是梅州市最主要的河流，全长为307千米，流域面积为14 061平方千米，河床比降为0.4‰，多年平均径流深为812mm，年平均径流量为1.287×10^{10}立方米。梅江在梅州境内有集雨面积为10 888平方千米，河长为271千米，具有饮用、发电、防洪、灌溉、游览和航运等功能，是粤东地区的重要河流，其沿岸有水寨、梅城、丙村、松口等较大的盆地平原。[9]

梅江的汛期每年从4月开始，10月结束，水沙主要来源于五华河和琴江。据广东省水文局梅州分局的资料显示，五华河的平均流量仅是琴江的16%，含沙量却是琴江的3.2倍，输沙率是琴江的71.6%，它们的水量是梅江的60%，整条梅江的含沙量大于琴江却小于五华河。[7]

2.1.3　社会经济状况

随着梅州地区以高速公路为主的道路建设全面铺开，梅州市经济得到了前所未有的发展。

2.1.3.1　三大产业发展状况

第一产业农业产业化、商品化水平逐步提高。农业、农村经济持续快速发展，优势农产品产业带建设初见成效。金柚、茶叶、脐橙、龙眼、荔枝、青榄等带来了良好的社会、经济和生态效益，已成为梅州的拳头产品及农业增效、农民增收的亮点。梅州市被国家有关部门授予“金柚之乡”、“单枞茶之乡”的美称。

第二产业支柱产业的带动力增强，骨干企业有了新发展。实施“工业梅州”发展战略以来，梅州市提出了重点扶持发展烟草、电力、建材、电子信息四大支柱产业和梅州卷烟厂、梅县电厂等11户大企业（集团），通过实施结构调整和技术改造，取得了迅猛发展。支柱产业和龙头骨干企业在全市工业中发挥着重要的支撑、带动作用。

第三产业在发展山区经济工作中发挥了重要作用，梅州市委、市政府高度重视发展旅游业，把旅游业定位为第三产业的支柱产业，塑造了一个“山水城相依，人与自然和谐统一”的旅游城市形象。梅州市旅游形象鲜明，特色突出。依托客家文化资源优势和生态、温热泉资源优势，梅州明确以“塑造世界客家之都，打造客家文化精品、热泉康体休闲特品和山水休闲度假名品”（简称“一都三品”）为旅游发展定位，形成了以雁南飞茶田度假村和雁鸣湖旅游度假村为代表的客家文化和山水休闲度假旅游产品，以五华汤湖热矿泥浴山庄和丰顺千江温泉酒店为代表的热泉康体休闲旅游产品。

2.1.3.2　梅江流域各区市县人口与面积

梅江流域的户籍人口约480万人，现辖6个县（市、区）。梅江流域内各区市县面积和人口见表1。

表1　梅江流域内各区市县面积和人口（2010年）

行政区	面积（平方千米）	占全流域比例（%）	总人口（万）
紫金县	3 207	22.81	82
五华县	3 226	22.94	128
兴宁市	2 105	14.97	118
梅县	2 755	19.59	61
梅江区	298	2.12	32
大埔县	2 470	17.57	59
流域合计	14 061	100	480

由于地理区位的关系，梅州在广东区域经济发展格局中处于明显的落后地位。梅州人均生产总值、经济的增长速度相对缓慢。长期以来，人才外流情况严重，劳动力的技术素质较低，技术研究人才和管理人才缺乏，严重制约了产业结构调整与升级。

近年来，作为“朝阳产业”、“无烟产业”的旅游业对社会各个层面的带动作用日益突显。梅州既有良好的生态环境，又有丰富的旅游资源，特别是拥有独特的客家文化，有着加快发展旅游业的天然优势和产业基础。依托各项资源优势的梅州旅游业把丰富的自然资源、良好的生态环境和深厚的文化底蕴，转化为具有重大社会价值和经济利益的发展优势，以最小的环境代价和最合理的资源消耗，获得最大的经济、社会效益，推动梅州在青山绿水中异军突起，形成跨越发展并具有梅州特色的科学发展模式。而农业在梅州的三大产业结构中居主导地位，对比于珠三角地区的发展水平，梅州的工业发展相对滞后，第三产业起步较晚，但是具有较大的发展潜力。

2.1.4　梅江主要支流概况

五华河，源于广东省龙川县回龙镇，向西南流经龙母镇后，转向东南流经铁场进入五华县河子口、华城镇、转水镇，于水寨镇城北大坝注入梅江。该河全长 105 千米，流域面积 1 832 平方千米。

琴江，为江西省石城县的主要河流，发源于石城县高田镇金华山，高田境内纳温寮、生源诸水，自北向南流经石城县丰山乡、琴江镇、屏山庄镇、大由乡等乡镇，入大由乡后，折向西南于龙下渡出境，进入江西省宁都县，至宁都县黄石与梅江汇合。该河控制流域面积为 1 469. 1 平方千米，多年平均流量为 51. 4 立方米/秒。上游河道较窄，一般在 50 米以下，天然落差大，汇集岩岭河、大琴河、石田河、罗陂河、横江、秋溪、沿沙河、沿地河、沔坊河、沙塅河、大畲河、龙岗河、罗天河等众多支流，河道逐渐变宽，一般为 100 ~ 200 米，最宽处超过 300 米，河床坡降逐渐平缓，自琴江镇坝口村至龙下渡。

程江，是韩江的一级支流，发源于江西省寻乌县兰峰，于平远县石正镇富石流入梅州市，于梅县梅西龙岗岌汇龙虎水，于南口车陂汇南口水后，于梅城百花洲流入梅江，全长 95 千米，集水面积 718 平方千米，平均坡降 2. 68‰。上游建有富石水库、梅西水库，均属中型水库，其中平远富石水库集水面积 53 平方千米，总库容 2.314×10^{7} 立方米；梅西水库集水面积 350 平方千米，总库容 5.100×10^{7} 立方米。

石窟河又名石窟溪、蕉岭河。源于福建武平县洋石坝，流经广东省平远、蕉岭、梅县等县市，于梅县丙村镇东州坝注入梅江。该河全长 179 千米，流域面积 3 681 平方千米。其中，广东省内长 87 千米，流域面积 2 295 平方千米。因蕉岭县城东北多溶洞和伏流，俗称石窟，故名。梅县白渡县以下河段亦称白渡河。

松源河，又名松源水。源于福建上杭县大平山，东南流经广东省梅县松源，于松口镇下店注入梅江。该河全长 77 千米，流域面积 642 平方千米。

柚树河，源于广东省平远县八尺乡梅龙寨，流经河头、坝头、热柘和蕉岭县的徐溪，于新铺镇新芳里注入石窟河。该河全长 89 千米，流域面积 989 平方千米。因流经的热柘原名为柚树而得名。

扎田河，发源于梅县的作峰寨，流经梅江区城北镇和西郊乡，流域面积 82. 5 平方千米，全长 27. 5 千米，河床坡降 4. 86‰。上游建有干才水库，集水面积 32 平方千米，总库容 1.105×10^{7} 立方米。

宁江，位于广东省兴宁市境内，是兴宁市的母亲河，哺育了两岸六十多万人民。宁江源于兴宁市北部的罗浮镇明天嶂，向南流经罗岗、合水、兴城、刁坊、泥陂、新圩，于水口镇注入梅江。该河全长 107 千米，流域面积1 423 平方千米，为梅州第二大河。合水水库以上河段又称罗岗河和黄陂河。

周溪，发源于梅县石扇长排宫，流经梅县石扇镇、城东镇，进入梅江区汇合梅江，流域面积 118 平方千米，全长 36 千米，河床坡降 4.4‰。上游建有一小型水库——巴庄水库，集水面积 24.5 平方千米，总库容 7.19×10^{6}立方米。

2.2 研究方法

2.2.1 研究位点

根据监测目的、水的用途、水和废水的均匀性及人力物力等因素，同时也照顾到采样断面的代表性，对梅江水系的监测区域共设置了五个监测断面，即五华琴江桥、梅南大桥、西阳水电站和松口蓬辣（这两点附近均有生活污水排污口）以及大埔县三河坝三条河流交汇处即梅江下游（见表 2 及图 1），在这五个断面均采取河道中间水面下 0.5 米深处的水样。

表 2 研究位点地理位置

编号	位点	经度（E）	纬度（N）
01	五华琴江桥	115°46′31.4″	23°55′57.5″
02	梅南大桥	116°05′04.3″	24°10′06.8″
03	西阳水电站	116°09′13.7″	24°17′42.9″
04	松口蓬辣	116°27′10.4″	24°27′20.6″
05	梅江下游	116°34′34.5″	24°24′22.5″

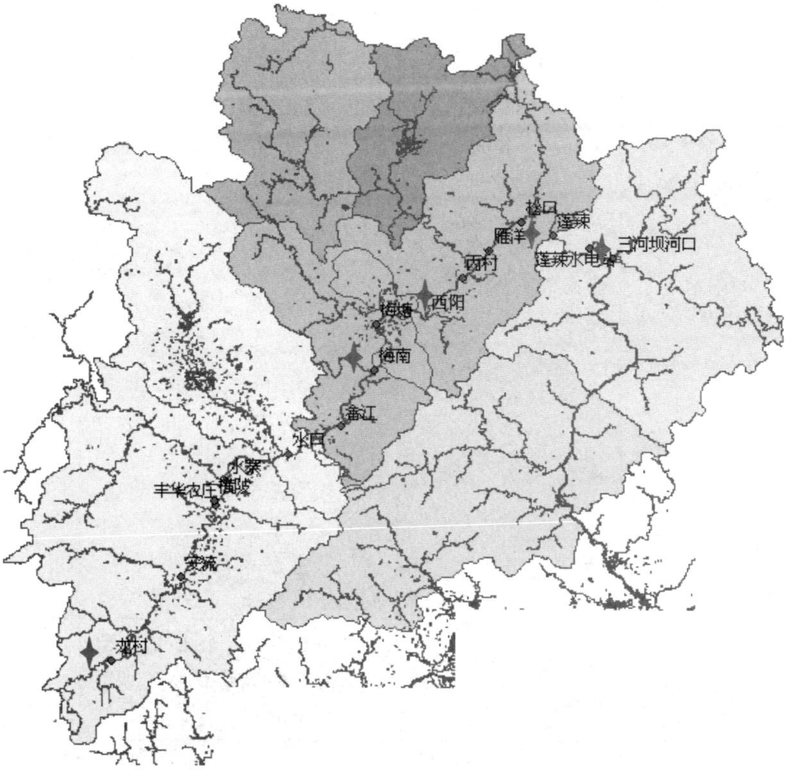

图1　研究位点分布图

注：星号标记表示监测位点。

2.2.2　位点生态环境现状

生态环境是指影响人类生存与发展的水资源、土地资源、生物资源以及气候资源等环境资源数量与质量的总称。现从位点自然环境和河流水质两方面来简述梅江流域各位点的生态环境现状（见表3）。

表3　位点生态环境

编号	位点	具体方位	自然环境	河流水质
1	五华琴江桥	城镇内梅江河岸	河流上游有上坝水电站，河水流量少，大部分河床裸露，有的已经被开垦为旱地，种植蔬菜	一般

（续上表）

编号	位点	具体方位	自然环境	河流水质
2	梅南大桥	梅江河岸桥头	山区乡镇，山体植被丰富；河岸湿地生态完整，竹林分布，空气较好	轻度污染
3	西阳水电站	深坑门口，梅江河岸，223 省线道路旁	河岸两侧分布山丘，山地植被覆盖较好，以马尾松为主，夹杂桉树分布；能见土壤为红壤	清澈，河中漂浮水浮莲
4	松口蓬辣	梅江河岸，国防道侧	河流穿越山丘，两岸山地植被覆盖率大，但主要是杂木，无有用树种分布；山地坡度较大，土壤层薄，下层是岩石；由于植被覆盖较密，且生态系统保持完整，周围空气质量好，有清新感	河流流经山间，且弯道较多，水质得到净化显得清澈
5	三河坝	河流交汇处，三河坝桥上	水网分布密集，山地植被覆盖较好，空气清新，河岸湿地以竹林分布为主	清澈但流量小

2.2.3 取样时间与方法

2.2.3.1 取样时间

取样时间为 2010 年 3 月至 2011 年 2 月间，逢单月的 1 ~5 日对所设置的断面进行采水监测。

2.2.3.2 取样方法

根据中华人民共和国国家标准中的《地表水环境质量标准》（GB 3838—2002）规定的项目标准值，要求水样采集后自然沉降 30 分钟，取上层非沉降部分按规定方法进行分析。地表水水质监测的采样布点、监测频率应符合国家地表水环境监测技术规范的要求。地表水环境质量评价应根据应实现的水域功能类别，选取相应类别标准，进行单因子评价，评价结果应说明水质的达标情况，超标的应说明超标项目和超标倍数。丰、平、枯水期特征明显的水域，应分水期进行水质评价。[11]

结合《地表水环境质量标准》的规定和梅江流域的实际情况，采取河道中间水面下 0.5 米深处的水样，每个取样点用水质分析取样器采水2 000 mL，现场测定水温及 pH 值，取其中部分水样用聚乙烯塑料瓶装，加 10mL

1∶1 的 HNO_3，使 pH<2.4，低温保存，用于分析测定高锰酸盐指数、化学需氧量、氨氮、总磷、总氮和 LAS；另用一塑料瓶盛装部分水样，加 NaOH 使 pH 为 12，用于测定挥发酚；用两个溶解氧瓶装满水样，一瓶用碱性 KI 和 $MnSO_4$现场固定溶解氧后带回实验室测定溶解氧，另一瓶于 4℃低温保存带回实验室放在培养箱中，于 20℃ ±1℃条件下培养五天后测定溶解氧。剩余水样用两个玻璃瓶盛装，一瓶加 HCl 使 pH<2，用于测定石油类污染，另一瓶于 4℃低温保存带回实验室测定大肠菌群。

2.2.4　数据统计分析和处理方法

采用国家地表水环境质量标准基本项目分析方法，结合梅江水系丰、平、枯水期不明显的特征，对五个断面的监测采用重复三次取平均值的方法进行数据分析，具体项目与分析方法见表 4。

表 4　地表水环境质量标准基本项目分析方法

序号	项目	分析方法	最低检出限	方法来源
1	水温	温度计法		GB 13195—91
2	pH	玻璃电极法		GB 6920—86
3	溶解氧	碘量法	0.2（mg/L）	GB 7489—87
4	化学需氧量	重铬酸盐法	10（mg/L）	GB 11914—89
5	五日生化需氧量	五日培养法	2（mg/L）	GB 7488—87
6	氨氮	纳氏试剂分光光度法	0.05（mg/L）	GB 7479—87
7	总磷	钼酸铵分光光度法	0.01（mg/L）	GB 11893—89
8	总氮	碱性过硫酸钾消解—紫外分光光度法	0.05（mg/L）	GB 11894—89
9	挥发酚	蒸馏后 4—氨基安替比林分光光度法	0.002（mg/L）	GB 7490—87
10	石油类	红外分光光度法	0.01（mg/L）	GB 19488—1996
11	LAS	亚甲蓝分光光度法	0.05（mg/L）	GB 7494—87
12	粪大肠菌群（个/L）	多管发酵法、滤膜法		HJ/T 347—2007

2.2.5 水体评价

2.2.5.1 评价标准

依据水体功能和评价要达到的严格程度，选用中华人民共和国国家标准中的《地表水环境质量标准》（GB 3838—2002）[11]中Ⅰ~Ⅴ类标准限值，在断面污染评价中，以单项参数的最高类别作为定级依据。根据水质状况，使数据具有代表性、连续性。地表水环境质量标准基本项目适用于全国江河、湖泊、运河、渠道、水库等具有使用功能的地表水水域。

（1）分类标准与水域功能。依据地表水水域环境功能和保护目标，按功能高低依次划分为以下五类：Ⅰ类主要适用于源头水、国家自然保护区；Ⅱ类主要适用于集中式生活饮用水地表水源地一级保护区、珍稀水生生物栖息地、鱼虾类产场、仔稚幼鱼的索饵场等；Ⅲ类主要适用于集中式生活饮用水地表水源地二级保护区、鱼虾类越冬场、洄游通道、水产养殖区等渔业水域及游泳区；Ⅳ类主要适用于一般工业用水区及人体非直接接触的娱乐用水区；Ⅴ类主要适用于农业用水区及一般景观要求水域。对应地表水上述五类水域功能，将地表水环境质量标准基本项目标准值分为五类，不同功能类别分别执行相应类别的标准值。水域功能类别高的标准值严于水域功能类别低的标准值。同一水域兼有多类使用功能的，执行最高功能类别对应的标准值，实现水域功能与达标功能类别标准为同一含义。[11]

（2）地表水环境质量基本项目标准限值。根据国家环境保护局地表水环境质量标准（GB 3838—2002）[11]，将基本项目标准限值列于表5。

表5 地表水环境质量标准基本项目标准限值

（单位：mg/L）

序号	项目	Ⅰ类	Ⅱ类	Ⅲ类	Ⅳ类	Ⅴ类
1	水温（℃）	人为造成的环境水温变化应限制在：周平均最大温升≤1，周平均最大温降≤2				
2	pH（无量纲）	6~9				
3	溶解氧≥	饱和率90%（或7.5）	6	5	3	2
4	化学需氧量（COD_{Cr}）≤	15	15	20	30	40

（续上表）

序号	项目	Ⅰ类	Ⅱ类	Ⅲ类	Ⅳ类	Ⅴ类
5	五日生化需氧量（BOD_5）≤	3	3	4	6	10
6	氨氮（NH_3-N）≤	0.15	0.5	1.0	1.5	2.0
7	总磷（以P计）≤	0.02（湖、库0.01）	0.1（湖、库0.025）	0.2（湖、库0.05）	0.3（湖、库0.1）	0.4（湖、库0.2）
8	总氮（湖、库，以N计）≤	0.2	0.5	1.2	1.5	2.0
9	挥发酚≤	0.002	0.002	0.005	0.01	0.1
10	石油类≤	0.05	0.05	0.05	0.5	1.0
11	LAS≤	0.2	0.2	0.2	0.3	0.3
12	粪大肠菌群（个/L）≤	4 171.67	633.33	6 216.6	323.33	298.33

2.2.5.2　评价方法

（1）断面水质评价。评价断面水质时，其水质类别与定性评价分级的对应关系见表6。

表6　断面水质评价

水质类别	水质状况
Ⅰ～Ⅱ类水质	优
Ⅲ类水质	良好
Ⅳ类水质	轻度污染
Ⅴ类水质	中度污染
劣Ⅴ类水质	重度污染

评价河流（包括河段、水系）整体水质状况时，计算出各水质类别断面数占评价断面总数的百分比，以表7所示的方法对其进行评价，当同一类别水质断面比例大于或等于60%时，各类水质按照表6评价。

表 7　河流水质评价体系

河段、断面水质类别	河流、水系水质类别比例	水质状况
Ⅰ、Ⅱ类	Ⅰ～Ⅲ类水质比例≥90%	优
Ⅲ类	75%≤Ⅰ～Ⅲ类水质比例<90%	良好
Ⅳ类	Ⅰ～Ⅲ类水质比例<75%，且劣Ⅴ类比例<20%	轻度污染
Ⅴ类	Ⅰ～Ⅲ类水质比例<75%，且20%≤劣Ⅴ类比例<40%	中度污染
Ⅵ类	Ⅰ～Ⅲ类水质比例<60%，且劣Ⅴ类比例≥40%	重度污染

河流主要水质类别的判定：河流中的主要水质类别的判定条件为当河流的某一水质断面比例大于或等于60%，则称河流以该类水质为主。当不满足上述条件时，若Ⅰ～Ⅲ类或Ⅳ～Ⅴ类水质断面比例大于70%，则称河流以Ⅰ～Ⅲ类水质或Ⅳ～Ⅴ类为主，除此之外，不指出主要水质类别。

（2）不同时段地表水环境质量对比分析。其基本要求是进行同一水体与前一时段、前一年度同时期水质的比较时，必须满足下列条件，以保证数据的可比性。

第一，评价时选择的监测项目必须相同；

第二，评价时选择的断面基本相同；

第三，定性评价必须以定量评价为依据。

两个时段的断面浓度变化对比分析。评价某项污染项目的浓度值与前一时段的变化程度时，按以下规定进行。

第一，当评价指标浓度值升高或降低的幅度小于20%时，且没有使该指标的水质类别发生变化，则属于水质无明显变化；

第二，当评价指标浓度值升高或降低的幅度大于或等于20%时，且没有使该指标的水质类别发生变化，则属于水质有所好转或有所恶化；

第三，当评价指标浓度值的升高或降低使该指标的本质类别发生了一级或多级变化，则属于水质显著好转或显著恶化。

两个时段的河流水质变化对比分析。对河流水质在不同时段的变化趋势进行分析，以断面类别比例的变化为依据，并对照表6的规定按下述方法进行评价。

第一，当水质状况等级不变时，则评价为无明显变化；

第二，当水质状况等级发生变化时，则评价为好转或恶化；

第三，当水质状况等级发生两级以上（含两级）变化时，则评价为显著好转或显著恶化。

2.3　结果与讨论

2.3.1　监测结果

经过三次重复测量分析，结合地表水环境质量标准基本项目分析方法[11]所提示的方法，将梅江流域五个监测点的监测结果平均值列于表8。

表8　梅江水系水质监测结果统计表

项目	五华琴江桥	梅南大桥	西阳水电站	松口蓬辣	梅江下游（三河）
水温（℃）	20.78	22	22.25	21.93	22.38
pH	7.01	7.39	7.76	7.43	7.01
DO（mg/L）	8.54	7.74	6.85	6.92	7.15
COD_{Cr}（mg/L）	12.96	14.99	21.67	31.09	14.57
BOD_5（mg/L）	1.06	2.16	3.02	3.54	3.17
氨氮（mg/L）	0.29	0.26	0.73	0.72	0.62
总磷（mg/L）	0.04	0.07	0.14	0.14	0.07
总氮（mg/L）	0.87	0.93	1.11	1.3	1.00
挥发酚（mg/L）	0.004 13	0.004 525	0.018 5	0.008 9	0.004 883
石油类（mg/L）	0.16	0.2	0.19	0.12	0.19
LAS（mg/L）	0.15	0.14	0.19	0.20	0.17
粪大肠菌群（个/L）	<4 171.67	<633.33	<6 216.67	<323.33	<298.33

根据表8和表5，对梅江流域水质监测结果进行分类，并结合河流水质评价体系与梅江水系水质监测结果对梅江水质状况进行评价，分类结果列于表9。

表9　梅江水系水质监测结果分类统计表

项目	五华琴江桥	梅南大桥	西阳水电站	松口蓬辣	梅江下游（三河）
水温（℃）	人为造成的环境水温变化应限制在：周平均最大温升≤1，周平均最大温降≤2				
pH	6~9				
DO	Ⅰ类	Ⅰ类	Ⅱ类	Ⅱ类	Ⅱ类
COD_{Cr}	Ⅰ类	Ⅰ类	Ⅳ类	Ⅳ类	Ⅰ类
BOD_5	Ⅰ类	Ⅰ类	Ⅱ类	Ⅱ类	Ⅱ类
氨氮	Ⅱ类	Ⅱ类	Ⅲ类	Ⅲ类	Ⅲ类
总磷	Ⅱ类	Ⅱ类	Ⅲ类	Ⅲ类	Ⅱ类
总氮	Ⅲ类	Ⅲ类	Ⅲ类	Ⅳ类	Ⅲ类
挥发酚	Ⅲ类	Ⅲ类	Ⅴ类	Ⅳ类	Ⅲ类
石油类	Ⅳ类	Ⅳ类	Ⅳ类	Ⅳ类	Ⅳ类
LAS	Ⅰ类	Ⅰ类	Ⅰ类	Ⅰ类	Ⅰ类
粪大肠菌群（个/L）	Ⅲ类	Ⅱ类	Ⅲ类	Ⅱ类	Ⅱ类
水质状况	优	优	轻度污染	轻度污染	良好

2.3.1.1　pH和水温

由表8得出，梅江水系的水温监测值都在20℃左右，变化最大幅度为18.6℃，最低水温不低于10℃，最高水温为31℃，五个监测位点水温差值较小，此温度下，浮游植物生长旺盛，藻类的光合作用吸收水中二氧化碳，释放出大量氧气，水体pH和DO值均较高，[13]微生物活性较强的温度为20℃~30℃，[14]所以梅江水质温度适于水生生物生长繁殖。另外，当水温低于10℃时，净化效果大大下降，接近冰点时，净化效果趋于零，水生植物大多死亡，[14]所以梅江水系温度对水质净化的效果较好。

梅江水质的pH值在7.32左右，其中最高值西阳水电站pH值高达7.76。但梅南大桥、西阳水电站、松口蓬辣三处监测值均属弱碱性，pH值呈微碱性是健康水达到的七条标准之一。从pH值看，梅江水系较好。

2.3.1.2　耗氧有机物（溶解氧 DO、化学需氧量 COD_{Cr}、五日生化需氧量 BOD_5）

溶解氧是水质的重要指标，水体中溶解氧小于 4mg/L 时许多水生生物无法生存，水质就开始恶化。[15] 五华琴江桥、梅南大桥这两处监测断面水样的溶解氧（DO）值均大于 7.5，高于地表水Ⅰ类标准，说明这两处水质基本没受到有机物污染，耗氧不严重，溶解氧能及时得到补充。五华琴江桥是五个监测点中 DO 值最高的，DO 值达到 8 以上，自净能力较强，而西阳水电站和松口蓬辣 DO 值在 7 以下，说明自净能力较其他监测点弱。

COD_{Cr}、BOD_5是水质评价的主要指标，在一定程度上可以说明水体有机物的污染状况，在水质监测中广泛使用。BOD_5值越高，表示水中含有机物越多。[15] 五华琴江桥处水样测定中 DO 值较高，而 COD_{Cr}、BOD_5值较低，说明该点水质较好。西阳水电站、松口蓬辣水样测定中 DO 值较低，COD_{Cr}、BOD_5值较高，即这两处水体中有机物含量均较高，结合表 8 可以看出这两处江段水体存在一定程度的有机污染。[2] 梅南大桥和梅江下游 COD_{Cr}、BOD_5值虽偶有偏高但都属于正常范围。

2.3.1.3　植物营养物质（氨氮、总磷、总氮）

氨氮（NH_3-N）指的是污水中的有机氮首先被转化、矿化而成的还原性无机氮。因此有机氮及 NH_3-N 是代表水体受氮污染的程度指标。由表 8 可知，NH_3-N 含量最高值出现在西阳水电站（0.73）、松口蓬辣（0.72），梅江水系各监测点平均值为 0.524，属于轻污染。

总磷是藻类生长的必需营养盐，它是判断水体富营养化程度及治理效果的最重要的水质指标。[15] 天然水中磷酸盐含量很少，而受生活污水和工业废水污染的水体含磷量较高。由表 8 和表 9 得出，总磷测定平均值基本符合Ⅱ类标准，其中西阳水电站、松口蓬辣两处的监测平均值均为 0.14，总磷含量趋于Ⅲ类标准的含量，此两处受到的生活污水和工业废水污染较严重，污染最轻的是五华琴江桥，总体水质评价属于轻污染。

总氮含量是衡量水体营养状况的重要指标。[15] 总氮（TN）指有机氮和各种无机氮的总和。从测定结果可知，梅江水系中五个监测断面水样的总氮测定平均值基本符合地表水Ⅲ类标准。[11] 其中，西阳水电站、松口蓬辣两处的监测值中，总氮含量趋于Ⅳ类标准的含量，流域平均值为 1.042，属于重污染。其污染的主要来源是生活污水、农田排水或含氮工业废水的大量排入。水体中有机氮和各种无机氮化物含量的增加，易造成生物和微生物的大量繁殖，消耗水中溶解氧。由监测数据可知，此两处溶解氧（DO）也较低，水质趋于恶化，总氮浓度高于 1mg/L 的为富营养化型水系，西阳水电站、松口蓬辣的水质已经有了恶化的趋势，相关治理措施的投入已刻不容缓。

2.3.1.4　其他污染物质（挥发酚、石油类、LAS、粪大肠菌群）

从表8、表9中得出，梅江流域挥发酚的含量属于较高水平，基本超过Ⅲ类标准。[11]西阳水电站的测定值超Ⅴ类标准，说明此处含酚的污水排放较多。主要污染源可能有煤气洗涤、炼焦、合成氨、造纸、木材防腐和化工行业的工业废水。

石油类测定值全部超Ⅲ类标准，达到Ⅳ类标准，污染相对较严重，梅江沿岸有不少油库、洗车档，直接将废水排入河水中，而造成水质超标。

LAS在整体水质监测中含量较少，在西阳水电站和松口蓬辣两处监测数值较高，但未超过Ⅲ类标准。说明在梅江流域中，家庭和工厂排放的洗涤剂较少。从整体上看，梅江水系中LAS污染程度属于中度污染。

粪大肠菌群的测定中，五华琴江桥、西阳水电站处的粪大肠菌群都有比较高的测定值，超过Ⅱ类水质标准，原因是这两处沿岸有一些私人养殖场直接向河中排放污水。

2.3.2　评价与小结

由监测结果可知，五华琴江桥监测断面水质良好，监测指标基本未超出地表水Ⅲ类标准，是五个监测断面中污染程度最轻的。溶解氧含量较高，水体自净能力强，水质评价为优。挥发酚、石油类、总氮都属于严重污染，是梅江流域的主要污染物。石油类在12种污染物中污染程度最为严重，西阳水电站、松口蓬辣是主要超标位点；总氮的污染指数为1.04，则西阳水电站、松口蓬辣两处处于富营养化状态。

综上所述，在梅江水系的总体水质中，某些河段的总氮、COD_{Cr}、挥发酚值较高，石油类测定值全部超过Ⅲ类标准，而其他项目指标则在较低值范围。梅江水系水质基本达到地表水环境质量标准的Ⅱ、Ⅲ类水质标准，但是在某些河段存在富营养化倾向，且受到一些有机污染，不过能达到地面水环境质量标准的Ⅱ、Ⅲ类水质标准并不意味着进入梅江水系的污染物质在数量上有所减少，而是由于梅江沿岸工业污染源少，且其河水流量大，溶解氧含量较高，水体自净能力强，污染物质在水系内停留少、叠加少，水质才没被污染恶化。实际上，受城镇工业、生活污染源影响，梅江水系的水质已呈逐年下降趋势。各监测断面的受污染程度为西阳水电站 > 松口蓬辣 > 梅江下游 > 梅南大桥 > 五华琴江桥，主要污染因子的污染程度排序为石油类 > 挥发酚 > COD_{Cr} > 总氮 > BOD_5 > 氨氮 > 总磷 > 粪大肠

菌群 > DO > LAS。

3　梅江流域水环境的治理及可持续发展对策

3.1　梅江流域水污染治理概况

本文认为在梅江流域水污染的治理问题上，梅州市各级政府已做到了以下几点。

3.1.1　控制污染源排放

近年来，梅州市政府加大了对工业企业的管理力度，并且加大对农村里农业面源污染的整治力度。并根据《中华人民共和国水污染防治法》的规定，开展辖区内畜禽养殖业污染防治的自查和整改工作。

3.1.2　加快基础设施建设

面对梅江流域的水污染状况，梅州市加快了基础设施建设的步伐。如建设内河护栏，以减少沿河居民排放，或直接倾倒的生活污水、废水对梅江流域水质造成的影响。这样就能够减少人与河水的直接接触，并且可以在一定程度上减少其引起的病毒传播。此外，还加强了城镇污水处理厂等配套污水管网建设，以提高梅州市各城镇的污水处理能力。

3.1.3　推行清洁生产

梅州市政府提出要使循环经济的发展理念贯穿流域经济发展、城乡建设和产品生产，大力发展工业循环经济和环境友好产品，实现节能、降耗、减污、增效，加强水资源利用，鼓励企业自律守法，主动承担社会责任，争创绿色企业、清洁生产先进企业和环境友好型企业。提倡可持续的生产方式和消费方式，推进资源的循环利用。梅江流域各断面应从实际出发，积极响应绿色梅州、生态梅州的口号，推动绿色经济崛起，建设美丽、富饶、幸福的新梅州！

3.2　针对梅江流域各污染物的治理对策

虽然相关部门已经认识到梅江流域水污染问题的严重性，并采取了相应的措施，但是由于种种现实条件的制约，梅江流域水污染治理的过程中仍然存在不少问题，结合表 8 的结果可知，主要体现在挥发酚、石油类、

COD_{Cr}等污染物上。造成污染的原因主要有监管不够到位、法规政策不够健全、缺乏资金支持等，但最重要的还是梅州地处山区，招商引资引进的企业多为发达城市的转移产业，污染较严重，政府应加强对引进企业的监管。针对梅江流域各污染物现状，笔者提出如下治理对策。

3.2.1 水体 pH 和水温污染的治理对策

梅江水质的 pH 值在 7.32 左右。整体来看梅江水系酸碱性基本上属中性，说明梅江受含酸碱的工业废水的影响较少，其中梅南大桥、西阳水电站、松口蓬辣三处监测的 pH 值属弱碱性，pH 值呈微碱性是健康水达到的七条标准之一。根据监测结果，梅江流域的 pH 和水温不仅有利于鱼类生长和水中微生物分解有机物，还有利于污染物凝聚沉降。对水体 pH 和水温的治理应该控制梅江水系各监测点工业废水的排放以及保证水生生物如鱼类和藻类的合理增长。

3.2.2 耗氧有机物（溶解氧 DO、化学需氧量 COD_{Cr}、五日生化需氧量 BOD_5）污染的治理对策

根据梅江水质监测结果分析，五华琴江桥处水质较好，主要是该点附近生活污水排放较少的缘故。结合表 8 得出，梅南大桥 DO 值较五华琴江桥低，但 COD_{Cr}、BOD_5值较高，说明了进入梅城后，水中有机物的污染开始加重。西阳水电站、松口蓬辣 COD_{Cr}值超过Ⅲ类标准值。这两处水体中有机物含量均较高，说明这两处江段水体存在一定程度的有机污染。梅江下游水样测定中 COD_{Cr}、BOD_5值偶有偏高，说明这一处江段水体偶尔有污染。其原因是此处有生活污水排污口，而西阳水电站上游的东升工业园区的废水排放也是污染的重要原因，水电工程拦河建筑物阻隔鱼类洄游通道，水生生物在水库聚集，耗氧严重，造成溶解氧含量较低，存在一定程度的污染。

针对这一现象，首先，可以利用生物措施，科学投放鱼苗。富营养化水体大量繁殖各种藻类，对水体的危害及对自来水厂取水的危害十分严重。根据生态平衡食物链中 Fltonian 金字塔，给高一层次的轮虫（类）创造繁殖生长的地方和吃掉藻类的时间，并且使它们被更高一层次的生物吃掉，如此良性循环，最终可达到去除藻类，降低 BOD_5、COD_{Cr}值，增加水中溶解氧含量，改善富营养化水体水质的目的。此举除带来环境效益外，还可带来渔业上的经济效益。

其次，应做到依法治水，进一步加大对取水许可审批管理的力度，强化对取水许可的管理，是改善水环境的关键所在。各级水利部门要进一步

加大对取水许可审批管理的力度。强化对取水许可的管理，严格控制取水量，限制耗水量大、污染严重的企业用水，还要对退水水质进行严格管理。对新申请取水许可证的单位，严格按照取水许可水质管理规定，要求其必须提交关于取水和退水对环境影响的分析报告，方可办理取水许可申请审批手续。对逾期仍超标排污的单位和企业，要坚决依法吊销其取水许可证。

3.2.3 植物营养物质（氨氮、总磷、总氮）污染的治理对策

氨氮主要来源于生活污水中含氮有机物受微生物作用的分解产物，及焦化、合成氨等工业废水和农田排水等。[10]生活污水中平均含氮量每人每年为2.5千克~4.5千克。另外，雨水径流以及农用化肥的流失也是氮的重要来源。梅江水系中五个监测断面水样的氨氮、总磷全年测定平均值符合Ⅱ、Ⅲ类水质标准，但是总氮测定值在松口蓬辣监测点处超出了Ⅲ类标准。总体来看，三项污染物测定平均值高峰均出现在西阳水电站、松口蓬辣两处，而对于五华琴江桥、梅南大桥、梅江下游三处，氨氮、总氮、总磷含量相对降低。这些说明，西阳水电站、松口蓬辣流域基本处于富营养化状态。这两处流域基本处于富营养化状态的原因是梅城大部分常住居民的生活污水最后都未经处理就直接汇入了梅江河，然后再汇合东升工业园的工业污水，一同流向西阳水电站处，而松口蓬辣处有水泥、冶炼、采矿企业等，其上游的丙村、雁洋等乡镇，也有不少水泥、电镀、冶金等工厂。

由此看来，梅江流域生活污水和工业废水对河流水环境系统的危害较大。除城市排水管网系统不健全外，最重要的原因是在县城范围内，城市居民生活污水的排放量远超过水环境系统的承载能力。因此，必须大幅度降低城市生活污水的产生量，全面推行节约用水战略；制定城市居民节约用水管理条例和法规，加强立法监督；制定合理的生活用水及其他类用水的定额标准，调整水价。

工业废水治理必须采取综合措施，宏观控制与技术性控制相结合。宏观上，按照可持续发展原则，以水污染防治、保护水环境和促进人与自然的和谐为重要战略目标，优化梅江河流域工业结构，合理进行工业布局，按照“能耗少、占地少、污染少、运量少、技术密集程度高及附加值高”的原则，降低单位工业产品或产值的排水量及污染物排放负荷，限制发展能耗大、用水多、污染大的工业企业。技术上，采用先进的处理工艺，提高企业处理污水的效率。同时，积极推行清洁生产，应用清洁生产工艺生

产清洁产品，将污染消除在生产过程中。

3.2.4 其他污染物质（挥发酚、石油类、LAS、粪大肠菌群）的治理对策

从表8中可以看出，梅江流域挥发酚超标较为严重。造成流域中下游挥发酚超标的根本原因是梅江中下游多个工业园会排放一些含酚废水，尤其是东升工业园，其处于西阳水电站上游，是近年来梅州市政府投入3 000多万元建成的新兴园区，有制药公司、电子企业、化工企业、纺织业等多家企业落户。但其最主要的还是电路板生产企业，而电路板生产过程中就会产生碱性废水。

同时，石油类指标超出地表水Ⅲ类标准，原因可能是五华琴江桥与梅南大桥之间两岸生活污染源排放、江上运行的船舶泄漏以及沿岸一些洗车修车行业排污。但是，此处粪大肠菌群的监测值较五华琴江桥的监测值有明显的下降，说明此处下水粪便的排放量明显减少，私人养殖场较少。

LAS在松口蓬辣、西阳水电站两处监测数值较高，但未超出地表水Ⅲ类标准，说明此处家庭和工厂排放的洗涤剂较其他监测点多。

梅江下游流域河岸对面有西阳工业区，污染较重的周溪河、程江河也在此汇入。沿岸又有不少油库、洗车档，直接将废水排入河水中。松口蓬辣是有机物污染和富营养化污染最为严重的断面。另外，挥发酚的监测值也超过地表水Ⅲ类标准。污染原因是松口镇作为梅县的老工业乡镇，工业比较发达，主要有水泥、冶炼、采矿等工厂，其上游的丙村、雁洋等乡镇，也有不少水泥、电镀、冶金等工厂，而且这几个乡镇又都是梅县的人口大镇，水泥厂和采矿工厂排放出的氮氧化物，冶金厂排放的多环芳烃，居民生活排放的大量生活污水和农田废水是有机物污染和富营养化的重要原因。值得注意的是，粪大肠菌群数量相比于西阳水电站减少了许多，原因是河水的自净能力增强，私人养殖场的排放物减少。梅江下游相对于松口蓬辣而言，水质有好转现象，虽然梅江下游的水质经过自净能力得到好转，但是由于上游西阳水电站和松口蓬辣的水质污染严重，严重地影响到梅江下游的水质，其污染程度为中等污染。

除了控制生活污水以及工业废水排放外，还应该将水利建设和环境结合起来，才能有效地控制挥发酚、石油类、LAS、粪大肠菌群的污染。这就要坚持不懈地做好梅江流域植树造林绿化美化工作，涵养水源，保持生物多样性，维护生态平衡，保护环境资源，构筑梅江流域周围的绿色生态屏障，还梅江流域碧水蓝天；还要广栽树木，提高森林覆盖率，增强水土保持力度，减少水土流失，建立生态经济环境水利模式。

要健全梅江流域水环境监测网络，实行动态监测、区域联防。在河流的行政区划断面处设置水量、水质监测设备，严格分清污染责任，按“零污染”（上游不得对下游造成任何污染）的原则，对河流的污染实行有效的防治。加强现场测试能力和快速反应能力，在有条件的地区建设自动测报与预警系统。对跨界河流与重大污染事故实行动态监测，定期向社会公布水环境信息。

3.3　梅江流域的可持续发展对策

3.3.1　健全相关政策法规

首先，在出台一系列比较全面的法律法规，并且依法治污、强化执法的同时，应切实改善执法部门与企业的关系，即在加大执法力度的同时，保持与企业的联系，并不能因为急于招商引资而降低对企业的要求，应使企业主动汇报其污染问题，并且积极帮助企业寻找控污减排的方法，以达到使其减少污染物排放的目的。

其次，在梅江水污染治理问题上，除了进一步完善与其相配套的一系列法规、政策外，加强流域和区域间的联合执法，切实实施执法监管的各项措施，严厉打击违规行为，依法加大对违法违规企业的处罚力度，切实解决“守法成本高、执法成本高、违法成本低”的问题也非常重要。

再次，是要完善社会监督机制，进一步加大对环境保护、污染整治和生态建设的宣传力度，充分发挥新闻媒体的舆论引导和监督作用，提高公众的环境权益意识。在重要项目的建设上，应该采用多种形式，如听证会或者公示等，来接受群众的监督。同时，要进一步畅通群众举报渠道，及时查处群众关心的环境热点、难点问题，并公布污染单位和处理结果，对涉及群众切身利益的环保问题，要认真听取群众的意见，依法处理。

3.3.2　完善监测管理体系，加快城市污水处理厂建设

环保部门可以通过监测管理系统及时掌握第一手数据，甚至可以根据各个方位数据，判断出污染的区间和污染源的大致位置，立即采取相应措施，加强对环境保护的管理，而最有效的治理措施就是加快梅江流域污水处理厂的建设。

梅州市境内目前只有一个江南水质净化厂，而制止污水排入河流是治理点源污染的根本途径，因此必须因地制宜地加快兴建各种规模的处理厂，提高污水处理率，力争污水全部净化处理，在县城应以建设大、中型污水处理厂为主，小城镇以建设小型污水处理厂为主，而在农村可推广无

动力污水处理系统或土地处理系统。

3.3.3 加强对梅江流域周边地区的管理

根据参考文献[2]调查结果显示，梅江水中的磷约36%来自城乡生活污水，根据专家分析地面水中的磷的来源及比例，认为地面水中的磷有30%来源于家庭洗涤剂，30%来源于生活污水及生活垃圾浸出物。由此可以认为，磷的主要来源是含磷洗涤剂、生活污水及生活垃圾浸出物，因此对梅江流域周边居民应采取禁用含磷洗涤剂的措施，并实行生活垃圾袋装化和统一填埋，禁止周边地区餐饮、娱乐、航运、商业和旅游业等直接排放废水、垃圾、油污等；加强对其的管理，实行含油污水回收，严禁将饮食垃圾、生活垃圾直排水体。这才是控制总氮、防止水体富营养化的手段之一。

3.3.4 根据梅江流域实际情况，制订水污染防治规划

结合梅江流域的经济发展状况、工业布局、人口增长、环境容量、水体功能及治理情况等因素，制订水污染防治规划，加强平时的水质监测、污染调查及水质评价等工作，严格执行《中华人民共和国水污染防治法》中的相关规定，坚持预防为主、防治结合的原则，坚持生态建设和经济开发并举的原则，既要发展经济又要保护梅江水系水资源，切实做到建设生态梅州与经济发展相结合；坚决关闭和取缔污染严重的企业，坚持资源开发与控制损害相结合，谁污染谁治理、谁利用谁补偿的原则。[5]

4 结论

梅江流域的水质污染状况已越来越成为制约区域经济社会可持续发展的主要因素之一，因此，在今后的规划和建设中，应强调从综合、整体的角度来协调人口、资源、环境三者的关系，维持经济发展与生态环境保护的良性循环。

通过本次调查研究，对流域的水质量现状作了初步的检测和分析，梅江水系水质基本达到地表水环境质量标准的Ⅱ、Ⅲ类水质标准，但仍需对梅江流域的水质给予必要的重视。

针对梅江流域水环境的现状，应建立健全相关政策法规；完善监测管理体系，加快城市污水处理厂建设；加强对梅江流域周边地区的管理；制

定水污染防治规划的防治对策和可持续发展对策。

梅江流域水质污染已成为制约经济发展的主要环境问题，本文只选取了五个监测断面，对整个梅江流域的水质量评价仍存在一定的片面性，增加监测断面的个数、保持对位点的持续监测，提出更有效的治理对策，这些都是以后研究梅江流域水质的关键，因而这个课题仍具有很大的研究前景与现实意义，还有进一步调查与研究的必要。

参考文献

[1] 赵莹雪. 梅江河水污染现状评价模型研究 [J]. 嘉应学院学报（自然科学版），1999，17（6）：66～70.

[2] 张丰如，吴馥萍，郭远凯. 梅江水系水环境质量评价及污染防治对策 [J]. 嘉应学院学报（自然科学版），2004，21（6）：33～63.

[3] 唐兆民，钟福生. 梅江上游水环境问题及可持续发展对策——以五华县为例 [J]. 嘉应学院学报（自然科学版），2008，29（5）：65～70.

[4] 黄燕恋，黄立民. 梅江近十年水质变化趋势分析 [J]. 广东水利水电，2011，22（5）：40～55.

[5] 刘鸿亮. 中国水环境预测与对策概论 [M]. 北京：中国环境科学出版社，1988. 37～38.

[6] 王良平，唐晓春. 粤东山地丘陵区水土流失治理中的植被工程措施研究 [J]. 水土保持报，1999，19（2）：15～18.

[7] 黄文辉，任成均，陈志勇等. 梅江水沙特性变化分析 [J]. 人民珠江，2007，11（5）：37～38.

[8] 陈伟，唐兆民，黄勇坚. 梅州市清凉山水库水质变化及影响因素分析 [J]. 广东水利水电，2007，18（5）：47～50.

[9] 储雪丹. 梅江水环境质量评价及污染控制方案研究 [J]. 广东水利水电，2009，4（6）：40～43.

[10] 程洁如，罗锦红，钟福生. 琴江流域环境问题及可持续发展对策 [J]. 嘉应学院学报：自然科学，2010，28（8）：79～83.

[11] 国家环境保护局. 地表水环境质量标准（GB 3838—2002）[S]. 北京：中国环境科学出版社，2002，34～41.

[12] 谢小康. 梅州市水资源的构成及其特点浅析 [J]. 嘉应学院学报，1999，17（3）：95～99.

[13] 连家伟. 西沥水库水质变化规律的研究 [J]. 中国农村水利水电，2002，4（12）：40～42.

[14] 徐亚同，徐祖信，李小平. 河流污染状况及治理效果评价的指标体系 [J]. 净水技术，2007，22（4）：1～3.

[15] 国家环保局. 总量控制技术手册 [M]. 北京：中国环境科学出版社，1990.